超深裂缝性致密砂岩储层测井评价方法与应用

章成广 唐 军 蔡 明 信 毅 等著

科学出版社

北 京

内 容 简 介

  本书是作者及其科研团队在新疆塔里木盆地超深裂缝性致密砂岩储层评价技术攻关近 10 年实际工作的成果与经验总结，地质背景与工程应用结合紧密。全书共 7 章，较全面地叙述测井在超深裂缝性致密砂岩储层评价中的新方法和应用效果；详细介绍关于裂缝性致密砂岩储层识别、各向异性及流体性质评价的研究成果，具有较强的创新性；在内容上也比较注重工程实际的应用效果，突出实用性。

  本书可供从事油气岩石物理研究与应用的高等院校、科研院所的师生和科研人员，以及油田企业技术人员参考阅读。

图书在版编目（CIP）数据

超深裂缝性致密砂岩储层测井评价方法与应用/章成广等著.—北京：科学出版社，2021.6
  ISBN 978-7-03-067875-1

  Ⅰ.① 超⋯ Ⅱ.① 章⋯ Ⅲ.① 致密砂岩-砂岩储集层-油气测井-研究 Ⅳ.① P631.8

  中国版本图书馆 CIP 数据核字（2020）第 269013 号

责任编辑：何 念 李亚佩/责任校对：高 嵘
责任印制：彭 超/封面设计：无极书装

科学出版社 出版
北京东黄城根北街 16 号
邮政编码：100717
http://www.sciencep.com
武汉精一佳印刷有限公司印刷
科学出版社发行 各地新华书店经销
*
开本：787×1092 1/16
2021 年 6 月第 一 版 印张：16 1/4
2021 年 6 月第一次印刷 字数：378 000
定价：**188.00 元**
（如有印装质量问题，我社负责调换）

前言

非常规油气藏的勘探开发是解决当前我国能源问题的重要环节，而深层致密砂岩气藏是我国进入开发阶段的非常规油气藏的主要领域之一。目前，国内尚未见到系统深入地开展深层致密砂岩储层研究的报道。非常规油气藏是相对于传统的常规油气藏提出的。所谓常规油气藏是指油气从烃源岩生成和排出后，经浮力驱动发生二次运移，一般在构造、地层或复合圈闭中聚集形成油气藏；非常规油气藏的聚集条件、过程及分布与之不同，且采用传统开采技术也不能获得工业经济产量。非常规油气资源一般包括致密油气、页岩油气、煤层气、天然气水合物、沥青砂、油页岩等。

致密砂岩气的研究历史最早可追溯到 20 世纪 70 年代中期提出来的深盆气。在加拿大艾伯塔（Alberta）盆地西部发现了米尔克河（Milk River）、埃尔姆沃斯（Elmworth）和霍德利（Hoadley）等巨型深盆气藏，探测储量达到 1.9×10^{12} m^3。而后在美国又相继发现 12 个大型盆地气藏，Masters 首次提出深盆气概念。由于深盆气常常储集在致密低孔低渗岩层中，Spencer 和 Masters 将其称为致密储层气。其实，在此之前，致密气砂岩的概念就已出现。Thomas 等在室内研究岩心渗透率、饱和度、孔隙结构与压力的关系时，就将包括艾伯塔盆地西部气藏的岩心称为致密气砂岩岩心。因此，Masters、Spencer 等的工作只不过是将致密砂岩气的概念从岩心引入储层的范围而加以命名。

国内关于致密砂岩气的研究相对于欧美落后 10 年左右，最初也是从借鉴、学习国外关于致密气的文献开始。谭廷栋（1985 年）、刘临珠（1987 年）等对国外的低渗透率致密气砂岩储层的文献进行了介绍。1982 年，荣志道对陕甘宁盆地延安组低渗透砂岩气储层的地质特征进行了系统研究，认为河流垂向上周期性变化及侧向摆动迁移导致了纵横向上砂体形态及岩性变化大，物性变化非均质性强，生产上油水同出，产量也是忽高忽低；同时储层成岩的后生作用明显也是该区储层的主要特征。1985 年，王当奇以川北西部地区千佛崖组砂岩储层为例，在国内首次介绍了具有真正意义的致密砂岩气储层的特征，该区孔隙度为 0.15%~3.78%，平均仅为 1.35%，渗透率一般小于 1 mD；研究认为致密砂岩气储层应该由两部分组成，即致密性很强的骨架部分和具备一定孔渗的岩石部分，这部分储集空间主要是次生的裂缝与孔洞。1993 年，袁政文从砂岩特征、成岩事件分析了东濮凹陷沙河街组的地质成因，并与艾伯塔盆地低渗砂岩储层特征进行了对比，进一步阐明了深层天然气在勘探开发过程中与常规天然气藏存在显著不同。国内致密砂岩气藏主要分布在鄂尔多斯盆地、松辽盆地、塔里木盆地及四川盆地。塔里木盆地库车地区白垩系巴什基奇克组砂岩储层一般埋藏在 6000 m 以下，地层压力大，孔隙结构复杂，这也是以往任何已经开采的致密砂岩储层所不具备的。对于该类储层，必须先建立以储层孔隙空间类型（裂缝）为主的有效性评价，然后在此基础上建立流体识别方法。

这也是当前复杂储层流体测井识别的主流发展方向。

作者带领长江大学岩石物理与测井综合评价科研团队从 2007 年开始就直接参与库车地区裂缝性致密砂岩储层评价中的现场技术攻关工作。经过十余年的持续研究，形成了一系列超深裂缝性致密砂岩储层测井评价方法。

（1）复杂砂岩储层岩性测井精细识别及变骨架参数的建模方法。在国内最先开展元素俘获能谱测井的对比分析，验证 ECS、FLeX 等测井仪器在国内应用的效果；以测井数据为主，建立岩性粒径的判别方法，并以此建立基于岩性粒径的岩石骨架动态参数计算方法，从而达到提高储层孔隙度、渗透率计算精度的目的。

（2）高陡地层声电各向异性评价及校正技术。通过设计不同倾角、水平各向异性岩心的物理实验和数值模拟实验，分析地层倾角、各向异性下岩心电阻率、声波的响应特征，建立高陡地层各向异性电阻率校正方法。

（3）不同泥浆体系下声电测井的裂缝识别技术。对比成像测井、阵列声波测井对油基、水基泥浆的裂缝检测效果，提出新的基于阵列声波测井数据的裂缝特征参数提取方法，完善多评价尺度的裂缝综合检测方法。

（4）裂缝性致密砂岩储层流体评价方法。归纳总结常规测井的各种流体性质识别方法，并分别对裂缝、泥浆体系讨论不同识别方法的适应性。以阿尔奇模型、双孔介质模型为基础建立饱和度模型，完善饱和度评价方法，提高评价精度。

本书由章成广、唐军、蔡明和信毅组织撰写，共分为 7 章。第 1 章介绍裂缝性致密砂岩储层特征与评价进展，引出本书主要完成的工作；第 2 章介绍裂缝性致密砂岩测井响应特征与采集系列优选；第 3 章介绍岩性测井资料处理与储层评价；第 4 章介绍地层各向异性电阻率测量实验与数值模拟；第 5 章介绍致密砂岩裂缝识别及有效性评价；第 6 章介绍裂缝性致密砂岩储层流体评价方法；第 7 章介绍裂缝性低孔砂岩气藏地质工程解释及产能预测。参加本书撰写工作的还有郑恭明、刘智颖博士及姜龙、杨博、黄友、周月明等硕士。全书由章成广教授统稿。

本书的撰写得到中国石油天然气股份有限公司塔里木油田分公司测井中心的大力支持，同时得到国家自然科学基金、中国石油科技创新基金及油气资源与勘探技术教育部重点实验室的资助。在写作过程中，肖承文教授级高工、李宁院士、周灿灿教授级高工、汪中浩教授和李先鹏副教授等提供了有关帮助。在此向他们表示衷心的感谢！

作　者

2019 年 12 月 23 日于武汉

目录

第 1 章
裂缝性致密砂岩储层特征与评价进展

国家统计局、国家能源局公布的数据显示，2007 年我国国内天然气消费总量首次超过总产量，随后逐年递增，到 2018 年，天然气消费总量超过产量的差值已达到 $1\,200.35\times10^8\,m^3$，供需矛盾进一步增大。为扩大生产，保障国家能源安全，我国先后开展了致密砂岩气、页岩气、煤层气等非常规能源的技术攻关。但从现阶段效果来看，致密砂岩气增储上产效果明显。按照《能源发展"十三五"规划》，2020 年我国天然气产量高达 $2\,200\times10^8\,m^3$，其中，致密气产量高达 $800\times10^8\,m^3$，占比高达 36.36%，进一步表明在现阶段开展致密砂岩气勘探开发技术研究具有重大现实意义。

国内致密砂岩气藏主要分布在鄂尔多斯盆地、松辽盆地、塔里木盆地及四川盆地（表 1.1）。塔里木盆地库车地区白垩系巴什基奇克组砂岩储层一般埋藏在 $6\,000\,m$ 以下，地层压力大，孔隙结构复杂，这也是以往任何已经开采的致密砂岩储层所不具备的。对于该类储层，必须先建立以储层孔隙空间类型（裂缝）为主的有效性评价，而后在此基础上建立流体识别方法。这也是当前复杂储层流体测井识别的主流发展方向。

表 1.1　中国典型致密砂岩气藏特征（邹才能 等，2012）

储层特征	地区			
	塔里木盆地	四川盆地	鄂尔多斯盆地	松辽盆地
地层	白垩系巴什基奇克组	二叠系须家河组	石炭系—二叠系	白垩系登娄库组
沉积相	辫状河、辫状河三角洲、扇三角洲	辫状河、曲流河三角洲、扇三角洲、滨浅湖滩坝	河流、辫状河、曲流河三角洲、滨浅湖滩坝	河流、辫状河、曲流河三角洲
埋深/m	5 500～8 000	2 000～5 200	2 000～5 200	2 200～3 500
岩石类型	含灰质细粒岩屑砂岩、不等粒岩屑砂岩	长石岩屑砂岩、岩屑砂岩、岩屑石英砂岩	岩屑砂岩、岩屑石英砂岩、石英砂岩	长石岩屑砂岩、岩屑砂岩
孔隙类型	残余粒间孔、颗粒与粒内溶孔、杂基内微孔、微裂缝	粒间、粒内溶孔、颗粒溶孔、微孔隙、微裂缝	残余粒间孔、粒间、粒内溶孔、高岭石晶间孔	残余粒间孔、粒间溶孔、粒内溶孔
物性	孔隙度平均为 3.36%，渗透率为 0.06 mD	孔隙度平均为 5.65%，渗透率为 0.35 mD	孔隙度平均为 6.9%，渗透率为 0.6 mD	孔隙度平均为 5.35%，渗透率为 0.22 mD

注：1 mD = 0.987×10^{-3} μm^2

1.1　裂缝性致密砂岩储层的基本特征

　　本次研究的超深裂缝性致密砂岩地层位于塔里木盆地北缘的库车凹陷，库车凹陷北面为天山南麓，南边与塔北隆起相邻，是一个比较复杂的叠合型前陆盆地，所以在该凹陷上发育了多个含气有利圈闭（图 1.1）。其中，K 区带为库车凹陷上典型的裂缝性致密砂岩地层，目前在该区带上钻完的 X51、X1、X2 井均获得了工业油气流。

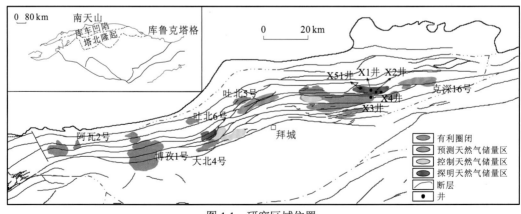

图 1.1　研究区域位置

　　K 区带位于克拉苏逆冲断裂下盘，K 南断裂上盘，是克拉苏构造带的第三排区带，南北分别以断层为界线与 K 南区带、K 北区带相邻。由 K1、K2、K5、吐北 4 等多个局部构造组成。K 区带的构造带发育于新近纪晚期，以发育古近系大型盐下局部构造为特征，局部构造隆起幅度高、面积大，为油气聚集的有利构造区带。K 区带从上到下钻遇的地层有第四系、新近系、古近系、白垩系。新近系发育有库车组、康村组、吉迪克组，古近系发育有苏维依组、库姆格列木群，白垩系发育有巴什基奇克组、巴西改组、舒善河组。气层主要分布在古近系库姆格列木群白云岩段—白垩系巴什基奇克组砂岩中（表 1.2）。沉积物以细-中砂岩为主，少量粉砂岩，少见陆源砾石，泥砾较发育，反映沉积物离物源较远。岩性组合主要表现为中细砂岩或含泥砾中细砂岩、细砂岩、粉砂岩、泥质粉砂岩（或泥岩）组成的向上变细的正韵律。沉积构造类型主要包括冲刷面、平行层理、交错层理、粒序层理、砂纹层理、透镜状层理、块状层理及各种变形构造等，主要发育辫状河三角洲与扇三角洲。

表 1.2 K 区带地层简表

层位				层位代号	底界深度/m	厚度/m	岩性岩相简述
系	统	组	段				
古近系	渐新统	苏维依组		$E_{2-3}s$	4 711	239	以厚层、巨厚层泥岩夹薄层、中厚层粉砂质泥岩和泥质粉砂岩为主，下部泥岩膏质含量增加
	古新统—始新统	库姆格列木群	泥岩段	$E_{1-2}km^1$	4 846	135	以大套巨厚层泥岩为主，下部膏质含量明显增加
			膏盐岩段	$E_{1-2}km^2$	6 510.5	1 664.5	发育六套厚度相对大、岩性较纯的膏盐岩层，其间以大套泥岩、膏质泥岩、含膏泥岩为主局部夹泥膏岩和膏盐岩
			白云岩段	$E_{1-2}km^3$	6 516.5	6	褐灰色白云岩
			膏泥岩段	$E_{1-2}km^4$	6 564.5	48	以泥岩、含膏泥岩和膏质泥岩为主，顶部有套膏岩层
			砂砾岩段	$E_{1-2}km^5$	6 571.5	7	以含砾中砂岩、膏质细粉砂岩为主，局部夹泥岩
白垩系	下白垩统	巴什基奇克组	第一段	K_1bs^1	6 609.5	38	以褐色细砂岩、中砂岩为主，局部夹泥岩、含砾细砂岩和含砾中砂岩
			第二段	K_1bs^2	6 739	129.5	以厚层、巨厚层中砂岩、细砂岩、含砾细砂岩、含砾中砂岩、含泥砾细砂岩夹泥岩为主
			第三段	K_1bs^3	6 780	41（未穿）	钻井揭开本段第一亚段和第二亚段，第一亚段以细砂岩、中砂岩、含砾中砂岩和粉砂岩夹泥岩为主；第二亚段以中砂岩和细砂岩为主

1.1.1 岩性特征

归纳整理塔里木盆地致密砂岩白垩系多块普通薄片资料、碎屑岩铸体薄片、毛管压力曲线、粒度等岩心分析资料，对这些资料所反映的岩石成分、粒度、分选等岩石学特征进行分类和统计。

1. 岩石类型

白垩系碎屑岩的岩石成分主要由石英、岩屑、长石组成。其中，D 地区碎屑岩岩石的石英含量为 35%～65%，平均为 46.85%；长石含量为 8%～43%，平均为 22.21%，以钾长石含量为主；岩屑含量为 13%～51%，平均为 30.95%。KD 地区碎屑岩岩石的石英含量为 41%～89%，平均为 53.16%；长石含量为 0～37%，平均为 23.19%；岩屑含量为 7%～35%，平均为 23.66%。K 地区碎屑岩岩石的石英含量为 38%～65%，平均为 49.27%；长石含量为 12%～45%，平均为 29.95%；岩屑含量为 10%～40%，平均为 20.78%，如图 1.2 所示。

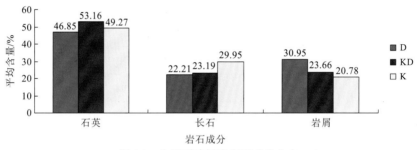

图 1.2　白垩系碎屑岩岩石成分分布

岩石普遍含灰质，碎屑颗粒以细粒、中粒为主，少数为粗粒、极细粒及粉粒；分选性好-中等；磨圆程度以次棱状为主，其次为棱角-次棱角状；颗粒间以点-线接触为主。D 地区、K 地区胶结类型主要为孔隙型，KD 地区胶结类型以压嵌型为主，孔隙型、薄膜-孔隙型及薄膜型也占很大比例，如图 1.3～图 1.9 所示。

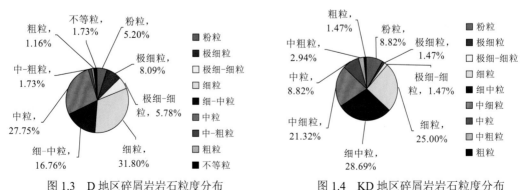

图 1.3　D 地区碎屑岩岩石粒度分布　　　图 1.4　KD 地区碎屑岩岩石粒度分布

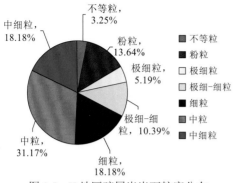

图 1.5　K 地区碎屑岩岩石粒度分布

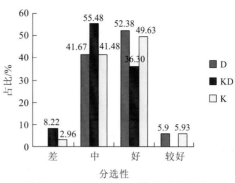

图 1.6　白垩系岩石颗粒分选性分布

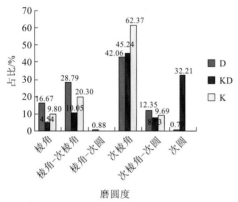

图 1.7　白垩系岩石颗粒磨圆度分布

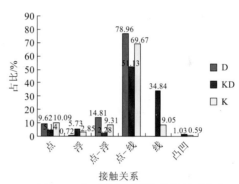

图 1.8　白垩系岩石颗粒接触关系分布

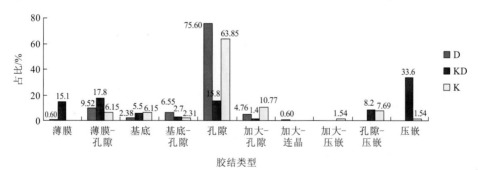

图 1.9　白垩系岩石胶结类型分布

2. 填隙物

在 D、KD、K 三个地区的储层砂岩中填隙物主要由杂基泥质和胶结物（方解石、白云石、膏质）等组成。其中 D 地区储层泥质含量为 0～18%，平均为 3.8%，胶结物含量为 0～31%，平均为 11.86%；KD 地区储层泥质含量为 0～38%，平均为 5.64%，胶结物含量为 0～23%，平均为 3.23%；K 地区储层泥质含量为 0～28%，平均为 3.82%，胶结物含量为 0～28%，平均为 7.52%。

1.1.2 物性特征

1. 孔渗关系

白垩系储层整体上属于低孔低渗与特低孔特低渗储层（岩心分析），平面上储层非均质性中等-较小，储层岩性、物性均变化较小，但每个地区的差异较大。岩心渗透率和孔隙度分布范围均较广。

D 地区孔隙度分布区间为 0.68%～7.27%，平均为 2.35%，主要分布在 1%～5%，占86.32%；其次为 0～1% 和 >5%，分别占 9.47% 和 4.21%。渗透率分布区间为 0.0002～3.46 mD，平均为 0.295 mD，主要分布在 0.1～1 mD，占 55.45%；其次为 0.01～0.1 mD，占 24.55%（图 1.10）。

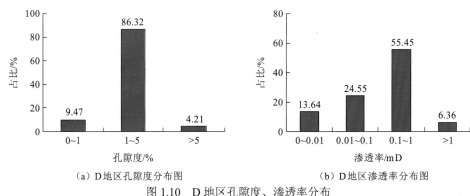

（a）D 地区孔隙度分布图　　　　　（b）D 地区渗透率分布图

图 1.10　D 地区孔隙度、渗透率分布

KD 地区孔隙度分布区间为 1.57%～18.08%，平均为 8.55%，主要分布在 5%～10%，占 44.93%；其次为 10%～15% 和 0～5%，分别占 38.77% 和 15.86%。渗透率分布区间为0.015～41.5 mD，平均为 2.52 mD，主要分布在 0.1～1 mD，占 46.99%，其次为 1～10 mD，占 38.76%（图 1.11）。

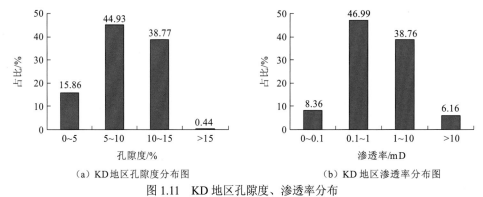

（a）KD 地区孔隙度分布图　　　　　（b）KD 地区渗透率分布图

图 1.11　KD 地区孔隙度、渗透率分布

K 地区孔隙度分布区间为 0.66%～5.72%，平均为 2.43%，主要分布在 1%～5%，占91.04%；其次为 0～1% 和 >5%，占比均为 4.48%。渗透率分布区间为 0.0067～0.31 mD，

平均值为 0.048 mD，主要分布在 0.01～0.1 mD，占 83.58%；其次为 0.1～1 mD，占 11.94%（图 1.12）。

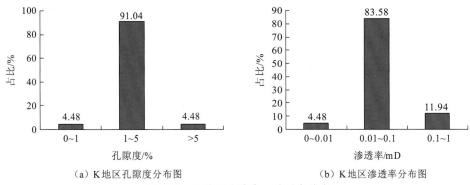

（a）K 地区孔隙度分布图　　　　　　（b）K 地区渗透率分布图

图 1.12　K 地区孔隙度、渗透率分布

孔隙度与渗透率一般呈正相关关系，渗透率的升降趋势与孔隙度的升降趋势基本一致，如图 1.13 所示，表明砂岩储层的渗透能力和砂岩基质孔隙与喉道密切相关。

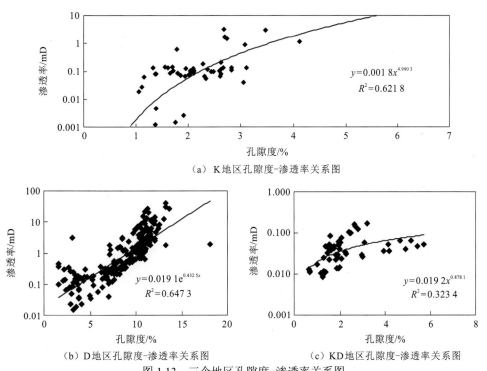

（a）K 地区孔隙度-渗透率关系图

（b）D 地区孔隙度-渗透率关系图　　　（c）KD 地区孔隙度-渗透率关系图

图 1.13　三个地区孔隙度-渗透率关系图

2. 储集空间特征

根据碎屑岩铸体薄片鉴定结果可以发现，不同地区储集空间不同。D 地区白垩系巴什基奇克组储集空间主要包括原生粒间孔、粒间溶孔，还有少量长石、岩屑粒内溶孔、溶蚀缝、构造缝和微孔隙；储集空间类型主要为裂缝-孔隙型，其次为孔隙型储层。KD

地区白垩系巴什基奇克组储集空间主要为原生粒间孔,少量长石、岩屑粒内溶孔、微孔隙;储集空间类型以碎屑点-线接触为主,其次为孔隙型储层。K 地区白垩系巴什基奇克组储集空间主要为原生粒间孔、粒间溶孔,并有少量长石、岩屑粒内溶孔、构造缝、溶蚀缝和微孔隙;储集空间类型主要为裂缝-孔隙型,其次是孔隙型储层。D 地区与 K 地区储集空间特征相似,孔渗大小分布也接近,而与 KD 地区储集空间特征表现较大差异,孔渗大小分布也有较大差异。

图 1.14 为 D 地区、K 地区碎屑岩总面孔率分布图,可以看出总面孔率主要分布在<0.1 的区间内。

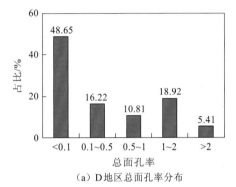
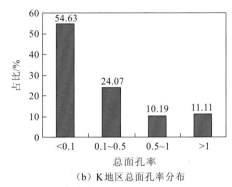

（a）D地区总面孔率分布　　　　　　　　　（b）K地区总面孔率分布

图 1.14　D 地区、K 地区总面孔率分布

1.2　裂缝性致密砂岩储层测井评价研究进展及存在的困难

致密砂岩储层的低孔低渗性质导致了井中各种测井仪器所接收的信号主要由岩石骨架部分提供。Kular（1987）通过对比分析美国诸多地区典型致密砂岩储层的测井资料与岩心分析资料,证实了常规测井解释及其假设条件在致密砂岩储层中并不适用,主要表现在:①多孔岩石有较多的孔隙空间可提供流体充填而形成泥饼,低孔低渗下侵入滤液在井壁附近不易形成泥饼,导致致密砂岩储层中泥浆滤液没有泥饼的阻隔侵入深部地层,这与常规孔渗储层不一样;②黏土矿物的大量存在使得岩石骨架密度发生变化,导致利用密度、声速测井计算孔隙度时,按照恒定骨架密度、声速值建模计算孔隙度的方法失效;③黏土的高阳离子交换能力使储层电阻率减低,同时黏土的分布形态导致了电流路径曲折性的差异,这些都直接增加了利用电性曲线判别储层流体性质的难度;④微裂缝的存在是决定致密砂岩储层有效及具有商业开采价值很重要的指标,但也正是微裂缝的存在使得储层孔隙结构变得复杂,裂缝发育的储层渗透率随机性大,无法准确预测,同时也对电法、声波等测井资料解释带来新的挑战;⑤调研已发表的关于 D 地区、K 地区测井相关文献（蔡明 等,2020b,2020c;章成广 等,2019;肖承文 等,2017a;唐军 等,2017）,由于受油基泥浆（oil-based-mud,OBM）、高地层压力影响,各测井响应特别是与流体性质紧密相关的电阻率响应存在很大变化。以上是致密砂岩储层测井评价存在的

主要困难。结合 D 地区、K 地区储层发育特点，对比研究认为裂缝识别、储层有效性及饱和度评价是亟待解决的三个主要问题。

1.2.1　裂缝测井检测技术发展及存在的问题

塔里木盆地目的层白垩系巴什基奇克组裂缝性致密砂岩埋藏深，具有地层温度高、压力大、岩性复杂、储集类型多样、物性变化大、非均质性强等特点，储层产层主要受裂缝控制，即裂缝是致密砂岩储层有效性评价的一个重要指标。

裂缝的井中识别方法大致可以划分为三大类：井中取心的实验方法、压裂施工预测方法及测井识别方法。随着岩心扫描技术及仪器的更新，目前裂缝的实验室探测精度可以达到纳米级别。根据压裂施工的压力曲线，可以对施工井段的压力进行预测，包括得到裂缝的长度、宽度等地质参数（Economides and Nolte，2002）。利用测井技术识别裂缝最初主要应用在碳酸盐岩储层的裂缝识别中，而后随着非常规油气藏（页岩气、致密砂岩气）勘探开发中对裂缝评价要求的提高，逐渐出现了一些新的测井仪器与处理解释方法。

1. 常规测井

常规测井裂缝评价主要依据双孔介质理论，其理论基础是：密度测井测量的是总孔隙度，声波测井测量的是原生孔隙度，两者的差值即为次生孔隙度，而一般有利储层的裂缝为构造裂缝，是地层经过后期改造的结果，一般认为裂缝与次生孔隙度直接相关。由此发展出一系列的利用常规测井计算次生孔隙度而得到视裂缝孔隙度的方法。但是溶蚀孔隙也属于次生孔隙，因此对于裂缝不够发育的地层利用此方法存在一定的偏差。Flavio 和 Gregor（1999）在 *AAPG Bulletin* 上发表了利用声速偏差曲线识别孔隙类型的论文，同样认为中子测井、密度测井得到的是岩层总孔隙度，若将其转化为声波速度，则与声波时差求取的声速存在偏差。根据费马原理，水平缝或者低角度裂缝符合上述理论，当地层为高角度裂缝时，对声波传播并没有影响。因为 D 地区、K 地区一般发育高角度裂缝，所以利用此方法的效果一般。此外，碳酸盐岩声波速度快，与孔隙声波速度差异大，而碎屑岩与孔隙声波速度差异要小，从探测分辨率的角度而言，此方法在致密砂岩储层的利用效果也要差一些。

另外一种比较成熟的方法是利用双侧向测井的差异进行裂缝的识别，其理论基础是在孔隙发育地层，受泥浆滤液侵入影响，离开井壁的圆柱状地层电阻率出现差异，利用这个差异与裂缝宽度建立半定量的关系。在具体建模过程中，考虑到裂缝倾角对泥浆侵入的影响，对低角度、高角度分别建立裂缝宽度的公式。但此方法是建立在各向同性、单条裂缝的正演模型基础之上的，实际情况往往与之存在偏差。特别是在致密砂岩地层中，泥浆侵入特性与常规地层本来就存在差异，而关于此类地层的正演研究还未展开，因此利用双侧向测井进行致密砂岩地层裂缝的识别还有待考证。

2. 微电阻率成像测井

20世纪90年代出现的微电阻率成像测井，满足了地质学家直接观测井中岩石特征的想法，也一直是公认的识别裂缝、岩性、孔隙结构特征可信度最高的一种测井方法。目前市场上主要有斯伦贝谢公司的FMI、贝克休斯公司的EI、哈利伯顿公司的STAR等微电阻率成像测井仪器。最初只是利用成像图进行地质特征描述，包括孔隙、裂缝等的识别，随着数字图像处理技术的进步，逐渐发展成一套完备的定量识别方法，不仅图像质量越来越高，在特征参数的自动提取、定量计算领域也迅速发展，一般可提供裂缝、孔洞特征参数的自动计算及岩石物理相的自动对比。

利用微电阻率成像测井识别裂缝的一般步骤是：首先通过人机交互，从成像图上拾取裂缝（高导缝、高阻缝、网状缝等），而后通过图形处理技术得到裂缝的倾角、倾向等产状参数，以及裂缝孔隙度、裂缝密度等裂缝特征参数。同时，将谱分析技术引入，通过多谱峰及谱峰移动的特征，自动判别一定深度范围内的裂缝是否发育。

微电阻率成像测井时，一般要求井中泥浆导电，即水基泥浆条件下才可进行测井信息采集。但在非常规油气藏及水平井钻井过程中，为减少对地层的污染及提高钻速，油基泥浆井越来越多，这样就使得井壁孔隙中本来应该充填低电阻率的水基泥浆换成高电阻率的油基泥浆，降低了与岩石骨架电阻率的差异，而使得成图质量变差。为此，斯伦贝谢公司发展了高清电阻率成像测井仪FMI-HD和油基泥浆电阻率测井仪OBMI；贝克休斯公司紧随其后，推出了基于感应测井原理的EI测井仪。但从实际应用效果来看，OBMI的成图质量与FMI-HD相差不大，且对高角度裂缝敏感；EI对低角度裂缝及层界面的拾取效果要强于前两种仪器。但总体而言，在油基泥浆中识别裂缝的效果比水基泥浆差。受纽扣电极尺寸和排布决定的分辨率的影响，微电阻率成像测井仪仅能识别裂缝宽度大于200 μm的裂缝。因为深层致密砂岩储层的微裂缝宽度一般在50～400 μm，所以利用现有的各种成像测井仪，存在裂缝识别率不高的问题。

3. 声成像测井

这里所说的声成像测井包括阵列声波测井、交叉偶极子测井及超声成像测井系列。龚丹和章成广（2013）的研究证实，声波测井识别的裂缝宽度可达到100 μm左右，比微电阻率成像测井的分辨率高，同时声法类测井不受井中泥浆的影响，适用条件比微电阻率成像测井低。

裸眼井中接收到的声波波形主要有地层纵横波、斯通利波及泥浆直达波，在井壁附近识别裂缝技术相对成熟的是斯通利波。Liu（1984）、Winkler等（1989）、唐晓明等（2004）在理论与斯通利波的运用方面做了积极的开创性工作。除利用反射斯通利波的图形进行裂缝预测之外，还发展了斯通利波渗透率、频率偏移等特征参数半定量的预测。随着交叉偶极子测井仪的出现，又发展了利用地层的各向异性、地应力进行裂缝的预测方法。但是直接从快、慢横波出发，寻求探测裂缝发育的方法目前还未出现，这也制约着声法类测井在油基泥浆井中的推广应用。

1.2.2　储层有效性评价发展及存在的问题

　　储层有效性是储层储集能力和渗滤流体能力的综合反映。储层有效性评价就是指对储层的储渗能力进行定性、定量评价。储层有效性研究通常包含两个层次的意思：第一个层次的意思是确定储层有效性的影响因素，具体包括岩性、孔隙度、渗透率、裂缝、地应力、孔隙结构等；第二个层次的意思是指能够对储层有效性进行检测的技术手段和方法，包括地震技术、测井技术、岩心实验、压裂测试方法等。目前，大多数学者的研究思路是通过储层有效性评价第二个层次的意思来回答第一个层次，即通过确立储层有效性评价的技术手段来寻求影响储层有效性的特征参数，进而对储层的有效性进行定性定量研究。孙渊和李津（1998）、刘文岭等（2002）首先讨论了利用声波速度、振幅、频率等地震、测井参数评价碎屑岩储层在油气预测中的有效性，并通过实例验证了该技术的准确性。Brie 等（1990）论述了利用斯通利波对裂缝性储层进行有效性评价的一般方法。齐宝权（1996）在国内首先提出依靠方位电阻率测井仪可以提高储层评价的精度。唐军等（2009）、张晋言等（2012）分别就电阻率成像测井和核磁测井技术在储层定量评价中的应用做了有益的探讨。赵冬梅等（2005）对利用测井技术进行碳酸盐岩储层有效性评价做了归纳与总结，指出测井技术是目前储层评价的最为直接、有效的一种方法。总之，利用测井技术对碳酸盐岩储层和常规孔渗条件下的碎屑岩储层展开有效性评价的方法有很多，效果也很明显；但是对于致密砂岩等非常规储层的有效性评价方法并不多，定量研究的更少。

1.2.3　裂缝性储层饱和度研究进展及存在的问题

　　储层饱和度的定量计算是应用测井技术进行储层评价的关键技术指标。对于裂缝性砂岩储层的饱和度建模一般是沿用碳酸盐岩储层的双孔介质模型。Serra（1982）首先建立了缝、洞型储层双孔隙模型的孔隙指数计算模型；Aguilera 和 Aguilera（2003）随后对这个模型进行了改进；Aguilera 和 Aguilera（2005）在此基础上提出了考虑孔隙、裂缝、溶洞三者存在时的模型。Aguilera 和 Aguilera（2005）研究认为，单组系裂缝-孔隙型储层饱和度的计算可首先建立一个复合的胶结指数 m，该指数融合了裂缝组系与致密骨架的复合影响，然后直接代入阿尔奇公式。赵辉等（2012）对上述方法进行了实际处理后发现，对于裂缝异常发育的油气层，饱和度不仅与裂缝张开度、裂缝孔隙度有关，与裂缝倾角及裂缝孔隙度占总孔隙度的比重也有很大关系。因此，虽然目前有关于裂缝孔隙度储层饱和度计算的公式，但模型最详细的也只是考虑了孔隙类型及各自所占的比重，并没有考虑裂缝产状及地应力等其他因素的影响。D 地区、K 地区发育的裂缝一般属于高角度裂缝，对电阻率测井影响有待研究，同时，国内还未就埋深在 6 000 m 以下的砂岩储层的饱和度进行深入研究。

1.3 裂缝性致密砂岩储层测井评价主要创新成果

本书总结作者团队在库车地区白垩系巴什基奇克组裂缝性致密砂岩储层测井评价中取得的一些创新性成果，归纳为四个研究领域内的创新：岩性测井精细描述，高陡地层声电各向异性评价及校正技术，裂缝检测及有效性评价，以及储层流体判别新方法。

1. 岩性测井精细描述

库车地区白垩系巴什基奇克组主要发育扇三角洲前缘、辫状河三角洲前缘两种亚相，细砂、中砂、泥岩等交错分布，岩性评价存在困难。利用元素俘获能谱测井仪（elemental capture spectroscopy sonde，ECS）测井采集的测井数据，依据"岩心刻度测井"的基本思路，对元素俘获能谱测井仪、岩性测井仪测井数据处理得到的元素及矿物含量进行重新建模，提高其计算精度；同时开展岩性粒级测井的自动识别技术研究，分析不同粒径储层的骨架物理响应差异，进而分岩性粒级建立储层孔隙度、渗透率模型，提高储层物性参数计算的精度。

2. 高陡地层声电各向异性评价及校正技术

通过开展岩石电阻率与地层倾角关系的物理实验与数值模拟实验，分析地层倾角及各向异性下岩心电阻率、声波的响应特征，建立高陡地层各向异性电阻率校正方法。

3. 裂缝检测及有效性评价

为解决油基钻井液井依据流体导电原理的测井裂缝识别效果变差难题，利用斯通利波反射系数确定裂缝位置，弥补常规微电阻率成像测井过程中裂缝的漏拾。为拓展声波测井在裂缝识别中的应用，考虑孔隙度的影响，根据裂缝宽度-声波衰减系数测量实验，建立依据纵、横波能量信息计算裂缝宽度的经验公式；同时利用交叉偶极子阵列声波测井处理得到的频率谱相关系数、能量差值等参数进行裂缝评价，研究发现地层裂缝越发育，能量差值越大，谱相关系数越小，产量也越高。将裂缝有效性评价参数分为表征垂向张开特性与径向延伸特性的两大类参数，并依据常规测井与阵列声波测井（包括交叉偶极子测井）提取的裂缝特征参数组合，建立与产能关系密切的裂缝径向延伸评价模式。该模式在油田应用中取得了良好的效果。

4. 储层流体判别新方法

分析基于常规测井数据处理的气水指数法、流体压缩系数等方法在库车地区超深裂缝性致密砂岩储层中识别流体的应用效果，同时针对 D 地区、K 地区中新生界地层的特点，分析影响饱和度评价的主要影响因素，确立胶结指数 m 与裂缝、地层倾角及孔隙度等参数的关系，并结合实验及压汞实验，建立工区裂缝性储层饱和度评价方法，提高储层流体测井预测的精度。

第 2 章
裂缝性致密砂岩测井响应特征与采集系列优选

　　裂缝在致密砂岩储层评价中占有主导作用，裂缝不仅是油气的储集空间，更是油气的流通渠道，同时能为次生孔隙的形成和储层的渗透性创造有利条件，一般可使储层的孔隙度提高 0.1%～1.0%，渗透率提高 1～2 个数量级，并最终直接影响产能。根据库车河野外露头观察，D 地区目的层巴什基奇克组裂缝大量发育，以高角度缝-垂直缝为主，其次为斜交缝，裂缝宽度一般在微米级，属于小型裂缝，这给测井识别带来很大困难。

　　库车山前井属于超深井，并伴有超厚的高压塑性膏盐岩层，水基钻井液体系下，钻遇膏盐岩层后，由于盐间高压水层、岩层塑变、井漏等复杂情况，盐间事故频发；钻遇目的砂岩层后，井底的超高温导致水基钻井液性能不稳定，极易造成井壁垮塌，形成卡钻事故。为提高本区的钻井速度，克服目的层上覆岩层垮塌等工程问题，采用了油基钻井液。基于水基泥浆体系的微电阻率成像测井在油基泥浆体系下测得的资料已不能满足生产上对裂缝识别的要求，本章 2.4 节也会对比油基与水基泥浆体系下目的层各仪器测井响应，完善油基泥浆条件下裂缝的微电阻率成像测井识别方法。在油基泥浆井中，一般电法测井效果不明显时，裂缝的有效性评价显得尤为重要。

2.1 常规测井响应特征

常规测井方法主要指在油气勘探开发过程中，探井测井、评价井测井、开发井测井工程中均要进行测量的测井方法，即所谓九条曲线系列——自然伽马、自然电位、井径三岩性测井曲线，深、中、浅三电阻率测井曲线，声波、中子、密度三孔隙度测井曲线。在复杂储层中往往再加上地层倾角、自然伽马能谱两项构成所谓的十一条曲线，这也是地质学家研究储层所依靠的基本测井信息。常规测井方法从 20 世纪 70 年代的数字测井系列，到 80 年代的数控测井系列，再到 90 年代的成像测井系统（如 5700 和 MAXIS—500）一直都保留着，基本上是必测项目。

对比大量的测井、录井、取心资料，显示测井区域的测井资料在反映储层岩石物理特征上具有不同的敏感性和可靠性。

（1）自然伽马：利用本区自然伽马测井曲线能够较好地反映岩性粗细变化，对泥岩、砂岩的区分好，即能够有效评价砂岩、泥质粉砂及黏土的特征。但是，较纯净的砂岩自然伽马总体呈现低值，而当储层含砾时，自然伽马的分辨能力并不高。

（2）自然电位：储层渗透性极低，自然电位幅度变化较小，反映渗透性、岩石颗粒粗细的效果不佳。

（3）深探测电阻率：由于油层矿化度较高，而围岩为致密高阻地层，储层深探测电阻率常相对呈现低值。物性越好、岩性越细，测井电阻率越低。深探测电阻率响应不仅包括了流体性质的影响，也体现了岩性变化、钻井液矿化度影响。

（4）冲洗带电阻率：冲洗带电阻率与地层电阻率比较，能够表征储层的岩性变化。特别是在气藏中，冲洗带残余烃饱和度很低，纵向上残余烃饱和度差异较小。冲洗带电阻率综合反映了储层致密程度、岩性粗细等。

（5）密度测井：密度曲线体现了储层总孔隙度的变化，与孔隙体积空间大小具有良好的相关性，与冲洗带电阻率组合分析，可以借以认识除孔隙空间之外的导电贡献因素，如胶结物变化、含砾变化等。

2.2 岩性测井响应特征

岩性对储层的物性、含油性有很大的影响，准确地确定岩石骨架值对求地层孔隙度是非常重要的，这里采用元素俘获能谱测井和中子俘获伽马能谱测井来识别储层岩性。储层的有效性主要受岩性、物性、孔隙结构、填隙物及裂缝的产状与分布特征控制。

2.2.1　元素俘获能谱测井响应特征

1. 元素俘获能谱测井的测量原理

元素俘获能谱测井仪（ECS）可在裸眼井和套管井中进行测量，其仪器结构主要由四部分组成，分别为 AmBe 中子源、锗酸铋（Bi_2O_3-GeO_2，BGO）晶体探测器、光电倍增管和高压放大电子线路。仪器采用单谱计，具有处理简单、组合性强、测速高等优势，适用于含气泥浆、淡水泥浆、饱含盐水泥浆或油基泥浆、氯化钾泥浆等泥浆环境，并且不受井眼状况的影响，即使在井眼状况差、井眼温度高（保温瓶保护）的情况下也能取得较好的 ECS 测井数据。测井作业时，仪器通过 AmBe 中子源向地层发射 4 MeV 的快中子，快中子与地层产生非弹性散射反应，同时释放出伽马射线，通过多次散射中子减速作用变成热中子，热中子被地层元素俘获后原子可跃迁到不稳定的激发态，处于激发态的原子释放特征伽马射线后又回到稳定的基态（初始状态），上述过程产生的非弹性散射伽马能谱和俘获伽马能谱被 BGO 晶体探测器探测并记录下来。相比于传统仪器使用的探测器[如 NaI（Tl）晶体探测器]，BGO 原子序数比较高，晶体密度也大，因此伽马射线的探测效率得到大大增强。利用探测器探测记录到的非弹性伽马能谱数据，通过解谱处理就能够获得 C、O、Si、Ca 等元素的质量分数；另外，其中主要的俘获伽马能谱数据通过解谱处理能够获得 Si、Ca、S、Fe、Ti 和 Gd 等元素的质量分数，再根据特定的氧化物闭合模型方法，就能够获得地层中不同矿物的质量分数。对于没有测量的 Al、Mg、Na 等元素，利用闭合标准化也可以将它们与测量到的元素建立联系，从而根据各种元素的含量（丰度或浓度）得到岩石主要矿物（如黏土矿物、石英、长石、云母以及菱铁矿、黄铁矿）的质量分数（许风光，2007）。

2. 地层矿物反演的原理与方法

1）氧化物闭合模型

氧化物闭合模型为元素质量分数计算的一种方法，斯伦贝谢公司计算矿物质量分数使用的就是这种方法。它的基本思想是认为组成岩石矿物的碳酸盐和氧化物质量分数之和为 1（或认为全部元素质量分数之和是 1）。这种方法的关键就是采用独立的模式对利用热中子俘获反应测量到的每种元素释放出的特征伽马射线相对产额重新归一化，进而得到各种元素的质量分数。它的核心在于只研究岩石骨架中存在但流体中不存在的那些元素（许风光，2007）。这个闭合模型具有两大优势，一方面解决了测量中没有 C 与 O 元素的问题；另一方面能够计算出各深度点刻度因子（归一化因子）F。而各深度点的特定方程可表示为

$$F\left[\sum_i I_i \frac{Y_i}{S_i}\right] = 1 \tag{2.1}$$

式中：F 为各深度点的刻度因子；I_i 为元素 i 对应的碳酸盐或氧化物质量和元素 i 的质量之比，称为元素 i 的氧化物指数；Y_i 为测量到的元素 i 的相对产额；S_i 为探测器对元素 i

的探测灵敏度。

在所测量的元素中，Fe 和 S 元素均由多种不同形式存在，它们的氧化物指数也要根据它们的存在形式来确定。常见的几种元素的氧化物或碳酸盐的氧化物指数见表 2.1。

表 2.1 几种元素的氧化物或碳酸盐的氧化物指数

	元素									
	Si	Ca		Al	Ti	K	Fe			S	
氧化物	SiO_2	$CaCO_3$	CaO	Al_2O_3	TiO_2	K_2O	FeO	Fe_2O_3	$FeCO_3$	$CaSO_4$	FeS
氧化物指数	2.139	2.497	1.399	1.899	1.668	1.205	1.287	1.430	2.075	1.125	0.064

相对产额 Y_i 一般由元素的标准谱与所测量谱通过最小二乘拟合来确定；元素的探测灵敏度 S_i 与元素的浓度及伽马射线相对产额 Y_i 有关；归一化因子 F 在测量的元素能够完整描述岩石矿物时容易确定；氧化物闭合模型的最终计算结果是元素的质量分数。

2）地层元素质量分数确定矿物质量分数

研究结果表明，储层元素种类虽然繁多，但又相对集中于 O、Si、Al 等少数几种元素，而这些元素组成的各种矿物在沉积岩中更是集中于少数几种，其中石英的质量分数为 31.5%，碳酸盐岩的质量分数为 20%，云母和绿泥石的质量分数为 19%，玉髓的质量分数为 9%，长石的质量分数为 7.5%，黏土矿物的质量分数为 7.5%，氧化铁的质量分数为 3%。如果岩石矿物化学成分稳定，则矿物中元素的质量分数基本维持不变。根据 ECS 利用特定矿物指示元素，通过特殊的技术方法，将元素质量分数转化为沉积矿物质量分数，以便为储层综合评价服务。上述过程需要选定能够表征矿物特征的极少数元素作为本矿物的指示元素。例如，石英可选 Si 作为指示元素，石灰岩可选 Ca 作为指示元素，白云岩可选 Mg 和 Ca 作为指示元素。如果矿物比较复杂，则可以选定 2～3 种元素作为指示元素。例如，Si、Al 和 K 可作为钾长石的指示元素，另外还能根据 K 质量分数的多少将其与伊利石区分开。

元素与矿物紧密相关，相互制约，根据确定恰当的元素质量分数与矿物质量分数之间的数学表达式，能够将元素质量分数转化为矿物质量分数。当矿物组成元素稳定时，斯伦贝谢公司利用因子分析数学统计法对来自全球不同地区的岩心样品的元素和矿物资料进行分析研究，总结出通用的元素质量分数与矿物质量分数的关系式，用矩阵形式可表示为

$$E_2 = C_2 \cdot M_2 \tag{2.2}$$

变形可得

$$M_2 = C_2^{-1} E_2 \tag{2.3}$$

式中：M_2 为矿物质量分数的列矩阵；E_2 为元素质量分数的列矩阵；C_2 为把已知的各种矿物对元素的质量分数的贡献进行多元回归处理获得的系数矩阵；C_2 值可由文献获取。求解这个矩阵方程，就能够获得每种矿物的质量分数（许凤光，2007）。

在使用式（2.2）和式（2.3）确定两者的关系时必须考虑两方面的问题：一方面，测量

元素在矿物中的质量分数应比较稳定,且为被鉴定地层矿物中的主要指示元素;另一方面,被确定的矿物数量不可以多于被测量的元素数量。根据地层化学元素质量分数可以精确估算矿物质量分数,但必须符合如下两个条件:第一,模型中不存在的矿物,对需确定的元素不应产生任何干扰;第二,矿物中元素质量分数不仅相对稳定,还需具有特征性。

3. 研究区 ECS 资料的处理与分析

1)研究区岩石矿物分析

研究区域砂砾岩储层充填物质涉及黏土、方解石、石膏、硫铁矿等主要组分。由于使用氧化物闭合模型,在解释中如果选错氧化物闭合模型,就会造成矿物质量分数解释偏差。

各井岩石薄片分析显示(表 2.2),石膏质量分数总体比较低。对比分析 12 口井的薄片资料,除黏土外,特殊胶结物组分中,方解石组分是主要类型;石膏在岩屑录井中普遍观察到,岩石薄片中也比较常见,是比较重要的特殊组分,但质量分数不大;黄铁矿在部分井中局部出现,但质量分数很小,可以忽略不计。

表 2.2　岩石薄片及全岩矿物分析矿物的质量分数 (单位:%)

矿物	D1 井	Dx1 井	Dx2 井	Dx3 井	Dx4 井	D2 井	D3 井	K1 井	K2 井	K5 井	KD1 井	KDx1 井
石英	56.72	45.13	50.04	51.51	45.67	48.14		53.15	48.12	50.42	57.69	50.04
长石	11.83	19.48	22.72	22.35	20.65	12.79		28.73	24.83	21.25	18.74	26.24
白云石	1.63	1.875	2.08	3.48	5.00	0.50	15.20	1.83	2.55	7.50	0.07	
泥质	4.86	7.98	4.88	4.40	6.36	5.61	18.67	6.66	2.35	11.44	7.18	2.05
方解石	8.89	6.81	8.65	9.61	6.11	10.88	9.67	7.20	4.47	7.69	3.73	2.86
石膏		1.13	2.64	3.50	10.00		1.50	0.50	1.65			
黄铁矿	0.50								0.50			

2)ECS 解释情况分析

ECS 测井探测岩石中 Si、Ca、Fe、S、Ti、Cl、Cr、Gd 等重要元素,通过氧化物闭合模型预测骨架的岩性。研究区目标层段中,常见的矿物主要包括石英、长石、黏土矿物、碳酸盐矿物、石膏和黄铁矿。在岩性相对固定、矿物特征明显层段,解释人员选择区域氧化物闭合模型比较准确,ECS 解释效果较好。

图 2.1 为 Dx2 井的 ECS 测井资料解释成果。由录井资料可知:Dx2 井在 5 433~5 434 m 为泥质粉砂岩,5 434~5 435 m 为粉砂质泥岩,5 435~5 440 m 为泥质粉砂岩,5 441~5 442 m 为粉砂质泥岩,5 443~5 447 m 为粉砂岩,5 448~5 451 m 为泥岩,与 ECS 测井资料解释成果相符,解释结果比较准确。

图 2.2 为 KDx1 井的 ECS 测井资料解释成果。由录井资料可知:KDx1 井在 3 019~3 024 m 为灰色泥质粉砂岩,3 024~3 027 m 为细砂岩,3 028~3 030 m 为褐色泥岩,3 030~3 032 m 为浅灰色含泥灰岩,3 032~3 035 m 为灰色泥质云岩,3 036~3 039 m 为深灰色云质泥岩。

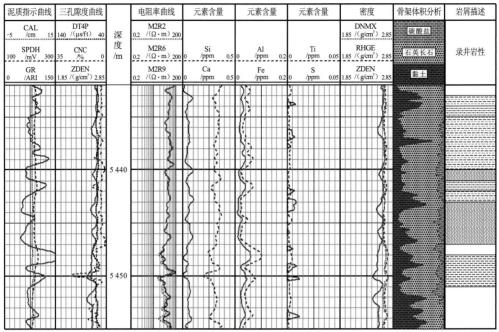

图 2.1　Dx2 井 ECS 测井资料解释成果

1ft = 30.48 cm；1 ppm = 1×10^{-6}

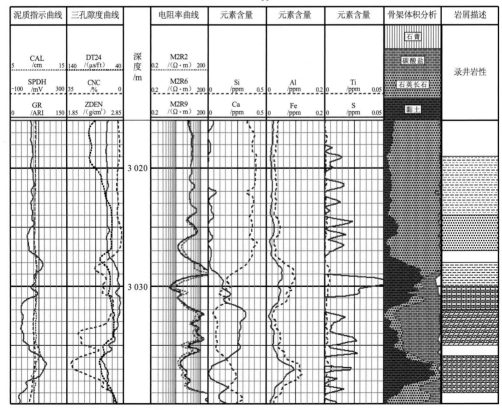

图 2.2　KDx1 井 ECS 测井资料解释成果

从测井资料响应特征和录井剖面对比可以看到，S、Ca 元素含量可以明确指示方解石、石膏的发育层段。这是认识胶结物特征的重要信息。

ECS 测井资料显示，储层在粗岩性层段，出现 Ca、S 元素含量上升的情况较多，说明这些层段应以钙质、膏质胶结为主，并对应出现孔隙度下降，电阻率明显上升的响应特征。

2.2.2　岩性测井仪测井响应特征

FLeX 是一种岩性测井仪，由高频的 D-T 脉冲中子发生器、BGO 晶体闪烁探测器、高速井下传输路线和高强度钛外壳组成，并采用相应的中子和伽马屏蔽体来消除井眼等环境伽马的影响，通过氧化物与岩性的关系进行复杂岩性识别。

FLeX 的脉冲中子工作时，时序分为两个阶段：第一阶段包括 950 个重复短周期，每个短周期工作时间为 100 µs，其中 10～40 µs 记录非弹性伽马散射信息，50～100 µs 俘获伽马信息；第二阶段包括 50 个工作时间为 100 µs 的短周期，记录伽马本底谱，能够确定 Al、C、Ca、Fe、Gd、K、Mg、S、Si、Ti 等 10 种元素。

2.3　成像测井响应特征

自 20 世纪 80 年代，电成像测井技术开始发展。斯伦贝谢公司推出了第一代微电阻率成像测井仪，用于水基泥浆条件下的井壁成像测量。该成像测井仪之所以能提供高分辨率及高井眼覆盖率的井壁成像图，得益于其高密度的阵列纽扣电极排列。成像解释为油气解释提供了一种全新的方式，通过成像图可以直观地得到地质信息，如岩性、地层的沉积构造及裂缝特征等。在 2001 年以前，成像测井仪只能在具有导电性的水基泥浆环境中使用，自 90 年代开始，基本不导电的油基泥浆开始在深水钻井中普遍使用，水基泥浆成像测井仪已经无法适用。油基泥浆相比与常规的水基泥浆，可以增强井眼稳定性，钻井风险也随之极大地减小，钻井效率也大大地提高（王裙 等，2005；李清松 等，2005；付建伟 等，2004）。第一代油基泥浆电成像仪器（OBMI）在 2001 年由斯伦贝谢公司推出，油基环境下的成像技术取得了重大突破。通过十多年的油基泥浆成像技术发展，斯伦贝谢公司又推出了一种新型高清晰度油基泥浆微电阻率测井仪，这个新的仪器克服了第一代油基泥浆成像仪的缺陷，能够获取高质量、高分辨率和高覆盖率特性的油基泥浆环境下的井壁成像图（Bolemenkamp et al.，2014）。与此同时，贝克休斯公司也推出了另一种改良型油基泥浆电阻率成像测井仪，这种新型仪器可以通过其在油基泥浆井中的多频测量，在纵向与周向上提供高分辨率的电阻率图像（Itskovich et al.，2014）。国内由中海油田服务股份有限公司自主研发的油基泥浆电成像仪器仍处于试验阶段，目前还没有投入商用。在开发难度日益增大的油气勘探开发中，油基成像测井技术发挥着越来越重要的作用（柳杰 等，2015；翟金海，2012；郑儒 等，2012；王亚青 等，

2008）。

按照与井壁之间的距离由近及远，井中能够接收到的声波波形成分有斯通利波、地层纵波、地层横波。下面就依次讨论这几种波形成分与裂缝的关系。

1. 斯通利波

斯通利波是一种管波，只有当裂缝与井壁相交时，才能够产生，故横向探测裂缝的长度有限，计算的斯通利波渗透率、反射系数、频率偏移、中心时间等值均能够反映井壁裂缝发育情况；同时斯通利波与电成像结合，在水基泥浆中识别裂缝的精度最高。

图 2.3 为 Dx3 井声波成像与电成像资料处理成果对比图。在图中，5680～5689 m、5697～5704 m、5712～5721 m 井段，斯通利波反射系数相对高，斯通利波渗透率高于基质渗透率，高的井段达到 1～3 mD，对应电成像资料井段，裂缝较发育，裂缝参数值高。在上部 5677～5687 m 试油，获油 2.25 m³/d，气 137 553 m³/d，产水 16 m³/d，说明单层试油产能较高，裂缝发育带是有效裂缝。

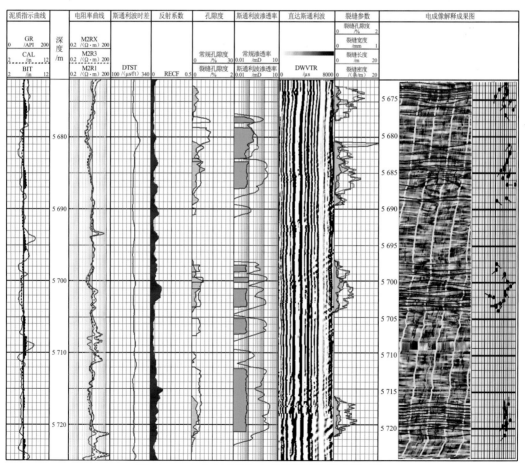

图 2.3　Dx3 井声成像与电成像资料处理成果对比

1 in = 25.4 mm

2. 纵、横波

纵、横波与裂缝的关系可以通过实验进行验证。图 2.4 为岩心波形测量及水槽实验装置。岩心测量装置由 CTS-45 型非金属超声波检测分析仪和岩样夹持器及一对换能器组成。选择研究地区物性接近的两块岩心，要求其两端面光滑，对接时缝隙宽度接近零。在测量波形时，先要调试好发射接收的频宽、幅度，达到满意的波形后，要求发射接收键及径向压力保持不变，这里所加径向压力为 12 MPa，并记下对接的岩心总长度及横波到达的时间。水槽内放上一对岩心柱，柱心内设置声波激发和接收探头，以模拟井中声波仪器距离裂缝不同距离时对波列的影响。

（a）柱塞样声测量实物图　　　　　　（b）模型井声波测量实物图

图 2.4　岩心波形测量及水槽实验装置

图 2.5 为岩心测量波形，横坐标为记录时间，纵坐标为幅度，自下而上，分别测量裂缝宽度为 0～500 μm 的波形。由图 2.5 可以看出，随着裂缝宽度的增加，纵横波幅值逐渐减小，但发现横波变化趋势比较明显，纵波由于衰减大，接收幅值不高，给定量分析带来困难。这也可以解释在实际井中测量时，利用横波信息更有利于检测裂缝。

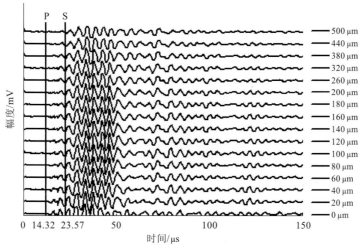

图 2.5　岩心测量波形

图 2.6 为裂缝对声波测量信号的影响（水槽实验），图中中间位置为受裂缝影响的距离，对比未受到裂缝影响的波形可见，裂缝情况下，声波幅值下降明显。图 2.7 为裂缝对声波幅度随源距变化的影响（水槽实验），随源距增加，距离裂缝越近，波列幅度下降越明显。为建立定量评价模型，根据库车地区取心实验测量的波形数据，建立声波衰减系数与裂缝宽的关系。衰减系数 α_1 计算公式如下：

$$\alpha_1 = \frac{1}{l}\lg\left(\frac{A_0}{A}\right) \tag{2.4}$$

式中：l 为对接岩心总长度；A_0、A 分别为零缝宽和有缝宽时的声波幅度。

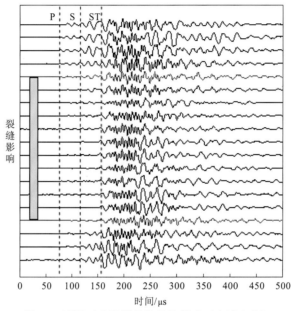

图 2.6 裂缝对声波测量信号的影响（水槽实验）

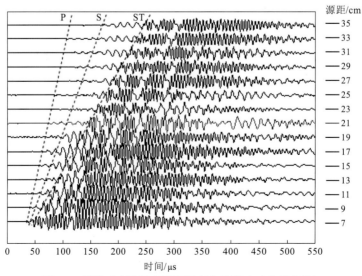

图 2.7 裂缝对声波幅度随源距变化的影响（水槽实验）

图 2.8、图 2.9 分别为实验数据拟合的纵、横波衰减系数与裂缝宽度的关系，其中横坐标为归一化的纵、横波衰减系数。相同裂缝宽度情况下，孔隙度（ϕ）越大，衰减系数越大。具体拟合公式如下。

$\phi \geqslant 5.5\%$：

$$F_{HP} = 0.791\,1\exp(16.899 \times A_{LP}) \tag{2.5}$$

$$F_{HS} = 5.948\exp(12.27 \times A_{LS}) \tag{2.6}$$

$\phi < 5.5\%$：

$$F_{HP} = 2.153\,4\exp(19.299 \times A_{LP}) \tag{2.7}$$

$$F_{HS} = 2.135\,2\exp(25.065 \times A_{LS}) \tag{2.8}$$

式中：F_{HP} 为纵波衰减系数计算的裂缝宽度，μm；F_{HS} 为横波衰减系数计算的裂缝宽度，μm；A_{LP}、A_{LS} 为归一化的纵、横波衰减系数。

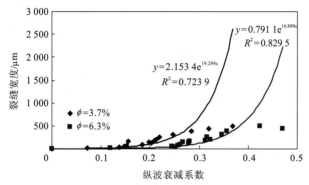

图 2.8　纵波衰减系数与裂缝宽度的关系

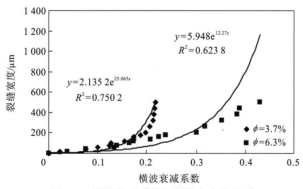

图 2.9　横波衰减系数与裂缝宽度的关系

图 2.10 为 Kx2 井阵列声波测井资料处理的横波、斯通利波衰减系数及裂缝宽度成果图。从图 2.10 中可以看出，该井 6 715～6 730 m 深度段，电成像处理识别裂缝发育，同时对应的声波衰减系数明显，计算得到的裂缝宽度 F_{HS}（由横波衰减系数计算的缝宽）、F_{HST}（由斯通利波衰减系数计算的缝宽）较大，说明在裂缝发育层段，可以利用横波、斯通利波的能量信息评价裂缝。

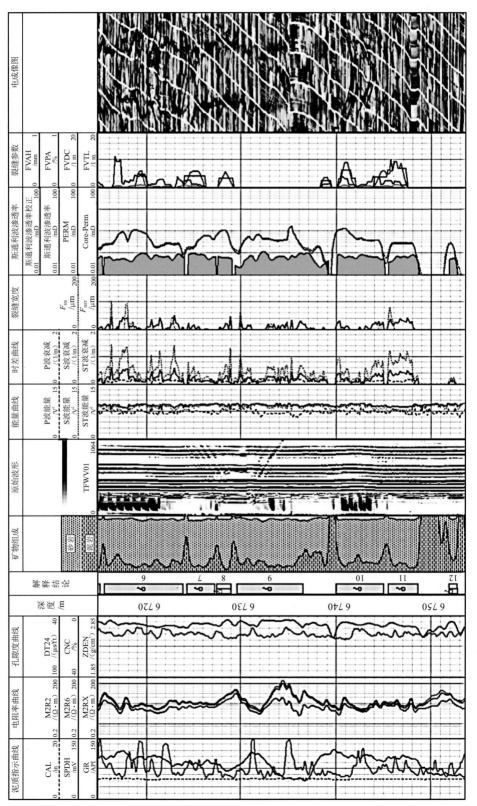

图 2.10　Kx2井横波、斯通利波衰减系数与裂缝宽度处理成果图

偶极子横波测井仪器主要是评价地层的各向异性，目前一般包括时差各向异性及能量各向异性。虽然快、慢横波差异的各向异性是由多种因素造成的，但与其他测井仪器综合解释，也可以为储层综合评价裂缝提供一定的依据。

图 2.11 为 Kx1 井交叉偶极子识别裂缝的成果图。第 3 道为提取的快横波全波列波形，第 4 道为提取的慢横波全波列波形。利用谱分析技术，分别计算得到了快、慢横波频谱（第 5 道、第 6 道），差谱（第 8 道），快慢横波的能量差（第 9 道），快慢横波频谱的相关系数（第 10 道）及各向异性系数（第 13 道）。同时依照 2.3 节介绍的阵列声波计算能量方法，计算得到了偶极子横波测量的快、慢横波能量（第 11 道）及衰减系数（第 12 道）。对比电阻率成像拾取的裂缝参数（第 7 道）可见，Kx1 井 6 500～6 625 m 深度段裂缝发育，对应的偶极横波各裂缝参数规律如下：快、慢横波能量差值变大，频谱的相关系数变小，快、慢横波衰减系数变大。

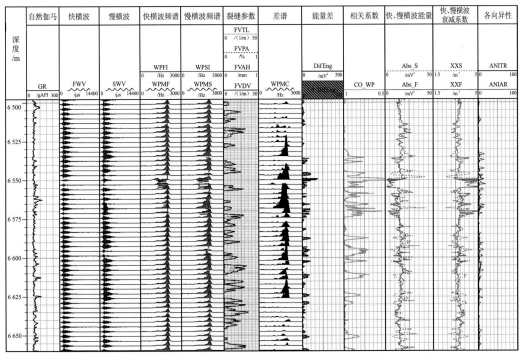

图 2.11　Kx1 井交叉偶极子识别裂缝的成果图

2.4　不同泥浆体系下声电成像测井响应特征

随着油基泥浆的规模化应用，测井技术面临着巨大的挑战，原有水基泥浆电成像测井仪器已经不能满足需求，不再使用，但是新的油基泥浆电成像测井应用效果远不如之前的水基泥浆电成像的成像效果。为了更好地比较不同泥浆类型对电成像测井的影响，塔里木油田在同一口井中进行了水基泥浆/油基泥浆置换实验，并在不同工作条件下测量了电成像测井仪的效果，进行了详细比较分析。以塔里木油田目前使用的几种油基泥浆电成像测井工具为研究对象，比较了几种设备的结构和基本原理，并分析了其应用的实际效果。科学研究认为，可以根据实际需要有选择地使用仪器设备特性和储层特性的组合，在油基砂浆井条件下也可以达到地质特征识别、储层评价的目的。

油基泥浆综合性能优异，可以合理处理复杂深井安全钻井与复杂地质构造之间的分歧，实现超深层油气资源的有效勘探开发。油基泥浆的大规模应用给测井技术带来了巨大的挑战。原来水基泥浆条件适用的电成像测井，如 FMI、EMI、STAR 等仪器已不再适用。新兴的油基泥浆电成像测井的应用效果很难与原始的水基泥浆电成像效果相比较，并且无法定量计算裂缝参数。这使得测井储层评价成为一个难题。为了实现储层综合评价，塔里木油田推出了多种油基泥浆电成像测井工具进行测试和应用。范文同等（2018）对几种油基泥浆电成像测井仪的应用效果进行了比较研究，并探讨了各自的优点和特点。

2.4.1 水基泥浆钻井液下测井响应特征

（1）在 D 地区、K 地区低孔、岩性复杂的储层有效性评价中取得重要进展，形成以声电成像结合评价裂缝有效性的特色技术。裂缝是影响 D 地区、K 地区低孔低渗储层产能的主要因素，利用电成像、声成像和 ECS 与孔隙度测井资料计算裂缝参数，进而评价裂缝有效性。声电成像、ECS 与常规资料结合能准确得出斯通利波渗透率、裂缝孔隙度及孔渗等参数下限值，用于划分储层类型。

（2）初步建立 D 地区、K 地区不同地层条件下的流体性质识别方法，提出了 4 种水基泥浆井筒条件下的流体识别方法。采用测井三孔隙度差值/比值法、横波信息评价法（流体压缩系数气指示法、纵横波时差比法与气饱和度指示法）、RT-AC 气水指数法及阵列中子与地层俘获截面交会法，探讨了流体识别问题。与试油资料比较，其中 RT-AC 气水指数法符合率为 77.6%，其准确性主要受气水线代表性控制；横波信息评价法符合率为 87%，若孔隙度太低，会影响横波信息评价法的识别准确率。

研究地区存在的困难与问题主要包括以下几个方面。

1）高温高压小井眼测井采集存在困难

在 D 地区、K 地区的测井系列中，受到井下埋藏深、高温高压条件、井眼条件及泥浆系列的影响，测井采集存在困难，首先要对测井曲线进行正确选择，然后进行校正。

在小井眼中，测井系列优选难。K7 井井深超过 8 000 m，井眼尺寸为 4.375 in，井底温度达 182 ℃，压力超过 150 MPa。利用 SlimXtrme 技术，仅取得常规测井资料。因缺少耐高温、耐高压小井眼成像测井仪器，无法取得成像测井资料，储层精细评价受影响。表 2.3 为 K7 井测井系列具体项目。

表 2.3　K7 井测井系列具体项目

测井系列	哈里伯顿测井	适用测井环境			斯伦贝谢测井	适用测井环境		
		温度/℃	压力/MPa	井眼/in		温度/℃	压力/MPa	井眼/in
孔隙度	谱密度（HSDL）	<260	<172	>3.5 >4.69	岩性密度（QLDT）	<260	<207	>3.87
	双源距中子（HDSN）	<260	<172（6H）	>3.5	补偿中子（QCNT）	<260	<207	>3.87
	全波列声波（HFWS）	< 260	<172	>3.5	阵列声波（QSLT）	<260	<207	>3.87
电阻率	阵列感应（HACrt）	<260	<207	>3.5	阵列感应（QAIT）	<260	<207	>3.87
	双侧向（HEDL）	<232	<172	>3.5	无			
	自然电位（HEDL）	<232	<172	>3.5	自然电位（QAIT）	<260	<207	>3.87
岩性/井眼	自然伽马（HNGR）	<260	<172	>3.5	自然伽马（QGTC）	<260	<207	>3.87
	四臂井径（HECT）	<260	<172	>3.5	密度井径（QLDT）	<260	<207	>3.87
裂缝	无				FMS	<175	<137	>5.62

高温高压大井眼条件下，采用小井眼仪器测井，资料品质差。在 Kx4 井中，测得的密度曲线（斯伦贝谢）偏小不可用，建模时应选用声波曲线，如图 2.12 所示。

Kx1 井中，斯伦贝谢与哈里伯顿密度测井仪器测的曲线值相差很大，造成解释结果相差大，如图 2.13 所示。Kx3 井中，经过井深 6 545～6 555 m 段的膏岩层校正后，新疆测井公司阿特拉斯测得的密度需要加 0.02 g/cm³，斯伦贝谢测井公司 MAXS500 测得的密度需要减去 0.04 g/cm³，如图 2.14 所示。

2）地层倾角问题

受地层高倾角的影响，电阻率测井值与水平地层出现较大的差异，需要进行实验、数值模拟研究，做必要的校正，提高测井解释精度。电阻率测井是常规测井方法之一，根据岩石导电性的差别测量地层电阻率特性，对于评价储层有着重要的贡献。目前测井仪器测量的电阻率都是根据水平地层设计的，测量的视电阻率为地层的水平电阻率，本区砂岩储层的电阻率测量值除了与储层的岩性、物性及含油气性有关外，与所测井的井段地层倾角相关联，地层倾角大直接会导致测量视电阻率高，偏离地层真实的电阻率。其中 D1x3 井、D2x3 井、Dx2 井都是高倾角地层。

如图 2.15 所示，Dx2 井 7 161～7 240 m 与 7 240～7 467 m 两段的地层倾角都集中在 40°～80°，属于高倾角地层。该井的测井目的层段即白垩系巴什基奇克组，深度为 7 209～7 461 m，因此 Dx2 井的电阻率测量值由于地层倾角高，其各向异性影响明显。

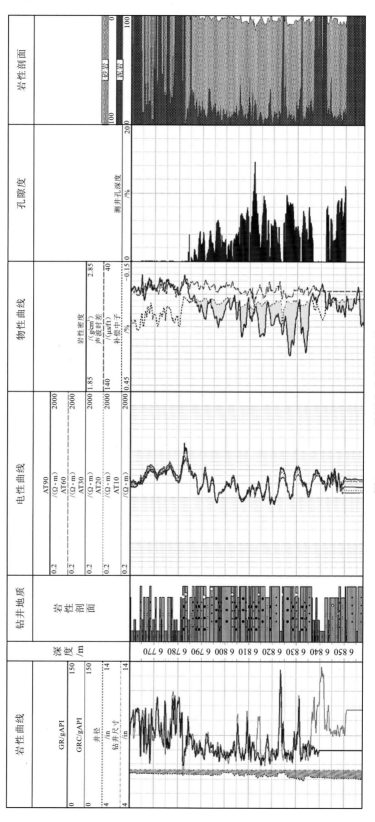

图 2.12　Kx4井测井曲线及处理

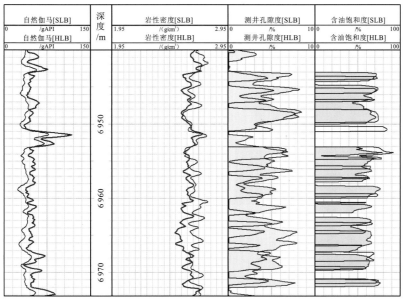

图 2.13 Kx1 井岩性密度曲线及处理对比

SLB 为斯伦贝谢，HLB 为哈里伯顿

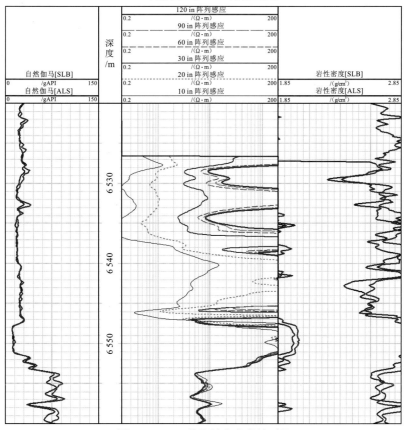

图 2.14 Kx3 井岩性密度曲线对比

SLB 为斯伦贝谢，ALS 为阿特拉斯

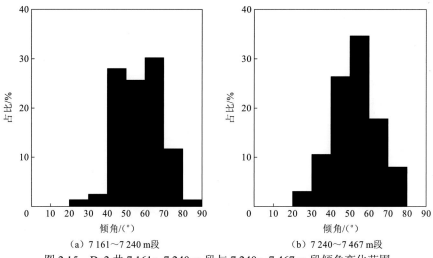

（a）7 161～7 240 m 段   （b）7 240～7 467 m 段

图 2.15　Dx2 井 7 161～7 240 m 段与 7 240～7 467 m 段倾角变化范围

图 2.16 是 Dx2 井与 Dx1 井对比图，其中 Dx1 井地层倾角在 20°～30°，Dx2 井地层倾角在 40°～80°，对比发现在白垩系巴什基奇克组的电阻率曲线差异较大，Dx2 井深电阻率的波动范围明显高于 Dx1 井，相应层段的电阻率均值也高于 Dx1 井。综合分析显示，导致 Dx2 井电阻率高的原因是其较高的地层倾角。

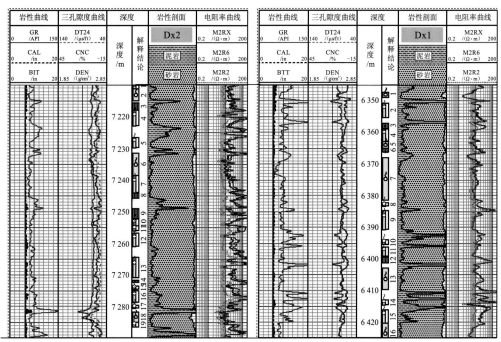

（a）Dx2井巴什基奇克组电阻率曲线图   （b）Dx1井巴什基奇克组电阻率曲线图

图 2.16　Dx2 井与 Dx1 井对比图

可以看出，当地层倾角较大时，测得的电阻率比地层实际电阻率要高。根据阿尔奇公式计算含油气饱和度时，视电阻率偏高会导致计算出的含油气饱和度大于真实值。所以在较陡地层计算含油气饱和度时，测量的视电阻率不能直接使用而需校正，不然会使解释结论不精准，最终影响储量计算。

3）流体识别方法的适应性

为了提高测井解释精度，可进行测井采集系列优选研究，在目的层段加强测井数据的配套采集，有利于复杂储层流体性质的识别。对提出的水基泥浆井筒条件下的流体识别方法要进行适应性分析。

（1）三孔隙度差值/比值法。地层含气后，中子挖掘效应使视中子孔隙度变小，而视密度孔隙度、视声波孔隙度变大。三孔隙度差值 $C_3 = \phi_{da} + \phi_{sa} - 2 \times \phi_{na}$、比值 $B_3 = \dfrac{\phi_{da} \times \phi_{sa}}{\phi_{na}^2}$ 能放大含气层的视中子孔隙度与视密度孔隙度、视声波孔隙度的差异信号，进而识别气层。其中，ϕ_{sa}、ϕ_{da}、ϕ_{na} 分别为视声波孔隙度、视密度孔隙度、视中子孔隙度。一般 $C_3 = 0$，$B_3 = 0$ 显示油水层；$C_3 > 1$，$B_3 > 1$ 显示为气层。该方法适用于井眼状况好，且一般不会漏掉气层，但是受溶解气、孔隙类型影响大，不能把气层与水层有效地区分开。

（2）RT-AC 气水指数法。根据井区内的水层、气层分别拟合出水层电阻率 RT_w、气层电阻率 RT_g 与声波时差 AC 的关系。气指示 $GM = RT / RT_g$，水指示 $WM = RT_w / RT$。判别标准为 $GM > 0.3$，$WM < 0.55$ 是气层；$GM < 0.3$，$WM > 0.55$ 是水层。方法适用于地层倾角不大，含有纯气、水层的地层，但是受纯气、水层电阻率计算公式精度的影响大，高陡地层影响也大。

（3）阵列中子与地层俘获截面交会法。测井参数 APSql 与地层中子数有关，APSql=(AFEC/ANEC)(K/SIGF)，K 是与电阻率相关的参数，调整 K 使得 APSql 曲线与 SIGF 曲线在水层重合。对于含气地层，APSql 增大而 SIGF 减小。该方法适合于任何地层倾角条件，不受地层倾角的影响，对气层识别有很好的效果，但是受岩性、地层水矿化度及钻井过程中的离子交换时间长短影响。

（4）横波信息评价法。第一，纵横波时差比法与气饱和度指示法。在含气地层中，往往是地层纵波速度减小明显，而横波速度变化很小，造成含气地层的纵横波速度比 DTR=DTS/DTC 要比饱和水地层的纵横波速度比 DTRW 小得多，利用这一性质，测井资料在饱和水纵横波速度比与实测纵横波速度比之差（DTRW-DTR）与含气饱和度指示 SGI 交会图上能有效地识别气水层。当 $DTRW - DTR > 0.055$，$SGI > 8$ 时是气层；$DTRW - DTR < 0.055$，$SGI < 8$ 时是水层。该方法适应于孔隙类型简单、孔隙结构不复杂的地层，但是判别的符合率主要受溶解气影响，以及在孔隙度太低时不准确。第二，流体压缩系数气指示法。水与气在弹性力学上存在很大的差异，地层中水层的压缩系数远小于气层。用 Boit-Gassman 关系式求流体压缩系数 CFV 与饱和水的压缩系数 CFW=3.845 相对比，在 CFV>CFW 层段指示地层中可能含气。该方法适应于具有一定物性的地层，即孔渗越好，符合率越高，但是流体压缩系数法受差物性的影响很大，往往指示为干层，孔隙度太低，会影响到气层识别准确度。

2.4.2　油基泥浆钻井液下测井响应特征

随着深层勘探开发积极开展，油基泥浆和人工合成钻井泥浆得到广泛使用。这类泥浆与常规泥浆相比能够增强井眼稳定性，从而极大地减小钻井风险，提高钻井效率。然而，由于在这样不导电的泥浆中常规微电阻率成像仪不能很好的工作，微电阻率井眼成像技术的优势不复存在。在多数情况下，微电阻率井眼成像图的缺乏代表着对成功开发储层重要信息的丢失，从而导致常规微电阻率成像测井仪的应用受到限制。

D 地区、K 地区属于低孔低渗或特低孔低渗裂缝性储层，在钻井过程中为了增强井眼稳定性，降低钻井风险，提高钻井效率，其中 K 地区 Kx1 井、Kx3 井、Kx4 井、Kx5 井及 Kx6 井采用油基钻井液，与一般水基泥浆有很大的差异，因此掌握油基泥浆井储层的测井响应特征对测井解释是有帮助的。

1）粉、细砂岩的测井响应特征

粉、细砂岩是研究区域主要的储层类型，是物性最好的储层之一。此类储层显示为相对低的自然伽马、密度测量值，声波时差较大。对于电阻率曲线，油基泥浆电阻率高于水基泥浆；泥浆侵入与浸泡时间、地层压力等因素有关，所以测井电阻率随油基泥浆侵入程度的不同而呈现较大的变化范围，如图 2.17 所示。在深、浅电阻率测井

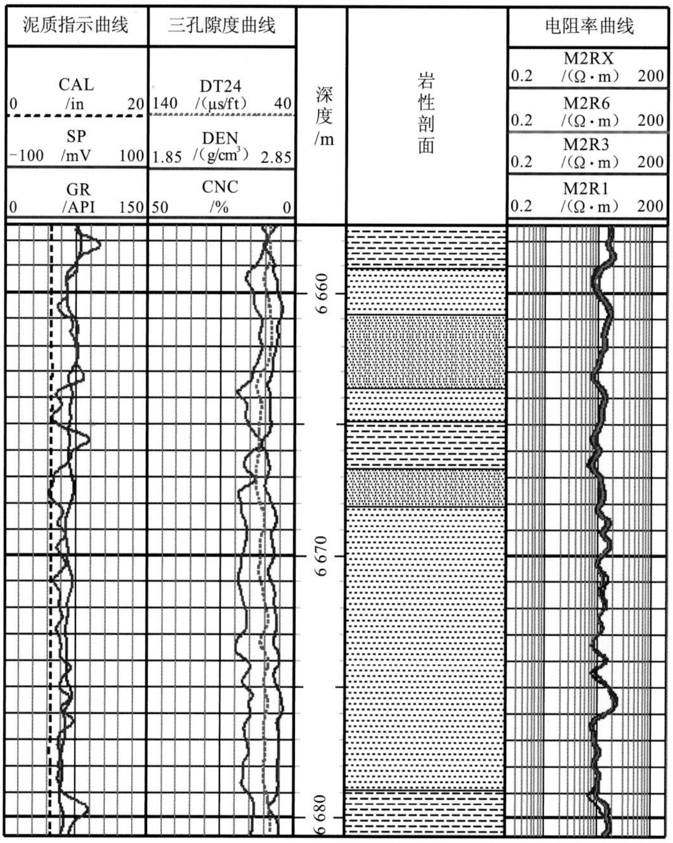

图 2.17　Kx3 井砂岩层段测井响应特征

上，油基泥浆侵入程度会导致含气储层的电阻率差异被弱化，能得到地层真电阻率，一方面能提高求饱和度的精度，另一方面也使得电阻率测井识别与评价天然气储层的应用受到制约。

2）含砾岩层段的测井响应特征

含砾砂岩储集层自然伽马比相对纯净的粉、细砂岩相比略有降低，中子、声波时差偏低，含砾砂岩层段的电阻率起伏变化大小与层段含砾量、砂岩粗细有关，密度曲线值高于砂岩层段，如图 2.18 所示。

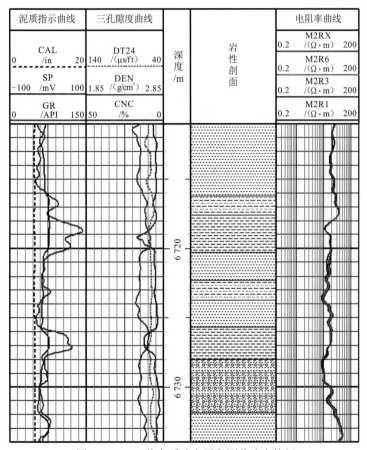

图 2.18　Kx3 井含砾砂岩层段测井响应特征

3）裂缝发育层段

库车地区以斜交缝、高角度裂缝为主，且致密砂砾岩中裂缝发育概率较高。裂缝发育层段在测井响应上主要呈现以下特征：自然伽马曲线出现一定程度的齿状变化，井径出现不稳定特征，电阻率曲线起伏跳跃明显。图 2.19、图 2.20 分别显示了 Kx3 井、Kx6 井裂缝发育层段的常规测井、成像测井特征，明显体现了上述特征。

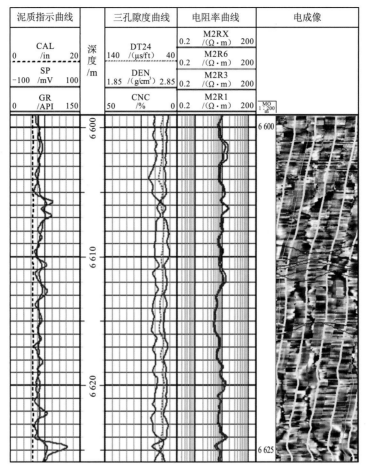

图 2.19　Kx3 井裂缝发育层段测井响应特征

　　油基泥浆井中，泥浆电阻率一般高于地层电阻率，泥浆侵入导致深、浅电阻率无差异，使得深、浅电阻率测井在储层的差异受到制约。同样对于井眼微电阻成像测井，油基泥浆的采用及侵入会使得井壁上的有效裂缝电阻变高，很难在图像上呈现与背景值的差异，影响层理缝与裂缝的区分，因而使成像数据不可靠，识别裂缝能力变差，如图 2.21 所示。

　　油基中含有原子序数较高的重晶石，以及大量的氢原子，对于密度测井与补偿中子测井探测地层内的电子密度和氢原子数都存在校正问题。

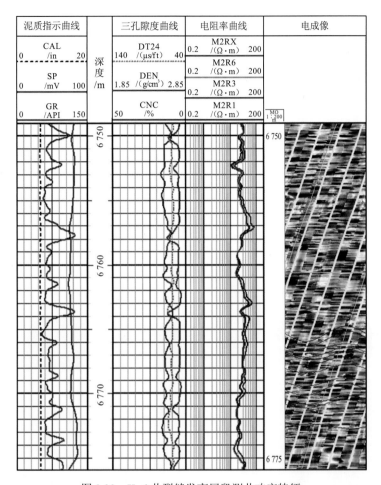

图 2.20　Kx6 井裂缝发育层段测井响应特征

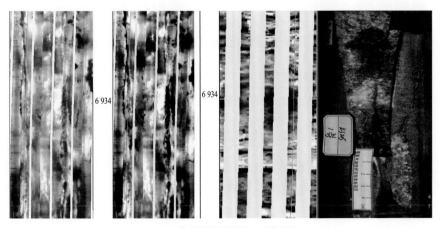

（a）Kx6 井垂直裂缝井段电成像显示

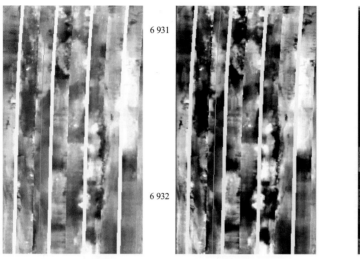

（b）Kx6井低角度裂缝井段电成像显示

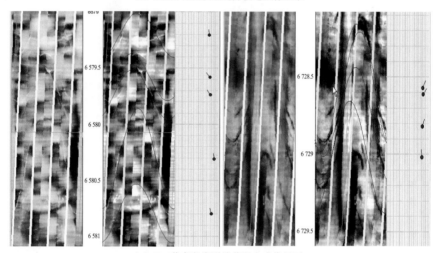

（c）Kx6井高角度裂缝井段电成像显示

图 2.21　Kx6 井裂缝发育层段的电成像测井显示

4）储层、干层测井响应特征

库车地区目的层段裂缝发育，裂缝对储层有效性影响很大。有效储层的裂缝一般都很发育，如图 2.22 所示，Kx1 井 6945.99～7160 m 层段测试结论为气水层，该段自然伽马出现一定程度的齿状变化，井径出现不稳定特征，孔隙度曲线呈现该层除基质孔隙外还存在裂缝孔隙，电阻率曲线较高值在裂缝处跳跃明显，成像测井图显示该段裂缝发育。图 2.22 还显示出该井的井内电阻率曲线 RT20 高于其他深层电阻率，是由油基泥浆电阻高、泥浆侵入不深造成的。但在裂缝处，由于孔渗较好，油基泥浆易侵入，该现象无明显差异。

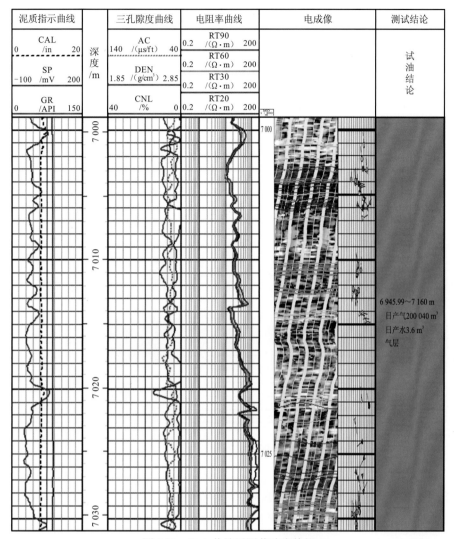

图 2.22　Kx1 井储层测井响应特征

图 2.23 中 Kx6 井 6 846～6 847 m、6 850.6～6 856.2 m、6 857～6 860 m 三个层段的测井解释为干层,该段自然伽马值明显降低,中子曲线较低,密度大,声波曲线平直,表明该段物性较差,电阻率较高,成像图显示该段裂缝不发育。

5）油基泥浆下储层识别

在油基泥浆条件下,只是改变了侵入泥浆的电阻率,对声波、密度、中子三孔隙的影响较小,因此,在淡水泥浆下利用密度、声波建立的储层孔隙度、渗透率等模型还是适用的,但对于饱和度的求取,需要做进一步的研究。

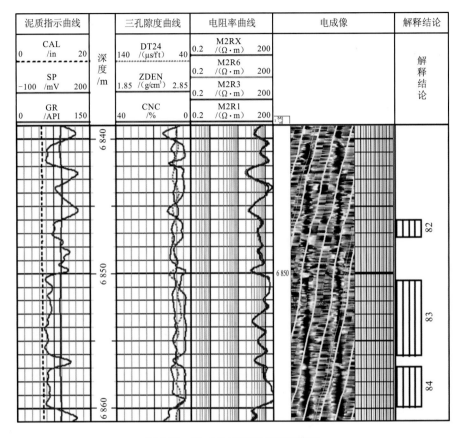

图 2.23　Kx6 井干层测井响应特征

　　图 2.24 是油基泥浆井眼条件下 Kx3 井用淡水泥浆模型处理的孔隙度、渗透率、饱和度结果图。从图 2.24 中可以看出，测井解释结果与试油结果相符。

6）油基泥浆下裂缝的识别

　　K 地区属于低孔渗、岩性复杂储层，裂缝是影响本区储层产能的主要因素，在前期水基泥浆井眼条件下裂缝识别及有效性评价研究工作中，形成以声电成像结合评价裂缝的方法，利用电成像、声成像及 ECS 计算裂缝参数，评价裂缝有效性。然而随着钻井工艺的需要，油基钻井液的采用使得裂缝在油基泥浆下的识别与评价成为新的难题，对此需做进一步的分析研究。

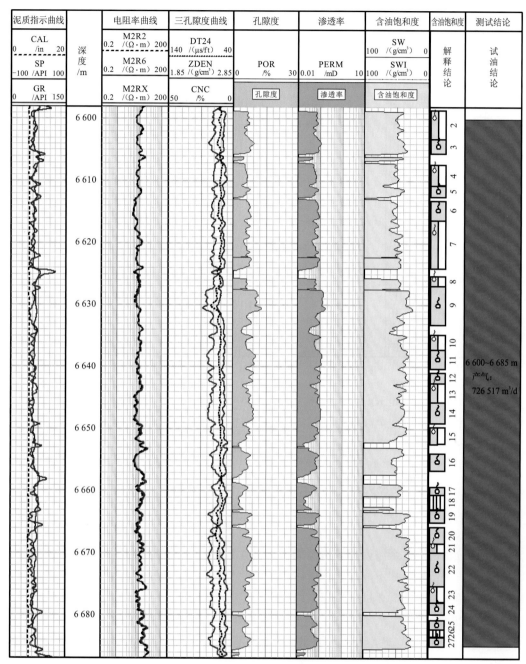

图 2.24　Kx3 井测井孔隙度、渗透率、饱和度处理结果

　　图 2.25 是油基泥浆井眼条件下 Kx6 井声电成像及井漏资料对比图。在 Kx6 井 6545～6555 m 段斯通利波波形出现清晰的 "人" 字形裂缝特征（该层段未扩井），斯通利波时差变大，反射系数明显增大；同时微电阻率成像成果图显示该层段有裂缝存在（不很明显）；根据井漏资料，钻井至 6541.7 m 时发生钻井液漏失，说明在该段可能有裂缝发育。声电测井资料指示与井漏情况相吻合，都能识别该层段存在裂缝。

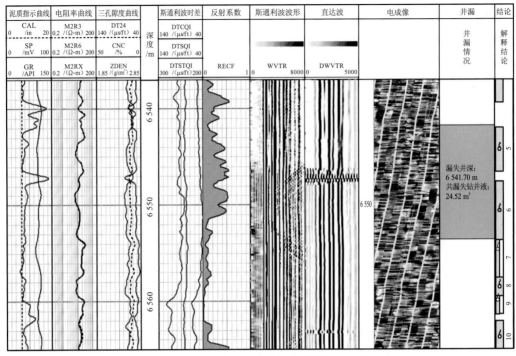

图 2.25　Kx6 井声电成像及井漏资料对比图

　　图 2.26、图 2.27 是 Kx3 井、Kx6 井在油基泥浆条件下，声电成像成果图及井漏资料的综合对比图。从声波全波资料处理结果可以看出，Kx3 井 6658～6669.4 m 段与 Kx6 井 6657.5～6670.7 m 段斯通利波波形均出现了清晰的"人"字形裂缝反映特征（层段均无扩井），斯通利波时差变大，反射系数明显增大，表明了有裂缝存在；从井漏资料上来看，Kx3 井钻至井深 6659 m 与 6667 m 时发生了钻井液渗漏，Kx6 井钻至井深 6662 m 时出现了井漏，说明在这两个层段渗透性好，裂缝发育。然而电成像处理成果图上表明，Kx3 井与 Kx6 井的相应层段都没有裂缝显示。

　　上面分析说明，全波处理分析结果与井漏资料相符，能够识别两个相应层段的裂缝存在，而电成像资料却不能显示。所以在油基泥浆条件下，电成像不能准确地识别出裂缝的发育情况，因此需要进一步提高电成像显示裂缝的精度。

　　图 2.28 为 FMI 在水基、油基泥浆条件下同井次、同深度段的成像效果对比图。图 2.28 显示，水基泥浆井的成像效果明显优于油基泥浆井的成像效果，油基泥浆条件下裂缝与构造识别能力较差，但是通过对比也发现在油基泥浆条件下仍然能够利用 FMI 电成像测井资料对张开度较大的裂缝进行定性识别。图 2.29 为贝克休斯公司的 EI 成像与斯伦贝谢公司的 FMI 成像效果比对图。从图 2.29 中可见 EI 能够清晰有效地评价井壁发育的裂缝及沉积构造等地质特征，斯伦贝谢公司的 FMI 成像在沉积构造解释方面能力较差。所以对于位于构造陡翼和构造边部的井眼，建议采用贝克休斯公司的 EI 成像测井。

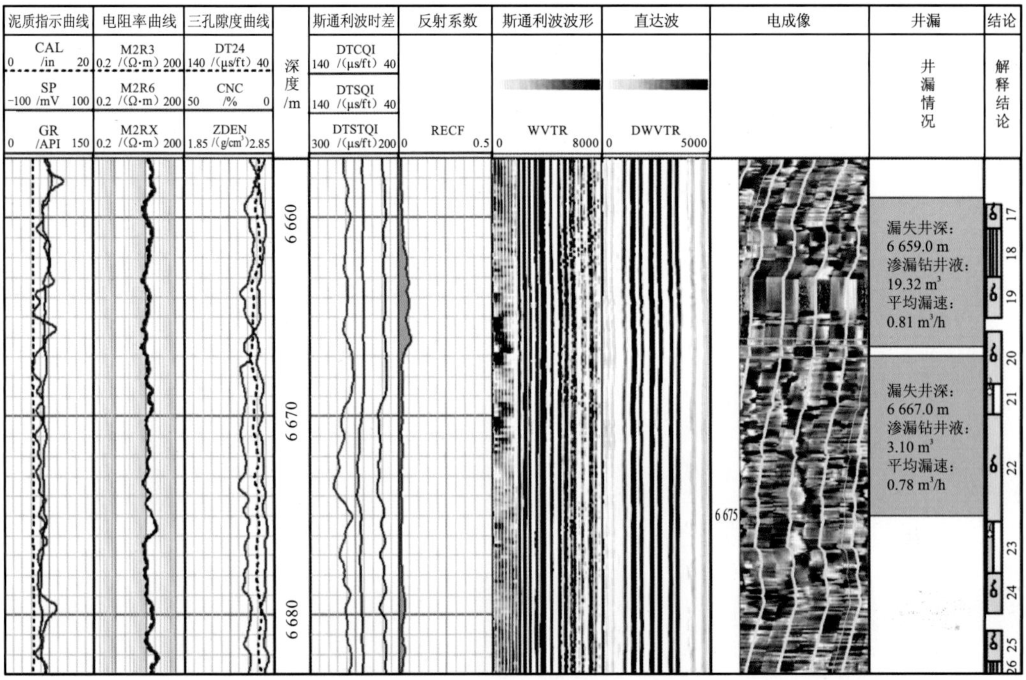

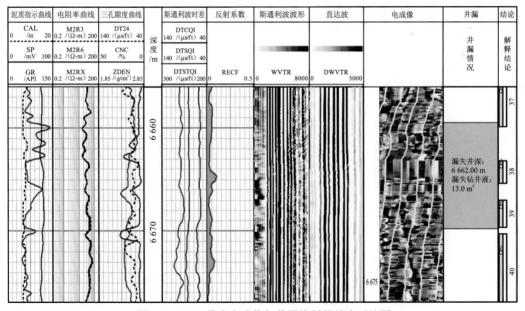

图 2.26　Kx3 井声电成像与井漏资料的综合对比图

图 2.27　Kx6 井声电成像与井漏资料的综合对比图

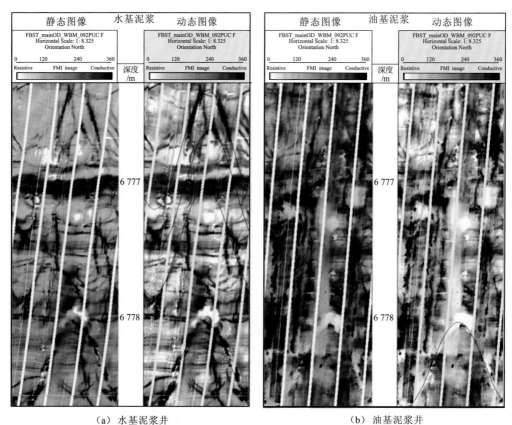

（a）水基泥浆井　　　　　　　　　（b）油基泥浆井

图 2.28　FMI 成像测井在水基、油基泥浆井中的效果对比（Kx-12 井）

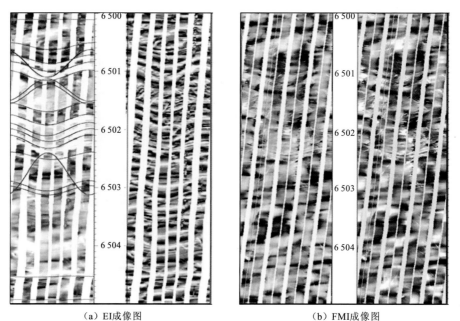

（a）EI成像图　　　　　　　　　　（b）FMI成像图

图 2.29　EI 与 FMI 成像效果对比图（Kx1 井）

　　图 2.30～图 2.32 分别是 Kx3 井电成像处理不同深度的裂缝效果图。图 2.33 为 Kx3 井 6 600～6 680 m 深度段声电测井资料识别裂缝的综合成果图。从图 2.33 中可以看出，声电成像处理得到的裂缝发育带与阵列声波、常规测井处理得到的结果基本保持一致，电成像裂缝参数与阵列声波测井得到的参数对应关系从好到差依次是斯通利波、时间延迟、斯通利波渗透率，与常规测井对应的关系从好到差依次是由三孔隙度测井计算得到的裂缝孔隙度、由电阻率测井计算得到的裂缝孔隙度。在油基泥浆情况下，若电成像测井曲线质量高，则与斯通利波信息一起可完成储层裂缝识别及有效性评价；若成像效果差，将斯通利波信息与裂缝孔隙度结合起来，也可以对裂缝进行有效评价。图 2.34 为 Kx6 井声电测井资料识别裂缝的综合成果图。图 2.35、图 2.36 为 Kx6 井两处电成像识别裂缝效果图。从图 2.35 和图 2.36 可见，仅依靠成像测井，识别裂缝困难较大，但若将斯通利波的信息（主要是斯通利波能量衰减）与常规测井结合起来，可以进行地层裂缝发育层段的识别。在油基泥浆井中，评价储层裂缝的置信度参数见表 2.4。

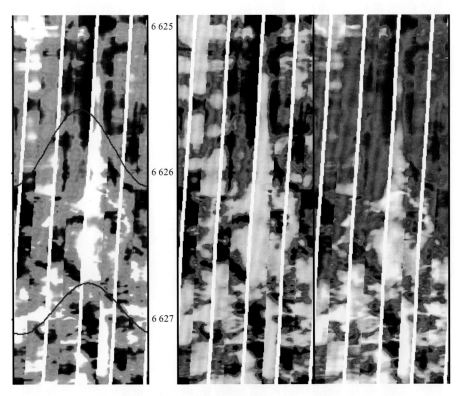

图 2.30　Kx3 井电成像识别裂缝（6 625～6 627.5 m）

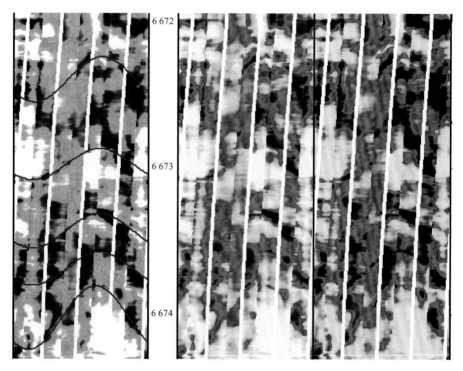

图 2.31　Kx3 井电成像识别裂缝（6672～6674.2 m）

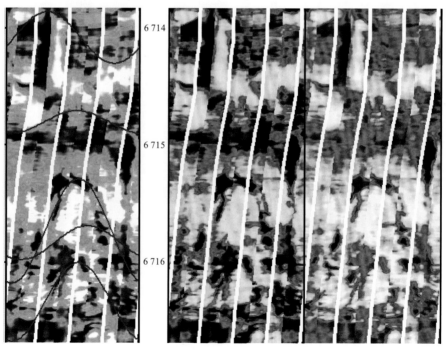

图 2.32　Kx3 井电成像识别裂缝（6714～6716.8 m）

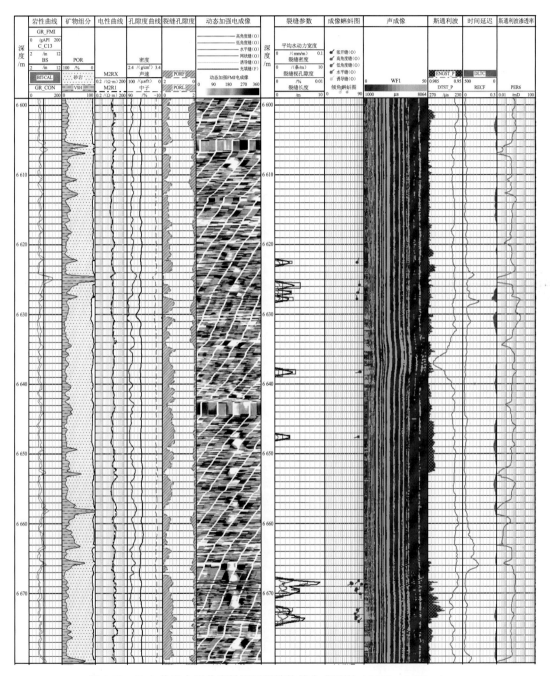

图 2.33　Kx3 井声电测井资料识别裂缝的综合成果图（6600～6680 m）

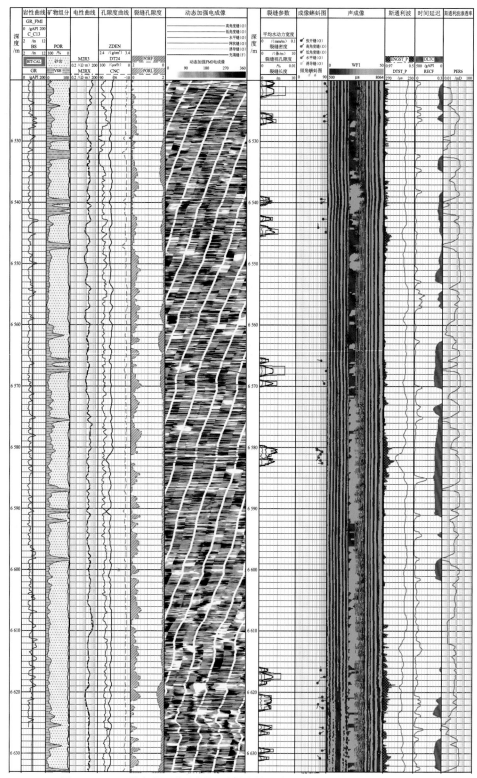

图 2.34　Kx6 井声电测井资料识别裂缝的综合成果图（6520～6633 m）

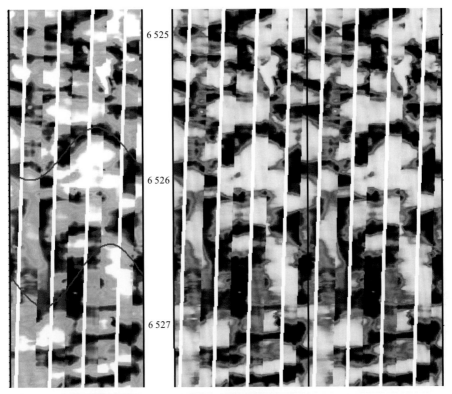

图 2.35　Kx6 井电成像识别裂缝（6 525～6 527.5 m）

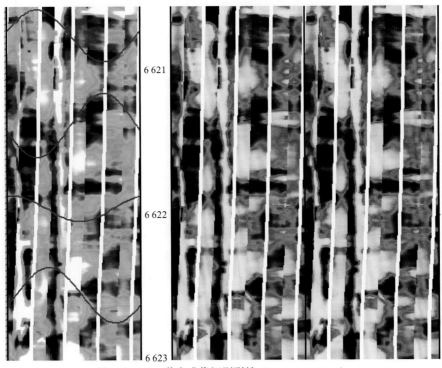

图 2.36　Kx6 井电成像识别裂缝（6 620～6 623 m）

表 2.4 评价裂缝参数的测井计算值置信度统计表（油基泥浆）

序号	裂缝评价测井参数	置信度等级
1	电成像（裂缝长度、密度、宽度等）	I
2	斯通利波（能量、时间偏移、渗透率）	II
3	裂缝孔隙度（孔隙度测井）	III
4	裂缝孔隙度（电阻率测井）	IV

综上所述，电成像仪测得井壁附近的视电阻率，有效裂缝因被低阻物质充填在图像上呈暗色则能被识别，但在油基泥浆井中，油基电阻率偏高，并且裂缝处渗透性好，更易被泥浆入侵，导致电成像不能准确识别裂缝。声波受泥浆影响一般比较小，斯通利波识别裂缝的机理是流体在渗透层段由井眼向地层的流动引起的反应，与泥浆无直接关系，因而能够用于识别与评价裂缝。所以，在油基泥浆井中，电成像资料显示的裂缝不可靠，全波资料可以较好地识别与评价裂缝。

7）油基泥浆下流体的识别

在淡水泥浆条件下，建立了4种流体识别方法，下面讨论一下在油基泥浆条件下，这几种方法的适用性。

（1）三孔隙度差值/比值法识别流体是通过中子、密度和声波三孔隙度求得的，因此在油基泥浆条件下也是适用的。图 2.37 为 Kx6 井三孔隙度差值/比值法流体识别处理的成果图，能很好地指示气层。

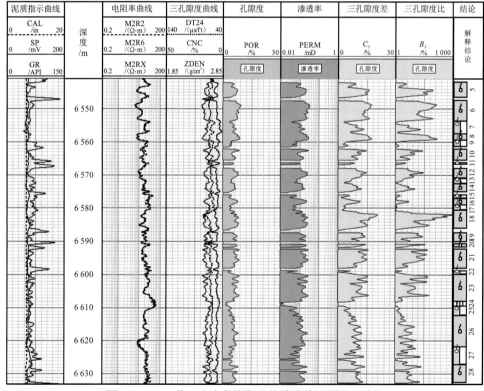

图 2.37 Kx6 井三孔隙度差值/比值法流体识别处理结果

（2）横波信息评价法。纵横波速度比的变化能够定性指示气的存在。地层纵横波速度比除了与饱和流体性质存在密切关系，同时也与岩性、压实和胶结程度、覆盖层的有效压力和孔隙度，以及受侵入效应的影响有关。一般是通过研究求准完全饱和水时纵横波速度比和实测纵横波速度比进行比较来指示气层。因此，在油基泥浆条件下，声波全波在识别流体性质上还是可行的。图2.38为油基泥浆条件下Kx5井声波全波解释成果图，指示气层有较好的效果。

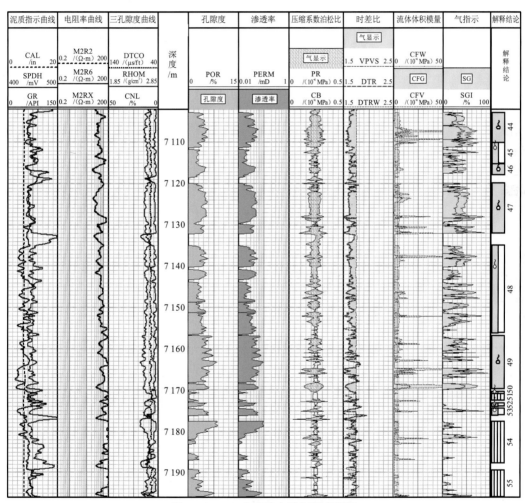

图 2.38　Kx5 井声波全波解释成果图

（3）RT-AC 气水指数法。RT-AC 气水指数法采用的是反映气水变化的电阻率与孔隙度大小的声波测井值建立气层与水层的判断标准线来识别流体性质。在这种方法里，选取的是泥浆侵入较小，更能反映出气层或水层的实际特征的深电阻率 M2RX。图 2.39 为 Kx6 井气水指示成果图，可以很明显地看出，RT-AC 气水指数法与常规测井解释的结论一致。但还是要考察在油基泥浆条件下深电阻率的变化情况，需要做进一步研究。

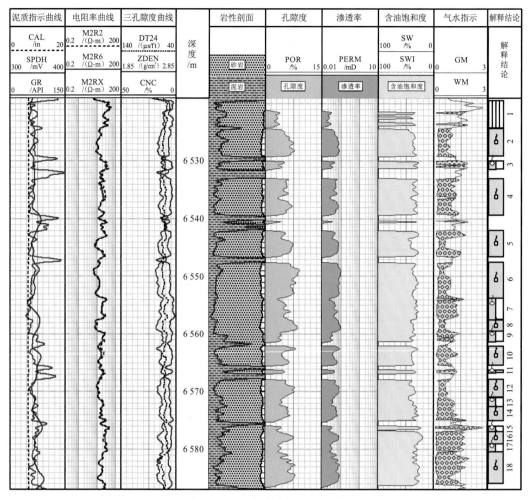

图 2.39　Kx6 井气水指示成果图

（4）阵列中子与地层俘获截面交会法及核磁共振资料应用。在淡水泥浆条件下，阵列中子与地层俘获截面交会法在 D 地区取得了明显的效果，在 2.4 节中有详细的说明，由于 K 地区在几口油基泥浆中，暂时还没有进行阵列中子测井，但在原理上推测该方法是适用的。

图 2.40 是 D2x3 井测井解释成果，采用三孔隙度差值/比值法和 RT-AC 气水指数法及横波信息评价法，不能很好地划分气水界面，而采用阵列中子与地层俘获截面交会法及中子寿命饱和度能较清楚地划分出气水界面，如图 2.41 所示。

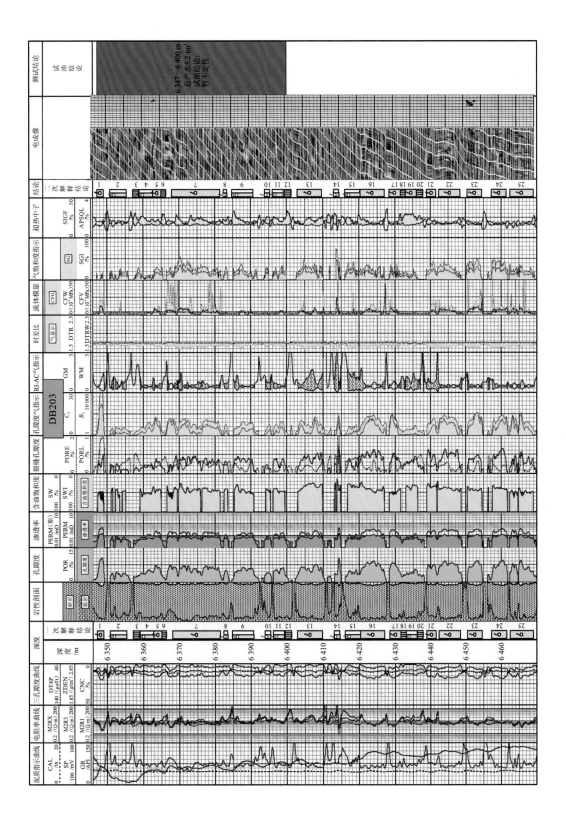

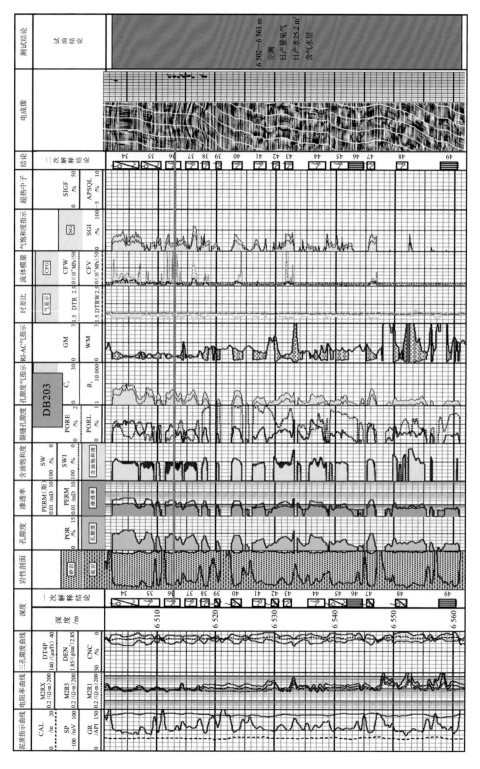

图 2.40 D2x3井测井解释成果图

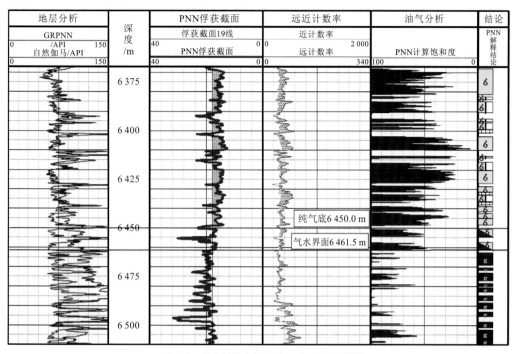

（a）D2x3井中子寿命测井（PNN）解释饱和度

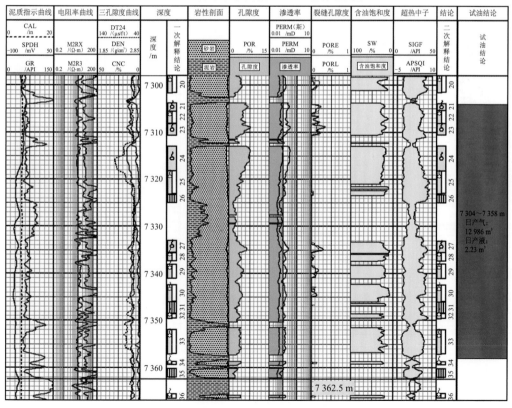

（b）D2x3井阵列中子与地层俘获截面交会识别气层

图 2.41　D2x3 井中子寿命饱和度图及阵列中子与地层俘获截面交会图

同理，核磁共振也是一种可以尝试的新测井技术。现代核磁共振测井响应仅与岩石孔隙流体中氢核的含量与状态有关，测量岩石的有效孔隙度不受岩石骨架、泥质的影响。给出合适的 T2 截止值，能够准确地区分不同的孔隙成分，如毛细管流体孔隙度、自由流体孔隙度、黏土束缚水孔隙度等，进而得到比较精确的束缚水饱和度。根据核磁共振孔隙度及弛豫特性评价地层渗透性，可以估算较为准确的渗透率。通过测井仪测量的横向弛豫时间信息，能反映饱和水岩石的孔隙分布情况及气层信息。图 2.42 和图 2.43 是 Kx7 井常规测井与核磁共振处理成果图。

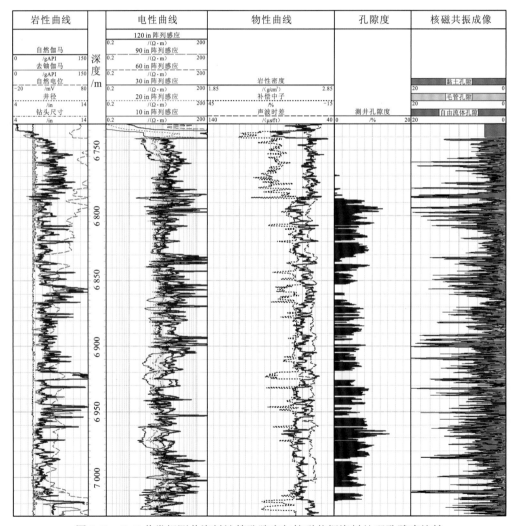

图 2.42　Kx7 井常规测井资料计算孔隙度与核磁共振资料处理孔隙度比较

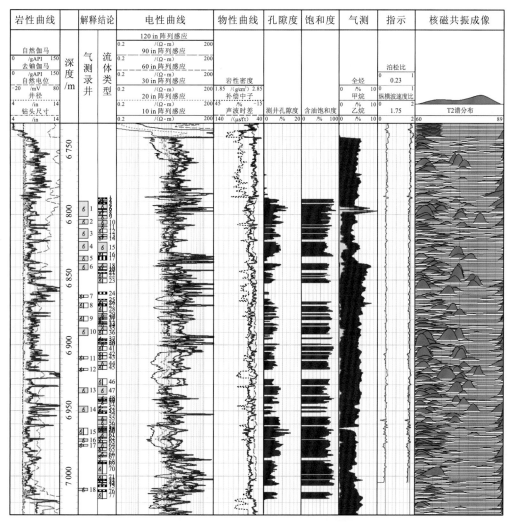

图 2.43　Kx7 井测井资料处理成果图

2.5　测井评价需求与采集系列优选

通过以上总结分析，在水基钻井液井中，除了常规测井项目自然伽马（GR）、自然电位（SP）、井径（CAL）、高精度中子密度（HPLT）、双侧向测井（DLL），新方法测井有微电阻率成像（FMI）、偶极横波（DSI）、元素俘获能谱（ECS）、核磁共振（CMR-Plus）及套后、完井试油前的阵列超热中子（APS）及高分辨率阵列感应（HDIL）。此外，对于倾角高的地层，要加测三维感应电阻率测井（RtScanner）。对于油基钻井液井，由于油基泥浆与地层背景电阻率相差小，微电阻率成像对裂缝评价效果大大降低，而高密度泥浆中加入重晶石等重矿物，因高频声波衰减大，也不适合诸如 UBI、CBIL、CAST 等超声成像仪测井，因此电阻率成像要采用高精度方式（FMI-HD、EI、OBMI），以提高图像的显示精度。具体测井系列项目见表 2.5。

表 2.5　塔里木盆地库车地区目的层测井资料采集系列表

项目	水基测井液	油基测井液
预探井、评价井	自然伽马（GR）、自然电位（SP）、井径（CAL）、高分辨率阵列感应（HDIL）、双侧向测井（DLL）、高精度中子密度（HPLT）、微电阻率成像（FMI）、偶极横波（DSI）、元素俘获能谱（ECS）、核磁共振（CMR-Plus）、阵列超热中子（APS）（套后、完井试油前）	自然伽马（GR）、自然电位（SP）、井径（CAL）、高分辨率阵列感应（HDIL）、高精度中子密度（HPLT）、微电阻率成像（FMI-HD、EI、OBMI）、偶极横波（DSI）、元素俘获能谱（ECS）、核磁共振（CMR-Plus）、阵列超热中子（APS）（套后、完井试油前）
开发井	自然伽马（GR）、自然电位（SP）、井径（CAL）、自然伽马能谱、高分辨率阵列感应（HDIL）、双侧向测井（DLL）、中子密度（DEN、CNC）、微电阻率成像（XRMI）、偶极横波（XMAC）	自然伽马（GR）、自然电位（SP）、井径（CAL）、自然伽马能谱、高分辨率阵列感应（HDIL）、中子密度（DEN、CNC）、微电阻率成像（EI、FMI-HD、OBMI）、偶极横波（XMAC）

注：括号中为仪器

第 3 章
岩性测井资料处理与储层评价

对测井评价技术而言，储层有效性一般指储层能够具备储藏油气资源及提供油气流通的能力，即孔隙度与渗透率。若将其应用领域扩大，储层有效性则不仅包括储层的储渗能力，还应包括储层的岩性、孔隙空间分布特征、储层改造能力等各种涉及勘探开发领域的储层多种特征。而对深层致密裂缝性砂岩气储层而言，其有效性评价其实包括两个层次的意思：第一是明确储层的有效性评价特征参数，包括岩性、孔隙度、渗透率、裂缝特征参数、孔隙结构参数、地应力大小等；第二是能够实现这些参数检测的技术手段和方法，包括地震勘探技术、测井技术、岩石物理实验方法、生产测试方法等。从已发表的关于储层有效性评价的文献来看，绝大多数学者的研究思路是通过储层有效性评价的第二个层次的内容来解决第一个层次的问题，即通过寻求储层有效性检测的技术手段去建立影响储层有效性的特征参数，从而实现储层定性、定量有效性评价。比如，刘文岭等（2002）根据地震资料提取的波速、能量、频率信息与测井技术结合实现了碎屑岩储层油气有效性的评价，并以处理实例加以说明。Brie 等（1990）提出斯通利波能够对井壁上裂缝的张开有效性进行评价。齐宝权（1996）在国内首先将方位电阻率测井仪引入储层评价中。随后，国内出现了大量以测井技术为核心的储层有效性评价的方法和技术文献。归纳发现，利用测井技术开展常规碎屑岩储层及碳酸盐岩储层有效性评价的文献有很多，也起到了很好的效果，但是涉及深层致密砂岩等非常规储层有效性评价的文献并不多见。

K 地区的致密砂岩储层有效性除了与孔深度、渗透率密切相关，还与岩性粒级变化、微裂缝息息相关。需要特别说明的是，该地区微裂缝的普遍发育是储层非均质性的主要原因，它也给测井仪器的检测、有效性评价特征参数的提取带来较大难度。虽然目前利用岩心刻度后的微电阻率成像技术可有效、直观地评价井中地层，实现精细描述储层的目的，但是现场采集成本高，且探测深度有限。传统的利用孔隙度、渗透率等储层物性特征参数建立储层有效性的方法对于以裂缝为主要因素的致密砂岩储层并不适用。

本章首先从测井数据的标准化来详细论述 K 地区的储层特征，总结岩性粒级测井识别方法，再引入 ECS 测井新技术确立动态岩石骨架值，在此基础上，分岩性粒级精细建立孔隙度、渗透率模型，最后将测井评价参数引入建立的致密砂岩储层有效性评价图版。

3.1 测井数据的标准化

测井数据的标准化为测井多井解释过程中非常重要的步骤，全油田同一标准层的测井值应该具有一致性或有规律。只有通过测井数据的标准化，利用各井测井曲线才能计算出准确的地质参数，进而保证整个油田的地质参数具有统一的精度。

测井数据标准化是测井进行后续处理研究的前提，由于不同的测井系列对地层各种信息响应的灵敏度和精度存在差异，测井数据标准化能够最大限度地消除它们的系统误差。标准化时采用分区选取标志层。标志层应该位于目标层井段内，分布稳定且分布范围广，岩性、物性和沉积相类型具有相似性的层段，如致密灰岩、较纯的泥岩、孔隙度分布稳定的砂岩等都能够作为标准层。下面以 K 地区为例进行介绍。

D 地区、K 地区是塔里木盆地天然气勘探开发的主力区块，根据目的层白垩系巴什基奇克组在 K 地区的分布特征，标准化选取了巴什基奇克组上部（库姆格组底部）泥岩段（图 3.1）为标准层，岩性为褐色泥岩。其特点是：①在全工区范围内普遍分布而且稳定；②岩性、物性特征明显；③井眼条件好，测井响应特征明显，便于对比；④厚度较大，为 5~10 m。

D 地区做法一致，图 3.2 分别为工区 K 目标区自然伽马、声波时差、补偿中子、密度分布直方图，共 15 口井。其中自然伽马的峰值为 136.52 API，密度峰值为 2.69 g/cm³，声波时差峰值为 62.85 μs/ft，补偿中子峰值为 15.52%。

图 3.3 为 Kx1 井标准化前后测井曲线对比图，从图中可见，标准化可以使得密度曲线更加与取心实验结果吻合，达到精细处理的目的。图 3.4 为 Kx1 井取心段标准化前后测井解释储层密度参数与岩心分析密度参数相关对比图，图中横坐标为岩心分析储层参数，纵坐标为测井解释储层参数。标准化前测井解释平均密度绝对误差为 7.4%，平均相对误差为 2.9%；标准化后，平均密度绝对误差下降到 5.2%，平均相对误差下降到 2.1%，可见标准化后测井计算值与实验值更接近。表 3.1 为 K 地区 15 口井自然伽马、声波时差、补偿中子、密度校正前的平均值、标准值及校正量。

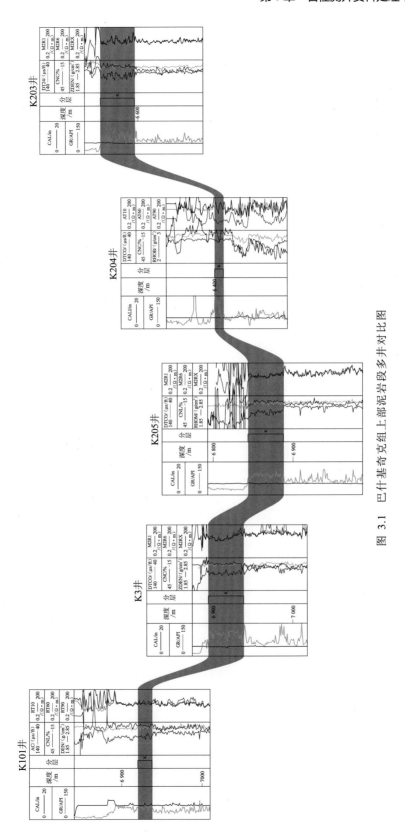

图 3.1　巴什基奇克组上部泥岩段多井对比图

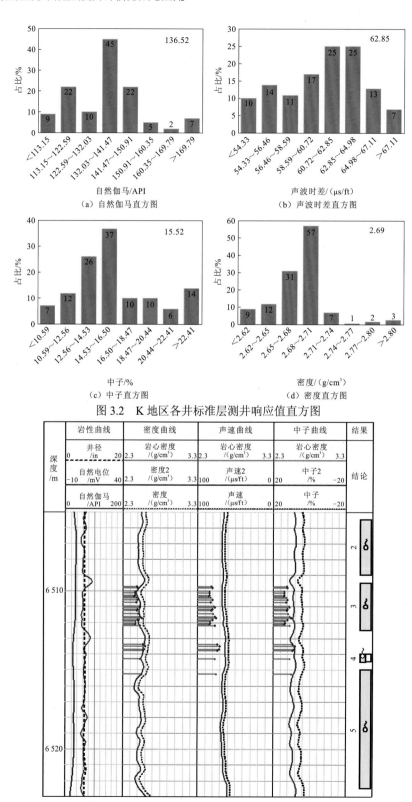

图 3.2 K 地区各井标准层测井响应值直方图

图 3.3 K 目标区 Kx1 井标准化前后曲线对比图

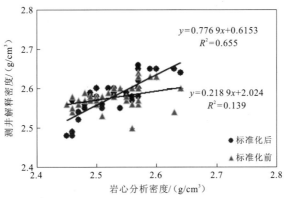

图 3.4　Kx1 井标准化前后密度对比

表 3.1　K 井区测井曲线校正量统计表

井名	自然伽马/API		声波时差/（μs/ft）		中子/%		密度/（g/cm³）	
	校正前	校正量	校正前	校正量	校正前	校正量	校正前	校正量
Kx1	134.14	2.38	58.45	4.40	10.94	4.58	2.61	0.02
Kx8	139.64	−3.12	53.43	9.42	14.02	1.50	2.66	−0.03
K3	141.54	−5.02	59.54	3.32	14.44	1.08	2.58	0.05
K5	135.40	1.12	57.23	5.62	23.02	−7.50	2.63	0.00
Kx6	133.94	2.58	63.95	−1.10	14.77	0.75	2.63	0.00
Kx-1	141.83	−5.31	60.28	2.57	13.34	2.18	2.61	0.02
Kx-3	134.84	1.68	60.52	2.33	14.80	0.72	2.64	−0.01
Kx-8	145.70	−9.18	65.51	−2.66	17.58	−2.06	2.64	−0.01
Kx3	120.57	15.95	68.09	−5.24	20.70	−5.18	2.58	0.05
Kx5	118.22	18.30	61.98	0.87	14.79	0.73	2.61	0.02
Kx7	148.50	−11.98	58.27	4.58	14.45	1.07	2.64	−0.01
Kx01	109.85	26.68	56.04	6.81	15.90	−0.38	2.74	−0.11
Kx2	114.68	21.84	61.14	1.71	11.25	4.27	2.53	0.10
K8	115.36	21.16	64.22	−1.37	23.35	−7.83	2.62	0.01
Kx-5	172.94	−36.42	65.99	−3.14	16.91	−1.39	2.64	−0.01
平均值	136.52		62.85		15.52		2.63	

3.2　岩性粒级测井划分方法及效果

　　K 地区的岩性，特别是粒级，影响着储层电阻率。所以，本节主要研究以常规测井数据划分岩性粒级的方法，首先对不同粒级的岩性进行划分，然后给出效果验证该方法的实用价值。

3.2.1 岩性粒级测井划分方法

相对于测井而言，粒径的变化是一个小尺度的参数，结合测井的应用场景，本节所提出的岩性粒径划分方法是以储层为基本单位进行划分识别的。

根据岩心照片、录井岩屑描述，K 地区共统计了 Kx1、Kx6、Kx7、K7、K8、K2、Kx2 等 7 口井 387 个储层，目的层段岩性主要为细砂岩、粉砂岩及中砂岩（图 3.5）。所以，从测井识别储层岩性粒径的尺度分析，K 地区目的层巴什基奇克组储层岩性主要为中砂岩、细砂岩及粉砂岩三种类型。下面通过不同粒度中值，结合不同岩性段的常规测井响应特征值，探讨粒度中值与孔隙度、电阻率、补偿中子等测井响应参数的相关性，从而建立适合本区目的层储层识别与评价的岩性粒级分类方案。

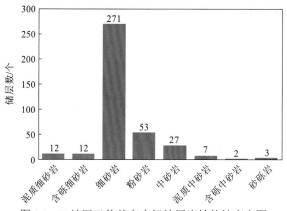

图 3.5　K 地区巴什基奇克组储层岩性统计直方图

根据测井的应用环境，K2 井区取 Kx1、Kx2、K2、Kx6、Kx7 井的含砾砂岩、中砂岩、细砂岩、粉砂岩较明显的层段。根据录井资料将其按不同岩性分类，数据统计结果及分类拟合关系表明：岩性粒径较其他常规测井值而言与孔隙度、补偿中子、电阻率有明显的规律，图 3.6～图 3.8 分别是巴什基奇克组 K2 井区储层岩石粒度中值与孔隙度、补偿中子、电阻率的岩性粒级识别图版。K2 井区储层粒径划分标准见表 3.2。

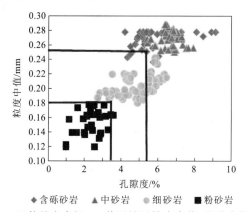

图 3.6　巴什基奇克组 K2 井区储层粒度中值-孔隙度关系图

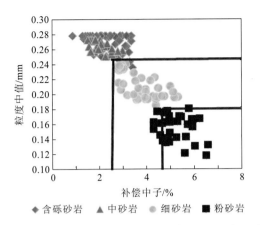

图 3.7　巴什基奇克组 K2 井区储层粒度中值-补偿中子关系图

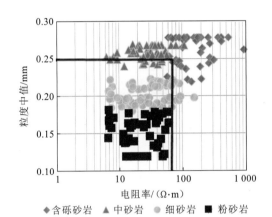

图 3.8　巴什基奇克组 K2 井区储层粒度中值-电阻率关系图

表 3.2　巴什基奇克组 K2 井区储层粒径划分标准

岩性名称	自然伽马/API	电阻率/（Ω·m）	粒度中值/mm	孔隙度/%	补偿中子/%
含砾砂岩		>70	>0.245	—	—
中砂岩	<90	<70	>0.245	5.43~8	<2.65
细砂岩			0.245~0.18	3~6.36	2.65~5.26
粉砂岩			<0.18	<3.6	>4.76
含泥质/泥岩	>90		—	—	—

3.2.2　岩性粒级测井划分效果

表 3.3 为 K 地区由岩性粒径第一性资料验证的测井识别符合情况统计表。K 地区各井的平均符合率为 76.08%。

表 3.3 K 地区部分井段岩性粒径识别符合情况统计（一）

井名	储层段	符合段	符合率/%
Kx1	46	36	78.26
Kx2	53	46	75.47
Kx6	71	55	77.46
Kx7	56	45	75.00
K2	48	39	72.92
K8	53	45	77.36
平均			76.08

表 3.4 是实验岩石取心资料对比粒径划分标准所得岩性的符合情况统计表。K 地区分为 K2 井区、K8 井区两大类，Kx7、Kx8、Kx-5、Kx1-5、Kx-4、Kx-8 共计 157 块岩心，符合率为 75.22%；K8、Kx1、Kx2、Kx3 共计 76 块岩心，符合率较低，为 72.54%。

表 3.4 K 地区部分井段岩性粒径识别符合情况统计（二）

井名	取心点	符合点	符合率/%
Kx7	10	8	80.00
Kx8	33	23	70.00
Kx-5	17	14	82.35
Kx1-5	57	42	73.68
Kx-4	27	22	81.48
Kx-8	13	9	69.23
合计	157	118	75.22
K8	41	30	73.17
Kx1	5	3	60.00
Kx2	16	12	75.00
Kx3	14	10	71.43
合计	76	55	72.54

图 3.9 为 Kx7 井岩性粒径划分成果图，粒度中值在 0.18～0.245 mm 为细砂岩。电阻率突然增大部分一般为含砾砂岩，如 Kx7 井的 6 829～6 830 m 段；6 854～6 859 m 段的自然伽马呈现高值状态，粒径划分为泥岩，对比录井岩性，符合度是相当乐观的。

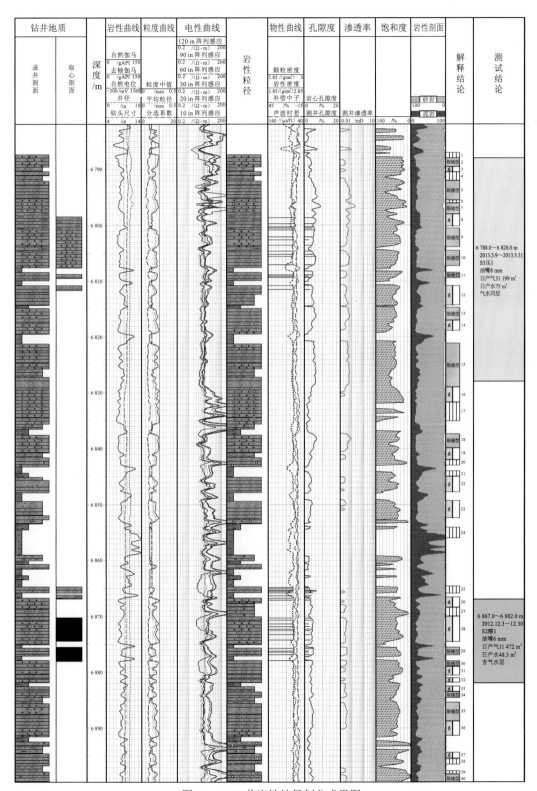

图 3.9　Kx7 井岩性粒径划分成果图

3.3　元素俘获能谱测井岩性评价方法

　　岩石骨架的物理参数主要由岩石的化学成分决定，也就是各种元素的含量。由于本区致密砂岩的特殊性，即使相同的岩性，其骨架参数也有可能是不同的。若岩石的骨架参数变化范围比较大，而采用不变的骨架参数来计算岩石的孔隙度等参数，就会造成较大的误差，故本节主要讨论分类岩性的骨架值与 ECS 测量元素的关系。ECS 的测量原理及其响应特征已在 2.2.1 节进行了详细的介绍，此处不再赘述。下面介绍利用 ECS 元素含量判别岩石骨架成分的方法。

1. 估算岩石骨架矿物组分

　　根据 K 地区岩石薄片鉴定资料，K 地区岩石骨架矿物主要由石英、长石和岩屑组成。由表 3.5 可以看出 K 地区深层砂岩层段骨架矿物含量的变化范围较大，骨架的物理参数受其影响，变化也较大。因此通过统计分析的方法确定岩石骨架参数，并在单井或者单个地层组中应用不变的骨架参数，这显然不符研究区的特性。

表 3.5　K 地区深层砂岩层段骨架矿物含量

含量	石英	长石	岩屑
最大/%	75	50	86
最小/%	10	3	10
平均/%	49.95	20.41	29.55

　　岩石骨架的物理参数主要由岩石的化学成分决定，也就是各种元素的含量。ECS 可以获得 Si、Ca、Fe、S 等矿物特征指示元素，根据元素含量将其转化为矿物含量。ECS 可以比较准确地逐个采样点计算储层岩石的各种元素含量，所以利用 ECS 测井数据可以确定岩石骨架参数。根据斯伦贝谢公司的 ECS 测井获取储层岩石中各种元素的含量，与薄片分析中岩石骨架中各岩性的含量进行对比分析，得到岩石骨架参数与岩石元素含量之间的关系式。

1）岩石元素含量与石英的关系

　　石英结构式：SiO_2。元素成分：Si 的含量为 46.747%；O 的含量为 53.253%。图 3.10 是 ECS 计算的骨架 Si 含量与薄片石英含量对比，相关性较好。薄片石英含量与 ECS 测井所得 Si 含量关系密切，因此利用 ECS 所得的 Si 含量可大致预测出骨架中石英含量（图 3.11），结果如下：

$$石英含量 = 1.174\,4V_{Si} + 0.109\,5 \tag{3.1}$$

2）岩石元素含量与长石的关系

　　由薄片分析可得 K 地区长石类型主要是钾长石，其次含少量斜长石。钾长石结构式：$KAlSi_3O_8$，其理论成分为 SiO_2 占 64.7%，Al_2O_3 占 18.4%，K_2O 占 16.9%；斜长石属

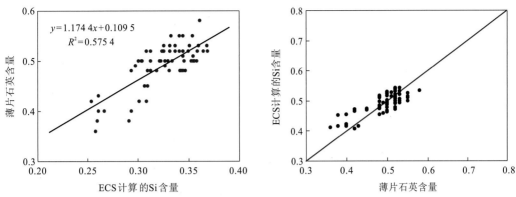

图 3.10　ECS 计算的 Si 含量与薄片石英含量对比　图 3.11　ECS 计算的 Si 含量与薄片石英含量的关系

于 NaAlSi$_3$O$_8$(Ab)-CaAl$_2$Si$_2$O$_8$(An)类质同象系列的长石矿物的总称。理论上长石含量应与 ECS 测井所得的 Si、Al、K 含量关系密切。

在 ECS 处理解释时，应用斯伦贝谢的氧化物闭合模型一般把 Al 元素闭合进 Fe 元素含量里，因此利用 ECS 测井所得的 Si、Fe、K 含量可大致预测出骨架中的长石含量。其单相关分析结果如图 3.12～图 3.14 所示。

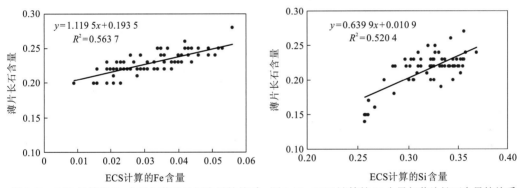

图 3.12　ECS 计算的 Fe 含量与薄片长石含量的关系　图 3.13　ESC 计算的 Si 含量与薄片长石含量的关系

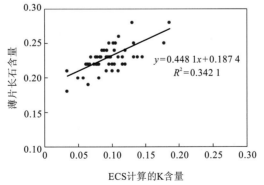

图 3.14　ECS 计算的 K 含量与薄片长石含量的关系

从图 3.12～图 3.14 中可以看出，骨架中长石和 ECS 计算得到的 Si、Fe、K 元素呈正相关：

$$长石含量 = 1.119\,5V_{Fe} + 0.193\,5 \tag{3.2}$$

$$长石含量 = 0.639\,9V_{Si} + 0.010\,9 \tag{3.3}$$

$$长石含量 = 0.448\,1V_{K} + 0.187\,4 \tag{3.4}$$

用 Fe、Si、K 元素多元回归长石含量得式（3.5），其相关系数 $R = 0.570$：

$$长石含量 = 0.498\,2V_{Fe} - 0.046\,1V_{Si} + 0.152\,8V_{K} + 0.212\,2 \tag{3.5}$$

3）岩石元素含量与岩屑的关系

岩屑是母岩岩石的碎块，是保持母岩结构的矿物集合体。燧石岩、中酸性岩的岩屑分布最广，但是沉积岩、化学岩也能形成岩屑。岩屑的成分较复杂，分析发现骨架中岩屑含量和 ECS 计算得到的 Ca、Fe、Si 元素相关性较好，其单相关关系如图3.15～图3.17 所示。

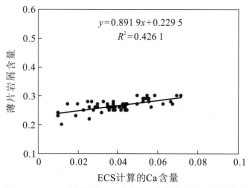

图 3.15 ECS 计算的 Ca 含量与薄片岩屑含量的关系

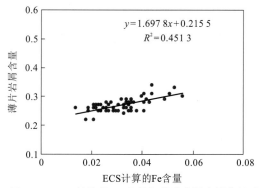

图 3.16 ECS 计算的 Fe 含量与薄片岩屑含量的关系

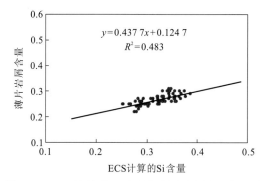

图 3.17 ECS 计算的 Si 含量与薄片岩屑含量的关系

从图3.15～图3.17 中可以看出，骨架中长石和 ECS 计算得到的 Ca、Fe、Si 含量呈正相关：

$$岩屑含量 = 0.891\,9V_{Ca} + 0.229\,5 \tag{3.6}$$

$$岩屑含量 = 1.697\,8V_{Fe} + 0.215\,5 \tag{3.7}$$

$$岩屑含量 = 0.437\,7V_{Si} + 0.124\,7 \tag{3.8}$$

用 Ca、Fe、Si 元素多元回归岩屑含量如式（3.9），其相关系数 $R = 0.394$：

$$岩屑含量 = -0.7251V_{Ca} - 1.6791V_{Fe} - 0.3913V_{Si} + 0.4106 \tag{3.9}$$

图 3.18 是 D1x3 井薄片分析的骨架岩性含量和 ECS 计算的岩性含量的对比图，吻合效果较好。利用 ECS 测井预测骨架岩性，得到每一探测点的骨架参数。采用变骨架参数值来计算岩石的孔隙度等参数应更接近实际情况。

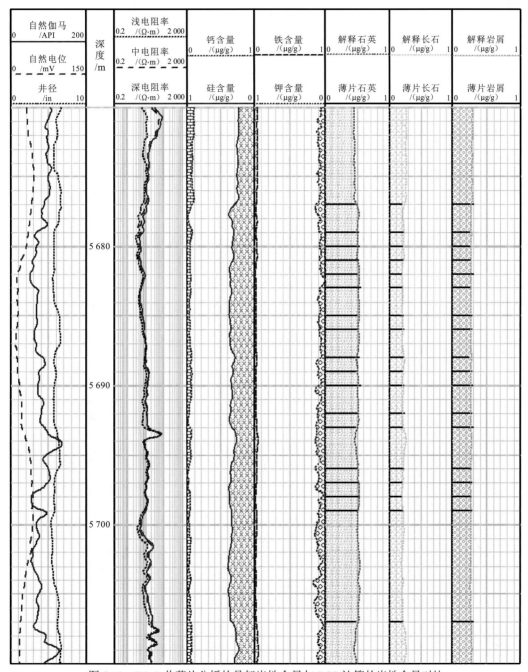

图 3.18　D1x3 井薄片分析的骨架岩性含量与 ECS 计算的岩性含量对比

2. 估算岩石骨架参数

K 地区石英含量主要集中在 50%～60%，岩石以岩屑长石砂岩和长石岩屑砂岩为主，矿物组分复杂，必然导致 K 地区在岩石骨架参数的选取上存在一定的困难，按以往将骨架值一般取为一定值的做法，必然会给后续利用测井方法计算孔隙度等储层参数造成一定的误差。ECS 测井可以获得 Si、Ca、Fe、S 等矿物指示元素的含量，根据元素含量将其转化为矿物含量，而每种矿物都有其特定的骨架值，因此，岩石骨架参数就是各种矿物骨架值的线性组合，用下列关系式就可确定岩石的骨架值：

$$Y_{ma} = \sum_i V_i X_i \tag{3.10}$$

式中：Y_{ma} 为岩石骨架值；X_i 为第 i 种矿物骨架值；V_i 为第 i 种矿物含量。

利用 ECS 测井所得到的岩石骨架值是根据矿物成分及含量计算的，该值随着矿物成分及含量的不同而不同，为后续储层参数的准确计算提供更加真实地反映地下岩石情况的骨架参数。

图 3.19 为 Dx2 井通过 ECS 测井所得到的骨架密度值，其中 ZDEN 为常规测井测得的密度值，RHGE 为 ECS 测井得到的密度值，DNMX 为计算出的岩石骨架密度值，可用于测井孔隙度评价。

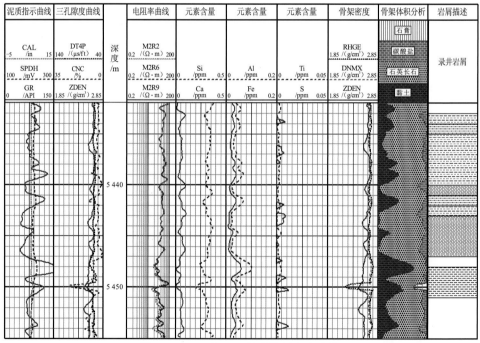

图 3.19　Dx2 井 ECS 计算的骨架密度值

图 3.20～图 3.22 分别为 D1x3 井、Dx2 井、Kx1 井利用 ECS 得到的骨架密度值 RHGE（或 DNMX）计算得到的孔隙度和利用体积模型计算得到的孔隙度，可以看出，ECS 骨架密度值计算的孔隙度与用体积模型计算得到的孔隙度一致，说明用 ECS 骨架密度值能提高孔隙度计算精度。

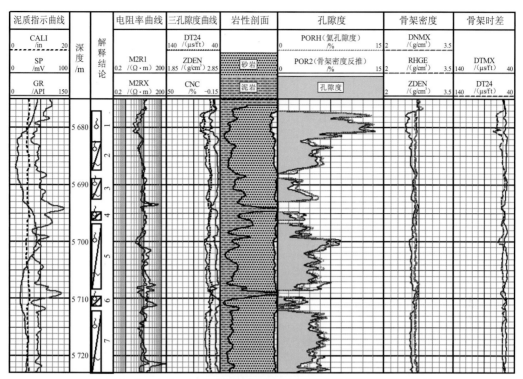

图 3.20　D1x3 井 ECS 骨架密度值与体积模型计算得到的孔隙度比较

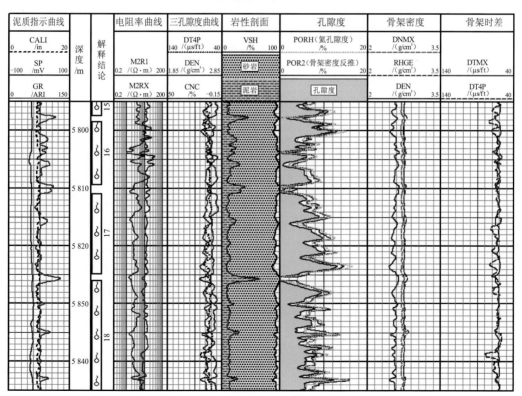

图 3.21　Dx2 井 ECS 骨架密度值与体积模型计算得到的孔隙度比较

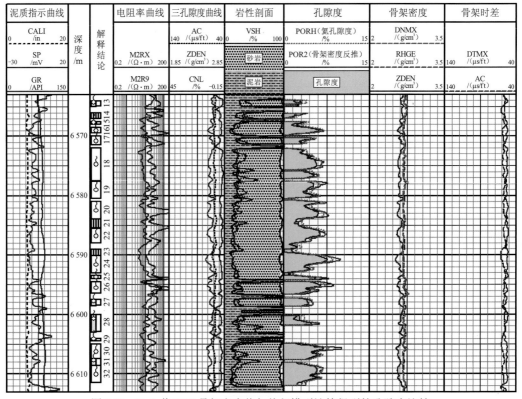

图 3.22　Kx1 井 ECS 骨架密度值与体积模型计算得到的孔隙度比较

　　根据上述岩性粒级测井识别方法，统计岩性颗粒大小、录井等第一性资料的测井解释符合情况，而后归纳分析岩性、粒级对测井响应、处理解释的影响因素，为精细解释建立模型。

3.4　低孔砂岩储层孔渗评价方法

　　分不同岩性建立砂岩的孔隙度、渗透率模型是岩性粒径与储层评价的关键工作，整理 K 地区已有的 6 口井的岩心实验数据，根据其取心资料进行岩性分类，其中主要岩性为细砂岩，其次为中砂岩，少量可见含砾砂岩，最少为粉砂岩。K 地区属于后期勘探开发，不仅取心的实验分析数据齐全，对应的声波时差、密度等测井曲线也比 D 地区完备，这也为更加全面系统地建立该地区不同岩性下的孔隙度、渗透率模型打下充实的数据基础。

3.4.1　孔隙度建模与实践

　　K8 井区有 Kx0、Kx001、Kx002、Kx003 井的岩心孔隙度的测量值。为确定 K8 井区的孔隙度模型，取这 4 口井中岩心孔隙度与常规密度、声波时差相关性较好的岩样点作拟合关系图，分粒径建立孔隙度与密度、声波时差关系图。图 3.23～图 3.25 分别为 K8 井区巴什基奇克组的中砂岩、细砂岩、粉砂岩的孔隙度模型。

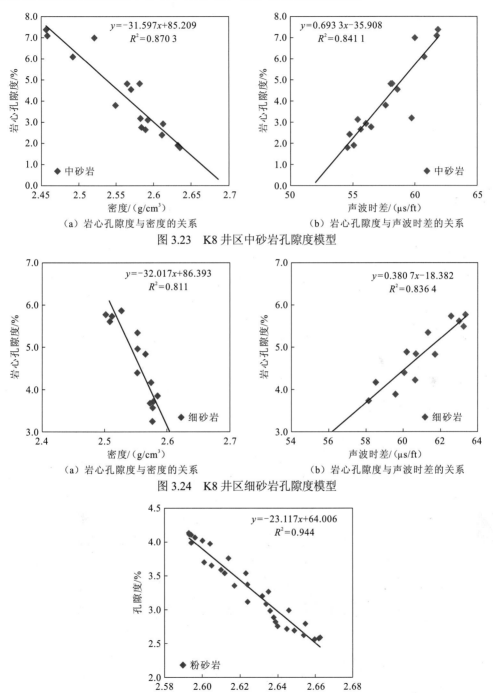

图 3.23　K8 井区中砂岩孔隙度模型

图 3.24　K8 井区细砂岩孔隙度模型

图 3.25　K8 井区粉砂岩孔隙度模型

表 3.6 为 K8 井区巴什基奇克组岩性粒径分类的基本模型，在粒度中值初步划分的基础上，给出了不同岩性的孔隙度和密度的大致范围，并总结了相应的孔隙度计算式。

表 3.6　K8 井区岩性粒径划分模型汇总

岩性名称	粒度中值/mm	孔隙度/%	密度/（g/cm³）	定量
中砂岩	>0.235	>4.32	<2.564	$\phi = -31.59\rho + 85.2$
细砂岩	0.21～0.235	3.5～4.32	2.564～2.6	$\phi = -32.01\rho + 86.39$
粉砂岩	<0.21	<3.5	>2.6	$\phi = -23.11\rho + 64.0$

3.4.2　渗透率建模与实践

图 3.26 是根据 Kx6、Kx7、Kx8、Kx-5、Kx-3、Kx-4、Kx-2-5、Kx-8 井等岩心实验数据分岩性粒径作的孔隙度-渗透率关系图。从上到下依次是含砾砂岩、中砂岩、细砂岩、粉砂岩，即粒径越大，渗透率随孔隙度变化趋势越快。在建模过程中，去掉了有裂缝发育的岩心样品。这里提到的渗透率模型，仅是针对完全孔隙型的储层，在这个意义上，图 3.26 中确立的孔隙度-渗透率模型仅包含基质孔隙的渗透性。式（3.11）～式（3.14）为按粒径统计的渗透率计算公式，其中孔隙度 ϕ（测井曲线名一般为 POR）的单位为%，渗透率 κ（测井曲线名一般为 PERM）的单位为 mD。这里具体讨论粒径与渗透率及孔隙度指数等参数的关系。

$$含砾砂岩：\kappa = 3\times10^{-5}\,e^{1.589\,2\phi} \tag{3.11}$$

$$中砂岩：\kappa = 0.001\,1e^{0.619\,4\phi} \tag{3.12}$$

$$细砂岩：\kappa = 0.001\,2e^{0.542\,8\phi} \tag{3.13}$$

$$粉砂岩：\kappa = 0.004\,4e^{0.300\,3\phi} \tag{3.14}$$

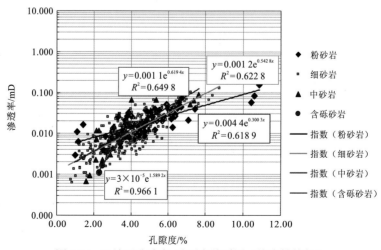

图 3.26　K 地区孔隙度-渗透率关系图（按岩性粒径）

3.5 低孔砂岩储层有效性评价

D 地区和 K 地区构造地应力强，构造成岩作用强烈，储层基质孔隙度低，大多低于 6%，但裂缝异常发育，储层类型属裂缝孔隙型。按照以往常规砂岩储层有效性评价模式，仅精确提供孔隙度、渗透率等反映储层物性参数即可，但对于裂缝性砂岩有效性储层而言，传统方法存在不足。本节根据部分井段的生产测试结果确定储层的物性下限值，然后结合裂缝特征参数建立目的工区储层有效性评价图版，建立一种以裂缝特征参数为主导的砂岩储层有效性评价模式。

3.5.1 有效储层的下限值确定

根据 K 地区 3 口井的试油层段绘制了 K 地区的储层物性下限值图版。在孔隙度、密度和电阻率交会图上，密度可以有效地区分干层和产层，一般干层的密度大于 2.62 g/cm^3；孔隙度小于 3.3% 的层可划分为干层；利用电阻率区分产层和干层的效果差。该地区测井数据采集齐全，除了常规测井齐备，同时还加测了阵列声波（包括斯通利波测井）。下面就分别建立图版，确立 K 地区储层的常规渗透率、斯通利波渗透率下限值。

1）孔隙度与常规渗透率

将试气证实的干层和气层、水层、低产气层段的岩心分析数据提取出来，根据气层、水层、低产气层、干层在交会图上的分布区域来确定储层孔隙度下限。对于研究区也可利用该方法来确定孔渗的下限值。

利用工区的试油层段的孔渗数据作交会图，由于试油层段的干层数据点少，故选取了 Kx2、Dx2、Dx21、Kx21 井的 8 个干层点。统计研究发现：干层主要集中在孔隙度小于 3.5%、渗透率小于 0.05 mD 的区域内，故用此方法确定 K 地区孔隙度下限值为 3.5%，渗透率下限值为 0.05 mD。

孔隙度是评价储层物性的关键技术参数。对于裂缝性致密砂岩储层，总孔隙度是由基质孔隙度和裂缝孔隙度组成。利用中子、密度和声波测井孔隙度泥质校正体积模型，可获得中子孔隙度 ϕ_{na}、密度孔隙度 ϕ_{da} 和声波孔隙度 ϕ_{sa}。在裂缝性地层中中子孔隙度、密度孔隙度反映总孔隙度，声波孔隙度受裂缝、孔洞等次生孔隙影响小，主要反映原生孔隙度。总孔隙度与声波孔隙度相减反映了次生孔隙度，即相当于裂缝孔隙度。密度孔隙度与声波孔隙度的差值反映了地层中的裂缝发育程度，通过研究其差值与地层渗透率的关系发现，差值越大，地层的渗透性就越好，储层有效性也大大增强。

2）孔隙度与斯通利波渗透率

斯通利波是评价储层渗透性的有效方法，因为斯通利波的传播特性，它只与地层中的流体流动有关，而不用考虑这种流动是由孔隙（洞）还是裂缝引起的。地层的孔隙度越大，流体的流动性越好，斯通利波渗透率也就越大。如图 3.27 所示，当孔渗下限值定在 4.0%、0.05 mD 时，斯通利波渗透率的下限值为 0.2 mD。

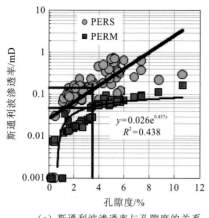 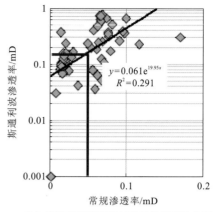

（a）斯通利波渗透率与孔隙度的关系　　　（b）斯通利波渗透率与常规渗透率的关系

图 3.27　斯通利波渗透率与孔隙度、常规渗透率的关系

3）孔隙度与产能的关系

在裂缝性致密砂岩储层中，基质孔隙是主要的储集空间，裂缝连接孔道与孔道，是主要的渗流通道。基质孔隙越大，地层的储集能力就越强，裂缝越发育，地层的渗透性就越好。所以在一定条件（如酸化压裂）下，基质孔隙和裂缝都对储层的产出能力有直接的影响。

通过对 K 地区储层参数和试油资料的分析，发现密度孔隙度、声波孔隙度及两者之差都与产能有较好的相关性，如图 3.28 和图 3.29 所示。图 3.28 中孔隙度取试油深度段内各有效解释层段孔隙度的加权平均值；产能 Q 为折合总产气量，单位为 m^3；ΔP 为试油时的油压与套压之差。另外，从图 3.29 可以看出，密度孔隙度与声波孔隙度之差与产能关系最好，因为其差值反映了裂缝的发育程度，从而进一步说明了在致密砂岩储层中裂缝对储层品质和产能提升的重要意义。

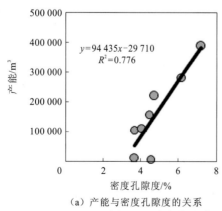 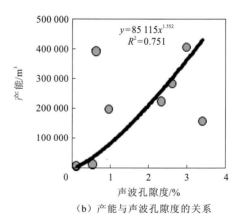

（a）产能与密度孔隙度的关系　　　（b）产能与声波孔隙度的关系

图 3.28　产能与密度孔隙度、声波孔隙度的关系

4）裂缝与产能的关系

按照常规测井孔隙度的解释，密度孔隙度与声波孔隙度的差值反映地层次生孔隙度的大小，而在 D 地区、K 地区次生孔隙度与裂缝孔隙度相关性高，所以由图 3.30 可以看

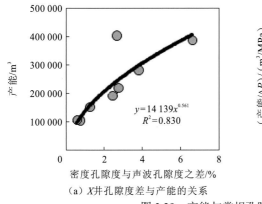
（a）X井孔隙度差与产能的关系

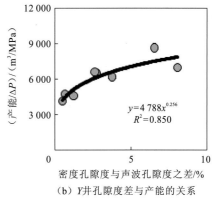
（b）Y井孔隙度差与产能的关系

图 3.29 产能与常规孔隙度差的关系

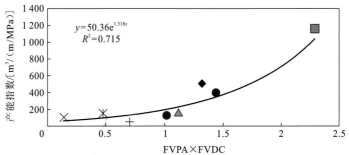

图 3.30 裂缝密度和裂缝孔隙度的乘积与产能指数的关系

出裂缝对致密砂岩储层的产能起着至关重要的作用。为此，下面重点介绍裂缝大小及产状与产能的关系。

图 3.30 为根据电成像测井资料提取的裂缝密度和裂缝孔隙度的乘积与产能指数的关系图，两者具有很好的相关性，说明深层致密砂岩储层中裂缝是否发育对产能有很大的作用，同时也明确了在储层评价时，必须先完成对裂缝的定性定量评价。

根据 K 地区已经测试的 11 个井段 59 个小层数据绘制了 K 地区视裂缝孔隙度与视裂缝宽度关系散点图，如图 3.31 所示。K 地区产层裂缝视孔隙度一般大于 0.05%，视裂缝宽度一般大于 0.035 mm。

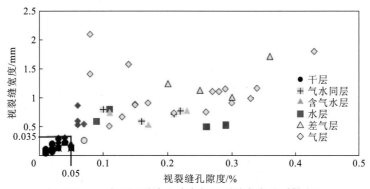

图 3.31 K 地区视裂缝孔隙度与视裂缝宽度关系散点图

3.5.2　储层等级划分

测井储层划分主要采用测井曲线特征值结合试油产能的数学手段进行的,但效果不理想。3.5.1 节已讨论过储层物性的下限值（表 3.7）,可以用来判别储层的有效性。这里主要依据塔里木油田公司勘探开发研究院的研究结果,采用毛管压力曲线参数和物性资料来划分储层类型。

表 3.7　储层有效性判别标准

判别参数	取值范围
地层孔隙度 ϕ/%	> 3.5
常规渗透率 κ/mD	> 0.05
裂缝孔隙度 ϕ_f/%	0.05~0.06
斯通利波渗透率 κ_S/mD	> 0.2
流体特性指数 FTI	> 0.05
流动带指标 FZI/μm	< 1.1

图 3.32 为 D 地区、K 地区不同储层等级下汞饱和度与毛管压力的关系,其中 Dx1 井有 3 块样品,深度为 5 792.54~8 800.62 m;Dx2 井有 7 块样品,深度为 5 402.55~5 406.05 m;D2x2 井有 25 块样品,深度为 5 713.75~5 719.83 m,孔隙度为 0.006%~7%,渗透率为 0.004~14.3 mD;K1 井有 7 块样品,深度为 6 940.40~6 943.22 m,孔隙度为 0.85%~2.6%,渗透率为 0.032~1.51 mD。从图 3.32 中可以看出,毛管压力曲线主要集中在渗透率 4 个区间中:≥1 mD、0.1~1 mD、0.055~0.1 mD、<0.055 mD。

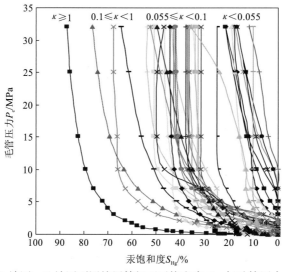

图 3.32　D 地区、K 地区不同储层等级下汞饱和度 S_{Hg} 与毛管压力 P_c 的关系

图 3.33 为 KD 地区不同储层等级下汞饱和度与毛管压力的关系,其中 KD1 井有 20 块样品,深度为 4 416.11～4 908.32 m,孔隙度为 2.4%～11%,渗透率为 0.083～6.7 mD。毛管压力曲线主要集中在渗透率 3 个区间中:≥1 mD、0.1～1 mD、<0.1 mD。

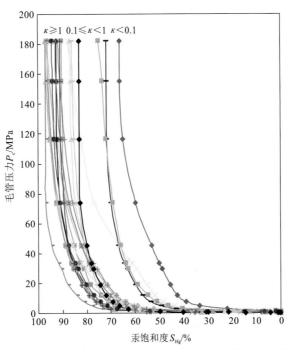

图 3.33　KD 地区不同储层等级下汞饱和度 S_{Hg} 与毛管压力 P_c 的关系

因此,从毛管压力曲线分布看,D 地区、K 地区及 KD 地区,储层类别基本上可按渗透率进行分类。根据塔里木油田公司勘探开发研究院的研究结果,可取孔隙度、渗透率、排驱压力、平均孔喉半径 4 个参数对储层进行等级划分,见表 3.8,与毛管压力曲线分布一致。

表 3.8　D1 气田白垩系巴什基奇克组储层评价标准

分级		I	II	III	IV
物性	孔隙度 ϕ/%	≥9	[6, 9)	[3.5, 6)	<3.5
	渗透率 κ/mD	≥1	[0.1, 1)	[0.055, 0.1)	<0.055
孔隙结构参数	排驱压力 P_d/MPa	<0.1	[0.1, 1)	[1, 8)	≥8
	平均孔喉半径/μm	≥0.5	[0.1, 0.5)	[0.06, 0.1)	<0.06
综合评价		好	较好	中等	差-非储层

图 3.34～图 3.36 分别为不同储层等级下裂缝孔隙度与斯通利波渗透率、常规孔隙度的关系,其中 D 地区 9 口井(Dx1、Dx2、Dx3、Dx4、Dx01、Dx02、Dx03、Dx04、Dx6),K 地区 3 口井(Kx1、Kx2、K2)。由此图版可以判别裂缝的发育程度和连通性。根据裂

缝发育程度和连通性,可把储层分成四类:Ⅰ裂缝发育连通性好;Ⅱ裂缝不发育但物性好;Ⅲ裂缝发育连通性不好,为差储层;Ⅳ裂缝不发育物性差,一般为干层。

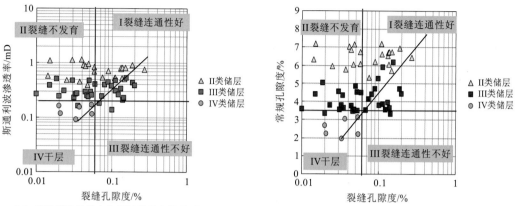

（a）斯通利波渗透率与裂缝孔隙度的关系　　　（b）常规孔隙度与裂缝孔隙度的关系

图 3.34　K 地区斯通利波渗透率、常规孔隙度与裂缝孔隙度的关系

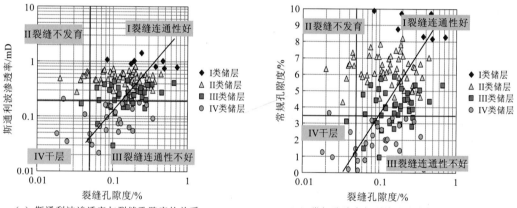

（a）斯通利波渗透率与裂缝孔隙度的关系　　　（b）常规孔隙度与裂缝孔隙度的关系

图 3.35　D 地区斯通利波渗透率、常规孔隙度与裂缝孔隙度的关系

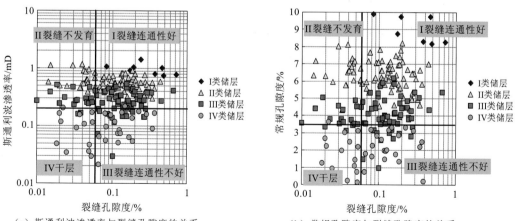

（a）斯通利波渗透率与裂缝孔隙度的关系　　　（b）常规孔隙度与裂缝孔隙度的关系

图 3.36　D 地区、K 地区斯通利波渗透率、常规孔隙度与裂缝孔隙度的关系

第 4 章
地层各向异性电阻率测量实验与数值模拟

  岩石电阻率各向异性在沉积岩油气藏中是一种十分常见的现象。塔里木盆地 K 地区致密砂岩储层属于沉积岩油气藏，受到山前构造带高地应力的挤压，不仅岩石颗粒结构致密，而且平行于层理方向的电阻率与垂直方向的电阻率相差很大，从而产生了明显的各向异性。同时，该地区地层倾角较大，使得电阻率测井资料不能直接反映地层水平电阻率，这也是该地区水层电阻率高，难以精确计算含气饱和度的原因之一。本章从理论出发，主要通过实验与数值模拟，讨论电阻率各向异性与强应力挤压下的电阻率校正问题。

4.1 地层电阻率各向异性特性

对于地层电阻率各向异性校正问题，常见的方法是利用理想电位电极系（下文称点电极）在电阻率各向异性地层中的视电阻率公式［下文称斯伦贝谢公式（张庚骥，2003）］对阵列感应测量的视电阻率进行校正。然而，斯伦贝谢公式是用于普通电位电极系电阻率各向异性校正的，该公式并不适用于阵列感应视电阻率校正。在塔里木油田 K 地区致密砂岩地层中的实际应用结果表明，该方法校正量偏小，尤其在高陡地层中这一问题更加明显。还有一些学者应用普通电磁学中的串、并联模型来建立电阻率各向异性校正方法。虽然这样可以获得形式简单的校正公式，但是违背了电场理论，应用效果也并不理想。为此，需要利用数值模拟和岩电实验等方法进行研究，从而得出更具可行性的致密砂岩电阻率各向异性校正方法（刘智颖，2017）。

4.1.1 地层电阻率各向异性的概念

各向异性是指在某种物质或介质中沿着轴的不同方向测量一个和多个特性的物理量所得到的测量值不同的现象。因此可以将地层电阻率各向异性定义为沿地层中不同方向电阻率不同的现象。地层各向异性可能是由地层非均质性引起的，但地层非均质性并不等同于地层各向异性。地层的各向异性是指岩石物理性质（如电阻率、声波速度及渗透率等）随着方向变化而变化的属性，这些变化来自内在的（沉积的）和应力诱导（构造）的地质过程的变化。地层各向异性是普遍规律，各向同性为各向异性的一种特殊情况。

地层电性各向异性可分为宏观各向异性和微观各向异性。微观各向异性是因为构成地层的微观颗粒的结构、分选、胶结的不同。宏观各向异性可能是由以下原因引起的。

（1）一些二元序列薄互层：一类为砂、泥岩薄互层，由于组成地层的单个小层的厚度小于仪器的分辨率，地层表现为宏观各向异性，其宏观地层电导率由砂和泥的电导率和相对百分含量决定；另一类为地层本身含有不同粒度的薄互层或含有不同孔隙分布的地层。可以说层状砂泥岩地层是宏观各向异性地层的主要形式，如图 4.1 所示。

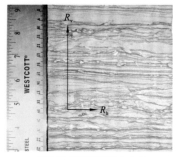
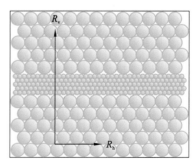

（a）组成地层的单个小层 　　　　　　（b）不同粒度的薄互层

图 4.1　层状地层宏观各向异性

R_h 和 R_v 分别表示水平和垂直电阻率

（2）裂缝引起地层的各向异性：单条裂缝的张开层一般较小，常规测井仪器难以定量识别与描述，在电性上表现为宏观各向异性。

在实际生产中，常规测井仪器尺寸较大（如侧向测井和感应测井等），不能或很难直接反映微观各向异性。因此，目前电测井仪器分辨率不足以正确识别单个地层时，均表现为宏观各向异性。

4.1.2　地层电阻率各向异性的描述参数及其计算

当前主要使用垂直电阻率 R_v、水平电阻率 R_h 及电阻率各向异性系数 λ_1 来表征储层电阻率各向异性。

在测井学中，通常认为地层是水平成层的，地层的垂向电阻率与水平电阻率的差异是导致地层电阻率各向异性的一种原因。垂向电阻率是指在垂直于沉积作用的平面，即垂直面上测得的电阻率；水平电阻率是指在平行于沉积作用的平面，即水平面上测得的电阻率，如图 4.2 所示。

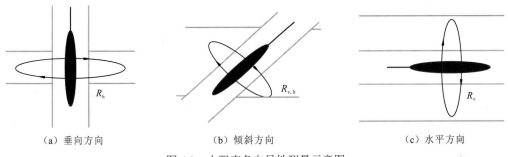

|（a）垂向方向|（b）倾斜方向|（c）水平方向|

图 4.2　电阻率各向异性测量示意图

在穿过水平层的直井中测井时，仪器测量的是水平电阻率。仪器电流的环路与薄互层平行，电流沿着层理方向流动。因此，在垂直井中，常规测井一般是以各向同性的非均质性地层为主要研究对象。然而，在水平井中测井时，仪器测量的电阻率为垂直电阻率与水平电阻率的综合响应。电流环路将穿过薄互层（测量垂直电阻率 R_v），进而沿着薄互层流动（测量水平电阻率 R_h）。水平井中测量的电阻率与直井中测量的电阻率是不同的，因此，在进行高陡地层测井资料分析的过程中，所表现出的地层电阻率各向异性是我们关注的焦点。

为了模拟水平井中的地层，采用水平层状 3 层介质模型。根据已知的垂直井电阻率信息研究对应的水平井地层的电阻率各向异性（图 4.3）。关注的储层是一个被油气饱和且含泥岩夹层的砂岩层，与上、下围岩构成了一个泥-砂-泥互层模型。因为上、下围岩和砂岩的厚度存在差异，且砂、泥岩渗透率也不相同，因而各层的束缚水饱和度也不相同，所以不同的层对电阻率具有不同的影响程度与贡献。

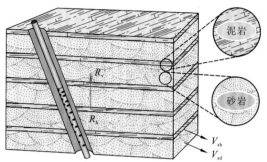

图 4.3 测井仪器测量电阻率各向异性示意图

V_{sh} 和 V_{sd} 分别表示泥岩和砂岩的体积

由于电阻率测井仪的电流在垂直穿过地层时会不间断地测量这些地层的电阻率，因此在计算垂直电阻率时，每一个地层可看作串联电路中的一个电阻；而水平穿过地层的电流会同时平行地测量这些地层的电阻率，故在计算水平电阻率时，每一个地层可看作并联电路中的一个电阻。设砂岩电阻率为 R_{sd}，泥岩电阻率为 R_{sh}，砂岩累积厚度为 h_{sd}，泥岩累积厚度为 h_{sh}，则地层的水平电阻率 R_h 可以表示为

$$R_h = \left[\frac{h_{sd}}{R_{sd}(h_{sd} + h_{sh})} + \frac{h_{sh}}{R_{sh}(h_{sd} + h_{sh})} \right]^{-1} \tag{4.1}$$

垂直电阻率 R_v 可以表示为

$$R_v = \frac{h_{sd}}{h_{sd} + h_{sh}} R_{sd} + \frac{h_{sh}}{h_{sd} + h_{sh}} R_{sh} \tag{4.2}$$

根据式（4.1）和式（4.2），在砂泥岩薄互层中储层水平视电阻率主要取决于低值的泥岩电阻率，进而表现出泥岩特性，但其垂直电阻率则较高，表现出砂岩特性。

通常定义电阻率各向异性率（电阻率各向异性系数 λ_1）来表征储层岩石电阻率各向异性的程度。一般电阻率各向异性系数 λ_1 用垂直电阻率 R_v 和水平电阻率 R_h 之比的平方根来表示，具体数学表达式为

$$\lambda_1 = \sqrt{\frac{R_v}{R_h}} = \left[\frac{h_{sd}^2}{(h_{sd} + h_{sh})^2} + \left(\frac{R_{sd}}{R_{sh}} + \frac{R_{sh}}{R_{sd}} \right) \cdot \frac{h_{sd} h_{sh}}{(h_{sd} + h_{sh})^2} + \frac{h_{sh}^2}{(h_{sd} + h_{sh})^2} \right]^{\frac{1}{2}} \tag{4.3}$$

由电阻率各向异性系数定义可知，各向异性系数主要与砂泥岩电阻率反差程度和砂泥岩相对厚度有关。可以推导出地层电阻率：

$$R_a = \frac{R_{m1}}{\sqrt{1 + (\lambda_1^2 - 1)\cos^2 \theta_1}} = \frac{\lambda_1 R_h}{\sqrt{1 + (\lambda_1^2 - 1)\cos^2 \theta_1}} = \frac{R_h}{\sqrt{1 + (1 - \lambda_1^2)\sin^2 \theta_1 / \lambda_1^2}} \tag{4.4}$$

式中：$R_{m1} = \sqrt{R_v \cdot R_h}$ 为各向异性地层的平均电阻率；θ_1 为地层倾角。

斯伦贝谢公司一般使用式（4.4）来进行各向异性电阻率的校正，由式（4.4）可以看出地层倾角是影响地层电阻率各向异性的主要因素。地层电阻率具体解释校正图版（即各向异性地层视电阻率与地层倾角关系图）如图 4.4 所示。通过分析研究视电阻率与地层倾角和各向异性的关系可以得出以下结论。

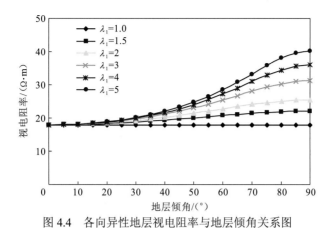

图 4.4 各向异性地层视电阻率与地层倾角关系图

（1）各向异性的存在造成测量视水平电阻率大于地层水平电阻率，当地层倾角 θ_1 较大时更为突出。

（2）地层倾角 θ_1 小于 30° 时，地层各向异性对电阻率测量结果的影响很小，所测量的视电阻率略大于地层水平电阻率，即在 θ_1 较小时，测量的视电阻率可直接用于地层评价，各向异性的影响不用考虑。当 $\theta_1=0°$，即水平地层条件或没有井斜情况，可以得到 $R_a=R_h$。

（3）地层倾角 θ_1 大于 30° 时，电阻率受地层各向异性的影响严重，测量的视电阻率在各向异性相同条件下随角度的增大而增大。当 $\theta_1=90°$，视电阻率影响最大。测量的视电阻率在 R_h 与 $\sqrt{R_h R_v}$ 之间。

4.2 电阻率各向异性测量实验与分析

实际应用中斯伦贝谢公式校正量偏小，为了正确评价地层各向异性对电阻率的影响，开展了电阻率各向异性测量研究，从而获得高陡地层电阻率的校正公式。

4.2.1 地层电阻率各向异性实验步骤

实验主要分为三个步骤：首先，将岩样进行切割加工使其纹理面与电极之间呈不同的夹角，并保证与电极面接触良好；然后烘干，再用已知矿化度的盐水饱和；最后，测量具有不同纹理倾角的岩石电阻率。具体步骤简介如下。

1）岩心加工

分别对库车河露头剖面的白垩系砂岩三个岩性段选取 51 块大岩样，并加工成若干个规格为 10 cm×5 cm×5 cm 的岩心，以符合岩心夹持器的规格要求。

岩心加工遵照国家标准《工程岩体试验方法标准》（GB/T 50266—2013）制备。岩样切割后经机械加工铣床加工符合夹持器要求的尺寸，保证 X、Y、Z 三面的垂直度偏差小于±0.2°，各自对应端面的平整度误差小于±0.1 mm，边长误差小于±0.3 mm。

先用记号笔在大岩样上绘出切割线，使得切出的岩心纹理面与接触电极的一面呈一定角度，共切割出 7 组纹层倾角 θ 相同的岩心，分别为 0°、15°、30°、45°、65°、75°、90°，每组岩心 9 块；然后对每块岩心进行打磨，从而使得岩心与电极接触面平整，以免在测量电阻率时存在明显的接触电阻；最后在切割出的岩心上用箭头标出纹理方向。

2）岩心饱和

将岩心浸入盐水中使其饱和的目的不仅是模拟实际地层环境，而且还能测出岩心孔隙度，从而可以将孔隙度相同的岩心归为一组，这样各组岩石的横向电阻率 $R_{//}$ 大致相同，便于数据处理。

岩心饱和的过程可分为两步。

（1）岩心烘干。用恒温烘干法进行烘干。烘干时，温度控制在 85℃±5℃，烘干的同时测量岩心的重量。当重量基本恒定时，即认为烘干完毕，通常需时 48 h。

（2）岩心注水饱和。根据 K 地区的试水资料，选取矿化度为 180 000 mg/L 的溶液进行岩心饱和。采用 ZYB IV 真空加压饱和装置。先对岩样抽真空 5 h 以上，然后加压饱和 12 h 左右，使岩心充分吸水饱和。加压过程中装置依然保持抽真空的状态以确保岩心完全饱和盐水。此过程中继续测岩心的重量，岩心重量将随饱和过程的进行而增大，当岩心重量不再变化时取出岩心，最后将岩心存放于盛有饱和溶液的容器中。这样可以得出估算的岩心孔隙度。

3）测量电阻率

测量岩心电阻率的过程是在常温常压环境下进行的。将从同一块大岩样上切割的岩心分为一组，选出孔隙度基本相同但纹理倾角不同的岩心进行测量，测量结果为岩心电阻。将岩心电阻代入电阻率的定义式即可计算出岩心电阻率。

4.2.2 地层倾角各向异性电阻率校正

通过岩石物理实验测量了 16 块岩样不同地层倾角下的电阻率。对实验数据分析，得到视电阻率与地层倾角、视电阻率与由式（4.4）计算的理论电阻率的关系图，如图 4.5 所示，这是部分实验测量的结果。其中 R_{T1} 与 R_{T2} 是测量声波速度前后得到的电阻率，考虑到岩石表面流体挥发与夹持器加压对电阻率的影响，一般 R_{T2} 要大于 R_{T1}，这里分析采用 R_{T1} 作为 R_t。R_a 为理论公式（4.4）计算的电阻率，R_{TZ}/R_{TX} 为电阻率各向异性系数，R_{TZ} 为垂直纹理方向测量的电阻率，R_{TZ} 为与纹理面平行方向测量的电阻率。

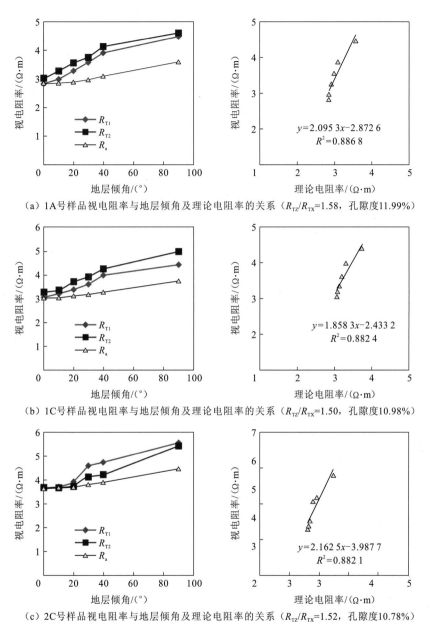

（a）1A号样品视电阻率与地层倾角及理论电阻率的关系（$R_{TZ}/R_{TX}=1.58$，孔隙度11.99%）

（b）1C号样品视电阻率与地层倾角及理论电阻率的关系（$R_{TZ}/R_{TX}=1.50$，孔隙度10.98%）

（c）2C号样品视电阻率与地层倾角及理论电阻率的关系（$R_{TZ}/R_{TX}=1.52$，孔隙度10.78%）

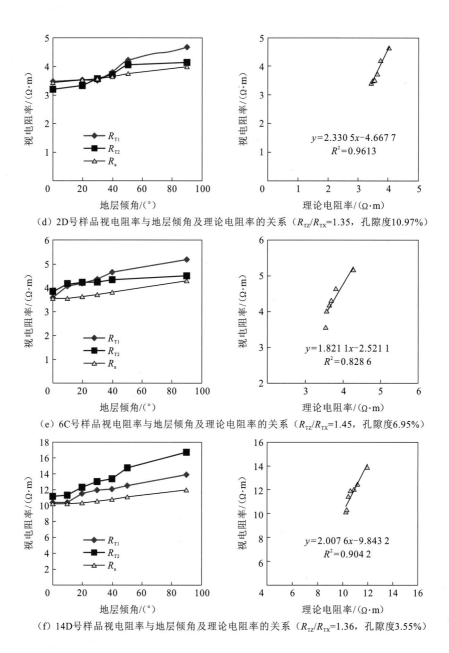

（d）2D号样品视电阻率与地层倾角及理论电阻率的关系（R_{TZ}/R_{TX}=1.35，孔隙度10.97%）

（e）6C号样品视电阻率与地层倾角及理论电阻率的关系（R_{TZ}/R_{TX}=1.45，孔隙度6.95%）

（f）14D号样品视电阻率与地层倾角及理论电阻率的关系（R_{TZ}/R_{TX}=1.36，孔隙度3.55%）

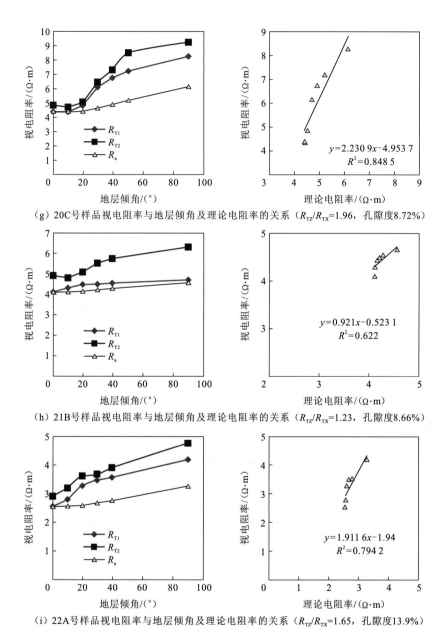

（g）20C号样品视电阻率与地层倾角及理论电阻率的关系（R_{TZ}/R_{TX}=1.96，孔隙度8.72%）

（h）21B号样品视电阻率与地层倾角及理论电阻率的关系（R_{TZ}/R_{TX}=1.23，孔隙度8.66%）

（i）22A号样品视电阻率与地层倾角及理论电阻率的关系（R_{TZ}/R_{TX}=1.65，孔隙度13.9%）

图 4.5　视电阻率与地层倾角及理论电阻率的关系

由图 4.5 可以看出，视电阻率要大于理论电阻率，视电阻率随地层倾角变化在 $R_{TX}\sim$ R_{TZ}，倾角 0° 时为 R_{TX}，90° 时为 R_{TZ}；而理论电阻率在 $R_{TX}\sim\sqrt{R_{TX}R_{TZ}}$，这一差异与地层各向异性系数和地层倾角大小有关。一般各向异性系数越大，测量与理论计算的电阻率两者差异越大，同时，地层倾角越大，两者差异也越大，因为理论电阻率最大值只能达到 $\sqrt{R_{TX}R_{TZ}}$，而不是实验值 R_{TZ}。因此用式（4.4）对高陡地层电阻率校正量是不够的。

另外，是否对有地层倾角下的电阻率进行校正，理论数值计算结果是地层倾角的下限值为 30°，而实验测量结果是地层倾角不到 20°，这就需要对电阻率进行校正。这也说明目前利用理论公式（4.4）进行高陡地层电阻率校正有待改正。

图 4.6 是视电阻率与理论电阻率关系图，它们呈线性关系。

$$\begin{cases} R_a = 0.894R_t + 0.046\,4 \\ R^2 = 0.903\,6 \end{cases} \tag{4.5}$$

式中：R_a 为理论电阻率；R_t 为视电阻率，即现场测井深电阻率 R_t。

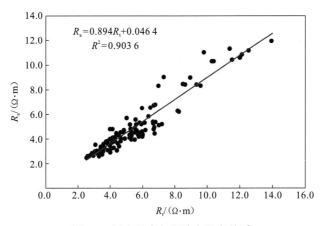

图 4.6　视电阻率与理论电阻率关系

把式（4.5）代入式（4.4）有

$$R_h = (0.894R_t + 0.046\,4)\sqrt{1 + (1-\lambda^2)\sin^2\theta / \lambda^2} \tag{4.6}$$

式中：θ 为地层倾角；λ 为电阻率各向异性系数 $\sqrt{R_v / R_h}$，可以由现场 RtScanner 测井统计得到，也可以由实验得到。

因此，由实验测量与理论数值计算结果相结合，得到的式（4.6）可用于 K 地区高陡地层的电阻率校正。同时，分别建立了细砂岩、含砾细砂岩、粉砂岩、含砾粉砂岩等 4 种岩性粒径下实验测量与理论计算电阻率的关系图版（图 4.7）。

图 4.8 是 Kx01 井 6 570～6 620 m 深度段电阻率校正成果图，地层倾角为 45°，各向异性系数为井中实际测量。根据校正公式得到的电阻率与井下仪器测量的电阻率的差值为 4.5～42 Ω·m，平均为 10.12 Ω·m，由校正前后电阻率计算的饱和度差值达 10%。

（a）细砂岩

（b）含砾细砂岩

（c）粉砂岩

（d）含砾粉砂岩

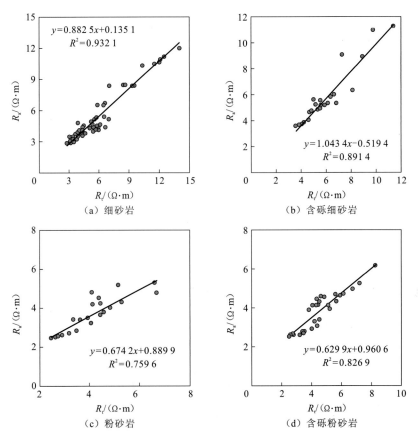

图 4.7　不同岩性粒径条件下测量电阻率与理论计算电阻率关系

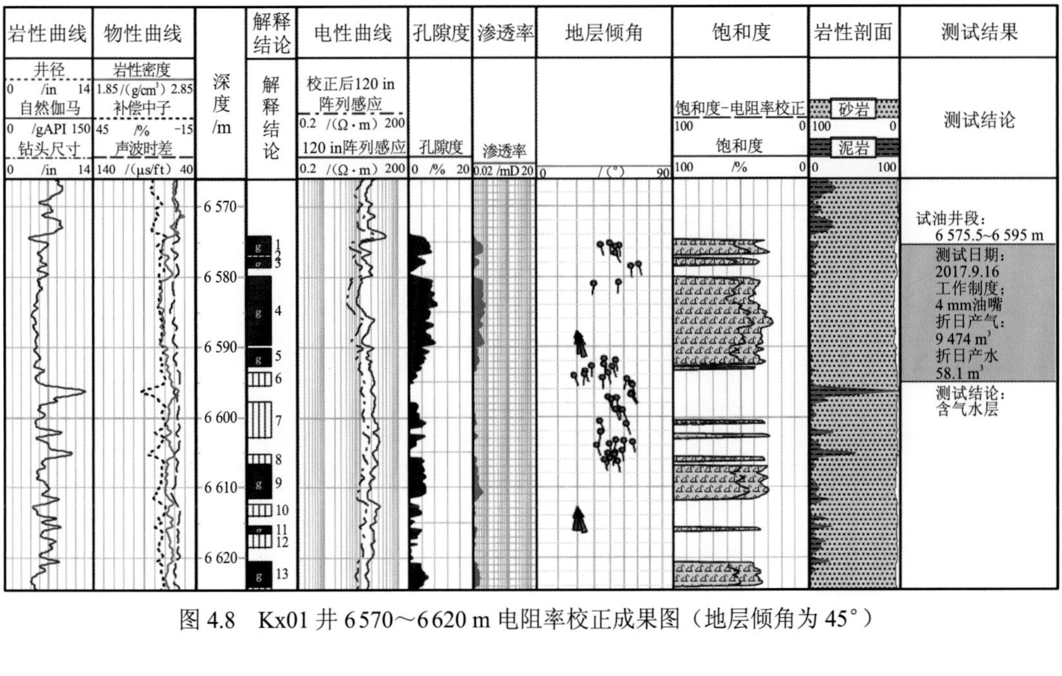

图 4.8　Kx01 井 6570～6620 m 电阻率校正成果图（地层倾角为 45°）

4.3 应力差−电阻率实验及分析

K 地区深部地层由于受强应力的挤压，岩石电阻率与孔渗及地应力有密切关系，尤其在地层压力很大的砂岩储层中，地应力对电阻率的影响尤其明显。因此要对致密砂岩储层进行电阻率校正，不仅要了解地层电阻率与倾角的关系，还必须知道其与地应力的关系。

4.3.1 应力差−电阻率实验方法及流程

根据 K 地区电阻率−水平压力差关系，设计了对应物理实验方法；讨论了模拟压性地层和张性地层两类情形下的电阻率−压力实验结果。对露头岩样和井下岩心在不同应力方向和大小的情况下进行了实验和分析。

实验时分两种情况考虑，轴压>围压，即上覆地层压力与水平最小地应力相同，模拟张性地层；围压>轴压，即上覆地层压力与水平最大地应力相同，模拟压性地层。

为了更好地反映储层条件下岩心的电阻率，一般在高温高压三轴仪中开展实验，以模拟储层的温压条件。采用露头方形岩心标本经过低温干燥和表面清洁及磨光处理后，放入高温高压三轴仪，根据交流二极法、LCR 数字交流电桥测量岩心的电阻率，测量尺寸为 5 cm×5 cm×5 cm 的岩样在同一温度和不同轴压、围压下的电阻率。以 X 方向为层理方向；可以分别从 X、Y、Z 三个方向进行电阻率测量，测量时可以在测量方向上施加轴向压力，在另外两个方向上施加围压；轴压和围压可独立加载，构建不同的压力差和方向，如图 4.9 所示。

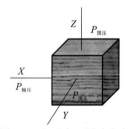

图 4.9 方形岩心测试方向及轴围压示意图

X、Y 为岩心的水平层理方向，Z 为岩心垂直层理方面。实验时，X 作为视电阻率方向，并承受轴压；Y、Z 方向同时承受围压。通过调节轴压和围压大小，测量对应的视电阻率。

测量时又分两种情况：

（1）X 方向压力大于 Y 方向压力时，即轴压 $P_{轴压}$>围压 $P_{围压}$；

（2）X 方向压力小于 Y 方向压力时，即轴压 $P_{轴压}$<围压 $P_{围压}$。

测试步骤：

（1）常温常压下测量水平电阻率的 R_{hx}、R_{hy}，垂直电阻率 R_v。

（2）在一定温度（30℃）和围压（20 MPa）下，轴压从围压开始以 10 MPa 递增至 80 MPa，测量水平电阻率的 R_{hx}、R_{hy}，垂直电阻率 R_v。从实验结果来看，随着轴压的增加，不同应力差下的电阻率均呈线性关系。

（3）在一定温度（30℃）和轴压（20 MPa）下，围压从轴压开始以 10 MPa 递增至 80 MPa，测量水平电阻率的 R_{hx}、R_{hy}，垂直电阻率 R_v。

4.3.2　应力差-电阻率实验测量

1. 方形露头岩样应力差-电阻率实验

1）模拟上覆地层压力或最大水平压力（围压）与最小水平压力（轴压）

对于岩样进行了两次测量，分别是围压大于轴压和轴压大于围压的情况。通过不同围（轴）压下，改变轴（围）压，形成一定的压力差，来模拟应力差，见表 4.1 和图 4.10，其是一块岩心在不同压力下的测量结果。

表 4.1　倾角 80° 的 N3 岩样得到围压大于轴压的视电阻率（温度 30℃）　　（单位：Ω·m）

围压	轴压							
	10 MPa	20 MPa	30 MPa	40 MPa	50 MPa	60 MPa	70 MPa	80 MPa
10 MPa	4.24							
20 MPa	4.65	4.89						
30 MPa	4.86	5.01	5.13					
40 MPa	5.02	5.12	5.21	5.30				
50 MPa	5.14	5.21	5.29	5.37	5.43			
60 MPa	5.24	5.30	5.37	5.44	5.50	5.56		
70 MPa	5.31	5.38	5.45	5.52	5.58	5.64	5.67	
80 MPa	5.38	5.47	5.53	5.60	5.66	5.71	5.74	5.76

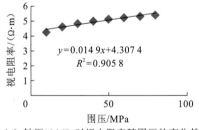

（a）轴压 10 MPa 时视电阻率随围压的变化趋势

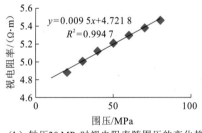

（b）轴压 20 MPa 时视电阻率随围压的变化趋势

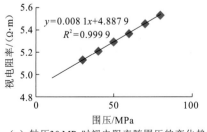

（c）轴压 30 MPa 时视电阻率随围压的变化趋势

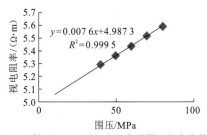

（d）轴压 40 MPa 时视电阻率随围压的变化趋势

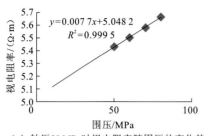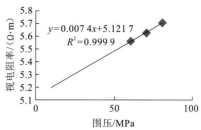

（e）轴压50 MPa时视电阻率随围压的变化趋势　　（f）轴压60 MPa时视电阻率随围压的变化趋势

图 4.10　N3 岩样 80° 倾角视电阻率随围压的变化趋势（温度 30℃，围压＞轴压）

当模拟上覆地层压力或最大水平压力（围压）大于最小水平压力（轴压）时，从归一化电阻率随压力差的变化关系（图 4.11）可以看出：

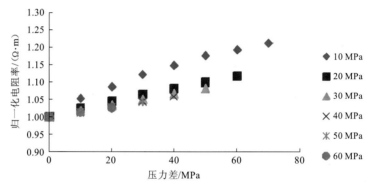

图 4.11　N3 岩样不同轴压下归一化电阻率随压力差的变化关系

（60℃，X 层理，围压＞轴压）

（1）在不同的轴压条件下，当压力差增大时，电阻率也增大，且增幅较大。

（2）随着轴压的增大，其电阻率的增长率减小。其原因在于随着地层有效应力的增加，岩石的孔隙结构与流体分布均发生变化。对于低渗储层，存在压力敏感效应，随着地层上覆压力的增加，储层中的细小喉道被压缩甚至闭合，减小或阻断了流体的渗流通道，即减少了离子的导电通道，在宏观上就表现为岩石电阻率的增大。

当模拟上覆地层压力或最大水平压力（围压）大于最小水平压力（轴压）时，特别对 X 方向（电阻测量方向）的孔隙影响大时，饱和盐水的实际有效导电截面积减小，增大了电流通过的阻力，使电阻率上升较大。

2）模拟上覆地层压力或最小水平压力（围压）与最大水平压力（轴压）

当模拟上覆地层压力或最小水平压力（围压）小于最大水平压力（轴压）时，从图 4.12、图 4.13 的电阻率随压力差的变化关系可以看出：

（1）在围压一定的情况下，当压力差增大时，电阻率大部分都有增大的趋势，但是增加的幅度很小，压力差为 70 MPa 时的电阻率跟压力差为 0 时的电阻率的比值小于 1.05，还有部分是随压力差的增加电阻率减小。

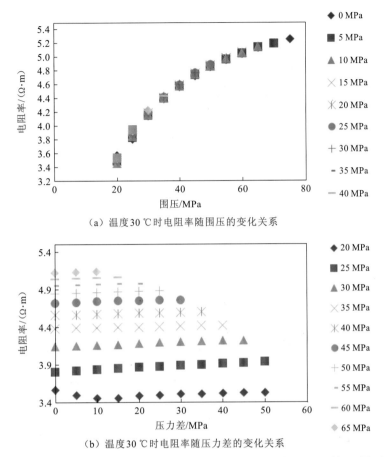

（a）温度30 ℃时电阻率随围压的变化关系

（b）温度30 ℃时电阻率随压力差的变化关系

图 4.12　N3 岩样电阻率随围压、压力差的变化关系（温度 30 ℃，轴压>围压）

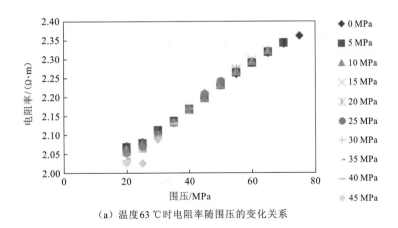

（a）温度63 ℃时电阻率随围压的变化关系

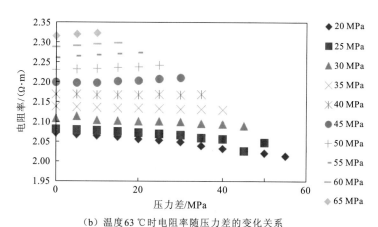

（b）温度 63℃时电阻率随压力差的变化关系

图 4.13　N3 岩样电阻率随围压、压力差的变化关系（温度 63℃，轴压>围压）

（2）压力差一定时，围压对电阻率的影响较大，并呈幂指数的关系。其原因在于随着地层有效应力的增加，岩石的孔隙结构与流体分布均发生变化。但是，当模拟上覆地层压力或最小水平压力（围压）小于最大水平压力（轴压）时，特别对 Z 方向的孔隙影响大，相对 X 方向（电阻率测量方向）的孔隙影响较小，因此电阻率增加缓慢，N3 号岩心电阻率最大只增加了近 5%。

在低压高温下，还出现了电阻率降低的趋势，可能是在加压初期岩石中晶体的活化能增强，出现了压电效应，从而使导电性能增强，岩石电阻率下降；也有可能是压力使得部分 X 方向的孔隙连通，喉道变短，导致电阻率下降。

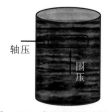

图 4.14　岩心取心示意图

2. 井下取心岩样应力差–电阻率实验

由于井下所取得的岩心是圆柱体，除了只能测量垂直于端面的电阻外，其余的与方形岩样的实验方法和步骤相同。同样地，轴压方向为模拟水平方向压力 X，实验中是电阻率的测量方向；围压方向为模拟上覆地层压力或水平压力（图 4.14）。实验时，同样分两种情况。

1）模拟上覆地层压力或最大水平压力（围压）与最小水平压力（轴压）

当模拟上覆地层压力或最大水平压力（围压）小于最小水平压力（轴压）时，从图 4.15、图 4.16 电阻率随压力差的变化曲线可以看出：

（1）同一围压，不同压力差条件下，电阻率大部分都有增的趋势，但是增加的幅度很小；Kx4-27 号岩心电阻率最大只增加了近 5%；还有部分是随压力差的增加电阻率减小。其原因可能是在加压初期岩石中晶体的活化能增强，出现了压电效应，从而使导电性能增强，岩石电阻率下降；也有可能是压力使得部分 X 方向的孔隙连通，喉道变短，导致电阻率下降。

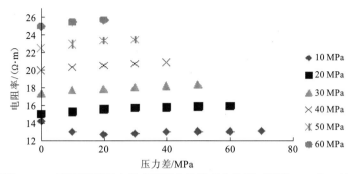

图 4.15 岩样 Kx4-27 不同围压下电阻率随压力差的变化关系（温度 27.8 ℃，轴压＞围压）

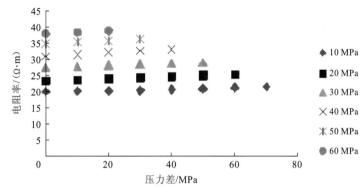

图 4.16 岩样 Kx4-67 不同围压下电阻率随压力差的变化关系（温度 26.6 ℃，轴压＞围压）

（2）在相同压力差时，不同的最小应力，对电阻率的影响较大，电阻率的变化较快。其原因在于随着围压和轴压的同时增加，岩心中的细小喉道被压缩甚至闭合，减小或阻断了流体的渗流通道，即减少了离子的导电通道，在宏观上就表现为岩石电阻率的增大，且增大明显，如 Kx4-27 号岩心，在轴压和围压均为 10 MPa 时电阻率为 14 Ω·m，轴压和围压均为 60 MPa 时，电阻率为 25 Ω·m，同样是压力差为 0，电阻率增加了 78.6%。

2）模拟上覆地层压力或最小水平压力（围压）与最大水平压力（轴压）

当模拟上覆地层压力或最小水平压力（围压）大于最大水平压力（轴压）时，由电阻率随压力差的变化曲线（图 4.17～图 4.19）可以得出如下几点认识。

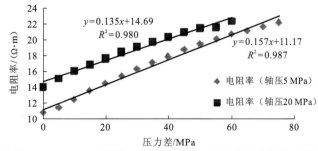

图 4.17 岩样 Kx4-85 25 ℃不同轴压下电阻率随压力差的变化趋势（围压＞轴压）

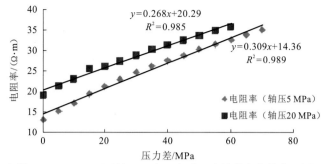

图 4.18　岩样 Kx4-24 25 ℃不同轴压下电阻率随压力差的变化趋势（围压＞轴压）

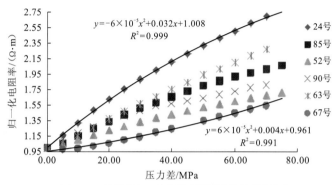

（a）5 MPa轴压下归一化电阻率随压力差的变化趋势

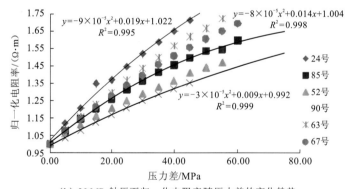

（b）20 MPa轴压下归一化电阻率随压力差的变化趋势

图 4.19　Kx4 6 块岩心在不同轴压下归一化电阻率随压力差的变化趋势

（1）在不同的围压条件下，当压力差增大时，电阻率大部分都有增的趋势，但是增加的幅度很小，压力差为 70 MPa 时的电阻率与压力差为 0 时的电阻率的比值大于 1.5；还有部分是随压力差的增加电阻率减小。

（2）不同的围压对电阻率的影响较大，但随着压力差的增大，其电阻率增大的趋势减缓。其变化趋势与方形岩心相同情形下的电阻率变化类似，原因也类似，随着地层有效应力的增加，岩石的孔隙结构与流体分布均发生变化。

对于低渗储层，存在压力敏感效应，随着地层上覆压力的增加，储层中的细小吼道被压缩甚至闭合，减小或阻断了流体的渗流通道，即减少了离子的导电通道，在宏观上就表现为岩石电阻率的增大。

当模拟上覆地层压力或围压大于轴压，特别对 X 方向（电阻测量方向）的孔隙影响大，饱和盐水的实际有效导电截面积减小，增大了电流通过的阻力，使电阻率上升较大，Kx4-24 号岩心在轴压为 5 MPa，压力差为 70 MPa 时，电阻率增加了近 2 倍，增加最小的 67 号岩心也增加了 50%；但随着轴压的增加，虽然存在同样的压力差，电阻率的增长率放缓，如 Kx4-24 号岩心在轴压为 5 MPa，压力差为 50 MPa 时，电阻率增加了近 1.5 倍，而在轴压为 20 MPa，压力差为 50 MPa 时，电阻率增加 0.7 倍，与方形岩心相比，其电阻率随压力差的变化快，因为井下岩心的孔隙度比露头岩样的孔隙度低得多。

4.3.3　应力差-电阻率实验结果分析

通过该岩电实验可以测量不同应力差条件下的岩石电阻率，从而确定应力差与岩石电阻率的关系。为确定实验的可靠性，现将实验测量结果分别与测井资料中实测的水层电阻率和用阿尔奇公式计算的值进行对比。图 4.20 中，红色三角点表示实验测量的电阻率 R_t，淡蓝色数据点是井中的实测电阻率，深蓝色线是将本井覆压条件下的岩电参数和孔隙度代入阿尔奇公式计算的电阻率。

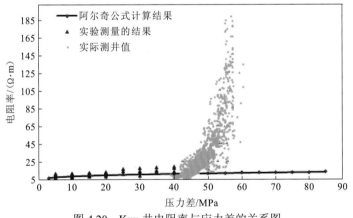

图 4.20　Kxx 井电阻率与应力差的关系图

对比结果表明，在低压差条件下实验数据与用阿尔奇公式计算出的结果和实测电阻率均基本一致。但高压差条件下，岩石电阻率随压力差增大而急剧升高，阿尔奇公式不再适用。原因在于，高压条件下岩石孔隙度减小的同时，岩石孔隙形状及颗粒形状也会发生明显的变化，这与阿尔奇公式的适用条件不符。更困难的问题是，高压力差条件下实验所采用的岩石样品容易破碎，而且本实验装置在高于 80 MPa 的压力差条件下也无法正常工作，因此实验难以模拟出实际地层中的强地应力挤压环境。

4.4　各向异性及应力差岩石电阻率数值模拟与分析

上面介绍了采用岩电实验对电阻率进行校正的方法，下面介绍用数值模拟方法，进行强地应力挤压下的电阻率校正方法的研究。

4.4.1　各向异性电阻率数值模拟与校正

1. 数值模拟方法

根据岩电实验条件，将岩心看作均匀电阻率横向各向异性介质。岩心纹理面的法线即各向异性主轴。岩心加工时改变层理倾角 θ_1 的过程，相当于岩心各向异性主轴旋转的过程。因此，在计算程序中可以通过各向异性主轴的旋转来模拟岩心加工过程。

根据电场理论，均匀电阻率各向异性介质的电导率用矩阵 $\boldsymbol{\sigma}$ 表示。设平行层理面的电导率为 $\sigma_{//}$，垂直层理面的电导率为 $\sigma_\perp$，则电阻率各向异性系数为 $\lambda=(\sigma_{//}/\sigma_\perp)^{1/2}$。

建立右手坐标系：z 轴为平行板电极法线且从负极指向正极，x 轴平行于层理面。层理倾角 θ_1 为 z 轴与层理面的夹角，这与岩电实验中的规定相同，电导率张量可通过标准形式的矩阵旋转得到。

当 θ_1 为 90° 时的电导率矩阵为标准形式，记作 $\boldsymbol{\sigma}_{90}$：

$$\boldsymbol{\sigma}_{90}=\begin{bmatrix} \sigma_{//} & & \\ & \sigma_{//} & \\ & & \sigma_\perp \end{bmatrix} \tag{4.7}$$

岩心纹理面绕 x 轴旋转 θ_1 角后：

$$\begin{aligned} \boldsymbol{\sigma} &= \boldsymbol{B}^{\mathrm{T}}\boldsymbol{\sigma}_{90}\boldsymbol{B} \\ &=\frac{1}{2\lambda^2}\begin{bmatrix} 2\lambda^2\sigma_{//} & & \\ & 2\sigma_{//}(\lambda^2\cos^2\theta_1+\sin^2\theta_1) & \sigma_{//}(\lambda^2-1)\sin 2\theta_1 \\ & \sigma_{//}(\lambda^2-1)\sin 2\theta_1 & 2\sigma_{//}(\lambda^2\sin^2\theta_1+\cos^2\theta_1) \end{bmatrix} \end{aligned} \tag{4.8}$$

式中：矩阵 $\boldsymbol{B}$ 称为绕 x 轴的旋转矩阵，即

$$\boldsymbol{B}=\begin{bmatrix} 1 & & \\ & \cos\theta_1 & \sin\theta_1 \\ & -\sin\theta_1 & \cos\theta_1 \end{bmatrix}$$

根据实验采用的岩心样品的形状，用横截面为正方形的长方体作为岩心几何模型。设其高为 1，横截面边长为 m。下面将根据岩电实验测量方法对式（4.8）建立边界条件。

（1）正电极电压为 1：$u\big|_{z=1}=1+0iV$ （$0i$ 为电源交流电的相位角，等于 0°）。

（2）负电极接地：$u\big|_{z=0}=0$。

（3）岩心侧面绝缘，因而法向电流为 0：$\dfrac{\partial u}{\partial n}\Big|_{x=0\text{或}x=m}=\dfrac{\partial u}{\partial n}\Big|_{y=0\text{或}y=m}=0$。

定义泛函：

$$Ju = \frac{1}{2} \iiint\limits_{\Omega} (\nabla u \cdot (\sigma + i\omega\varepsilon_0\varepsilon_r \boldsymbol{I})\nabla u) \mathrm{d}x\mathrm{d}y\mathrm{d}z \tag{4.9}$$

式中：u 为待求的电势，V；σ 为电导率，S/m；ε_0 为真空介电常数；ε_r 为岩石的相对介电常数，取 1；$\boldsymbol{I}$ 为单位矩阵；∇ 为拉普拉斯算子，m^{-1}；ω 为交流电源的角频率，rad/s；i 为虚数单位。

确定了变分问题后，用区域离散和单元插值将式（4.9）的极值问题转化为一组代数方程（线性方程组），最后通过求解该方程组得到电场的数值解。

2. 电阻率各向异性增大系数

前文应用有限元法建立了岩心电阻率各向异性系数 λ_1 和层理倾角 θ_1 与岩心电阻率的关系。发现具有相同的电阻率各向异性系数和层理倾角的岩心，其岩心视电阻率与岩心横向电阻率成正比，即岩心视电阻率等于其横向电阻率乘以一个仅与电阻率各向异性和层理倾角有关的无因次量，该无因次量称为电阻率各向异性增大系数，记作 $\rho_0(\theta_1,\lambda_1)$。

$$\rho_0 = \frac{R_a}{R_{//}}$$

式中：R_a 为岩心视电阻率；$R_{//}$ 为岩心横向电阻率，即层理倾角 $\theta_1 = 0$ 时的岩心视电阻率。

电阻率各向异性增大系数的物理意义是，由于电阻率各向异性和层理倾角造成的岩心视电阻率增大的倍数。可用于测井曲线的各向异性校正。图 4.21 是电阻率各向异性增大系数图版。

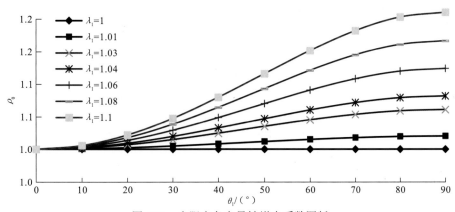

图 4.21　电阻率各向异性增大系数图版

3. 数值模拟精度分析

为了验证电阻率各向异性增大系数图版的可靠性，用岩电实验结果进行了检验。选取了 5 组具有不同电阻率各向异性系数的岩心样品，其层理倾角均从 0° 到 90° 变化。表 4.2 是 5 组样品数值模拟得出的电阻率与实验测量的电阻率的比较结果。

表 4.2 电阻率各向异性增大系数对比表

组别	项目	层理倾角/（°）									
		0	10	20	30	40	50	60	70	80	90
1	数值模拟电阻率/（Ω·m）	2.73	2.80	3.00	3.32	3.74	4.23	4.77	5.35	5.89	6.14
	数值模拟 ρ_0	1	1.03	1.10	1.22	1.37	1.55	1.75	1.96	2.16	2.25
	岩电实验电阻率/（Ω·m）	2.73	2.69	3.24	3.27	3.93	4.40	5.05	—	—	6.00
	岩电实验 ρ_0	1	0.99	1.19	1.20	1.44	1.61	1.85	—	—	1.20
	误差/%	—	3.89	7.96	1.59	5.07	4.10	5.94	—	—	2.32
	备注	1 组岩样 平均误差：4.41%；各向异性系数：1.5；横向电阻率：2.732 Ω·m；测量温度：22 ℃									
2	数值模拟电阻率/（Ω·m）	10.00	10.25	10.99	12.17	13.70	15.48	17.46	19.60	21.59	22.50
	数值模拟 ρ_0	1	1.03	1.10	1.22	1.37	1.55	1.75	1.96	2.16	2.25
	岩电实验电阻率/（Ω·m）	10.00	11.01	12.11	12.30	14.68	16.16	17.79	19.58	21.55	23.10
	岩电实验 ρ_0	1	1.10	1.21	1.23	1.49	1.61	1.78	1.96	2.16	2.31
	误差/%	—	7.37	10.22	1.05	7.16	4.39	1.88	0.08	0.17	2.67
	备注	2 组岩样 平均误差：3.89%；各向异性系数：1.5；横向电阻率：9.97 Ω·m；测量温度：20 ℃									
3	数值模拟电阻率/（Ω·m）	4.40	4.49	4.75	5.17	5.71	6.35	7.05	7.76	8.37	8.62
	数值模拟 ρ_0	1	1.02	1.08	1.18	1.30	1.44	1.60	1.76	1.90	1.96
	岩电实验电阻率/（Ω·m）	4.40	4.36	4.85	5.51	5.52	6.88	—	—	—	8.42
	岩电实验 ρ_0	1	0.99	1.10	1.25	1.25	1.56	—	—	—	1.91
	误差/%	—	2.78	2.16	6.57	3.39	8.367	—	—	—	2.37
	备注	3 组岩样 平均误差：4.27%；各向异性系数：1.4；横向电阻率：4.404 Ω·m；测量温度：23 ℃									
4	数值模拟电阻率/（Ω·m）	2.89	2.93	3.06	3.28	3.55	3.86	4.20	4.53	4.78	4.88
	数值模拟 ρ_0	1	1.01	1.06	1.13	1.23	1.34	1.45	1.57	1.65	1.69
	岩电实验电阻率/（Ω·m）	2.89	3.20	3.62	3.60	3.90	—	—	—	—	4.76
	岩电实验 ρ_0	1	1.11	1.25	1.25	1.35	—	—	—	—	1.65
	误差/%	—	9.03	18.05	9.91	9.96	—	—	—	—	2.54
	备注	4 组岩样 平均误差：9.90%；各向异性系数：1.3；横向电阻率：2.89 Ω·m；测量温度：20 ℃									
5	数值模拟电阻率/（Ω·m）	3.26	3.29	3.39	3.56	3.76	4.00	4.25	4.47	4.63	4.69
	数值模拟 ρ_0	1	1.01	1.04	1.09	1.15	1.23	1.30	1.37	1.42	1.44
	岩电实验电阻率/（Ω·m）	3.26	3.11	3.50	3.80	3.61	—	—	—	—	4.96
	岩电实验 ρ_0	1	0.95	1.07	1.17	1.11	—	—	—	—	1.52
	误差/%	—	5.61	3.05	6.83	4.11	—	—	—	—	5.61
	备注	5 组岩样 平均误差：5.04%；各向异性系数 1.2；横向电阻率：3.26 Ω·m；测量温度：23 ℃									

从表 4.2 中可以得出如下结论。

（1）前三组岩样的数值模拟电阻率与实验测量的电阻率之间的平均误差均小于 5%[图 4.22（a）]，后两组岩样的平均误差较大[图 4.22（b）]。总体而言，各向异性系数和横向电阻率越小的岩样，其数值模拟计算的电阻率与实验测量的电阻率之间的相对误差越大。这主要有两方面原因：一方面是电极接触电阻，另一方面是岩心加工过程中产生微裂缝。

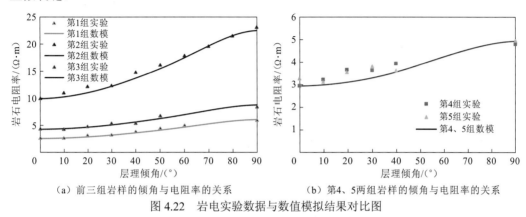

（a）前三组岩样的倾角与电阻率的关系　　　　（b）第4、5两组岩样的倾角与电阻率的关系

图 4.22　岩电实验数据与数值模拟结果对比图

（2）第 4、5 两组岩样存在垂直于纹层方向的节理面，电阻率具有三轴各向异性，其电阻率各向异性主轴方向不再平行于 *YOZ* 面，且方向难以确定，与数值模拟的假设条件不符，使得数值模拟电阻率与实验测量的电阻率之间的误差较大。同时由于节理面的存在，这两组岩样在加工和测量过程中损坏较严重，部分数据未记录。

分析原因与实验接触电阻、微裂缝及三轴各向异性对岩心电阻率的影响有关。接触电阻在许多有关电路焊接的文献中均有介绍。当岩心表面不平整时，与平板电极之间存在面积很小的接触点，一旦通电，电流线会大量集中在该接触点，使得局部电流很大，在该点附近的电压降落幅度增大，这相当于在电流密度矢量方向上串联了一个很大的电阻，该电阻将使实验测量的总电阻变大，进而影响到岩心电阻率。微裂缝源于岩心切割、打磨及加压饱和盐水的过程中对岩心样品的损坏。切割和打磨过程很容易损坏岩样，而加压饱和盐水时同样会对岩样造成损坏。在加压饱和盐水的过程中，岩石颗粒间的胶结物将部分被溶解或被运移，使得岩石颗粒间的黏合力下降，只要有外力作用就容易使岩石颗粒分开，甚至只要将岩样从加压设备内取出，其内部压力的释放过程都有可能产生微裂缝。这种微裂缝肉眼无法察觉，且大都分布于岩心内部，因此只能在测量过程中体现出来其对岩心电阻率的影响。微裂缝会使岩心内部电流场分布变得更加复杂，从而增大岩心电阻率。

部分岩心存在较明显的三轴各向异性，这样的岩心层理结构往往比较模糊，具有三轴各向异性的岩心，其各向异性主轴有两个，电阻率有三个。不仅使得岩心加工过程中难保证某一个各向异性主轴方向恒定，也就是说肉眼观察到的层理面旋转了 θ_1 角度，而实际的各向异性主轴不一定旋转了 θ_1 角度，而且进行岩电实验时，岩心中的电流场将更加复杂，测出的电阻率与层理倾角 θ_1 没有明显的关系。

总体上，若不考虑除电阻率各向异性之外的其他影响因素，数值模拟得到的电阻率与岩电实验测量的电阻率具有较好的一致性，证明电阻率各向异性增大系数图版的可靠性好。

4. 各向异性的电阻率校正方法

当进行电阻率各向异性校正时，需要将图 4.22 的数据拟合为关于层理倾角 θ_1 和电阻率各向异性系数的函数。拟合过程可分为以下两步。

先将图 4.22 中每条曲线都拟合为电阻率各向异性增大系数 ρ_0，ρ_0 是关于层理倾角 θ_1 的三次多项式。因此，可将拟合的目标函数形式确定为

$$\rho_0(\theta_1, \lambda) = A(\lambda)\theta_1^3 + B(\lambda)\theta_1^2 + C(\lambda)\theta_1 + 1$$

式中：$A(\lambda)$、$B(\lambda)$、$C(\lambda)$ 为每条曲线拟合的三次多项式的系数，仅与电阻率各向异性系数 λ 有关。再将 $A(\lambda)$、$B(\lambda)$、$C(\lambda)$ 拟合为关于 λ 的函数（自相关系数均高于 0.991），得到最终的电阻率各向异性增大系数拟合函数：

$$\begin{aligned}\rho_0(\theta_1, \lambda) = &(0.107\lambda^3 + 0.979\,7\lambda^2 - 3.825\,16\lambda + 2.756\,4)\theta_1^3\\ &+ (-0.435\,6\lambda^3 - 0.563\,9\lambda^2 + 6.069\,2\lambda - 5.112\,1)\theta_1^2\\ &+ (0.327\,5\lambda^3 - 0.517\,4\lambda^2 - 0.568\,2\lambda + 0.780\,1)\theta_1 + 1\end{aligned} \quad (4.10)$$

式中：$\rho_0(\theta_1, \lambda)$ 为电阻率各向异性增大系数；θ_1 为层理倾角（弧度），取值 $0\sim\pi/2$；λ 为电阻率各向异性系数，取值范围为 $1\sim2.5$。

利用式（4.10）可将阵列感应深电阻率曲线值校正为当前深度点的横向电阻率。校正方法分两步进行，先将测井资料中层理倾角和各向异性系数代入式（4.10），求得电阻率各向异性增大系数，再用当前深度点的阵列感应深电阻率曲线值除以电阻率各向异性增大系数即得到地层横向电阻率。

4.4.2　强地应力挤压下电阻率数值模拟与校正

K 地区实际测井资料表明，由于深部强地应力挤压，测量电阻率变得异常高，而电阻率与水平地应力差有密切的关系。为了校正强地应力挤压对测量电阻率造成的影响，有必要研究孔隙介质电阻率随地应力的变化规律。

这里从分析岩石颗粒分布状况、孔隙结构与地应力差之间的关系入手，研究岩石电阻率随地应力差的变化规律。研究过程主要分为三步。首先建立岩石颗粒排布模型，用一个较简单的三维几何模型（称重复性单元）近似描述岩石颗粒的排布结构。其次对地应力作用下的重复性单元进行受力分析，得出应力和应变之间的关系（下文称本构关系）。最后计算出给定应变条件下重复性单元的电阻率，并根据本构关系推导出地应力差与岩石电阻率的关系。

1. 岩石颗粒的排布模型

K 地区低孔砂岩的岩石颗粒磨圆程度较高且排布结构致密，可近似看作体心密排结构 [图 4.23（a）]，体心密排结构的重复性单元平面结构如图 4.23（b）所示。岩石骨架颗粒分别占据正方体的四个顶点位置（称顶点岩石颗粒）和正方体几何中心位置（称体心岩石颗粒），其中顶点岩石颗粒粒径较大，体心岩石颗粒粒径较小。岩石颗粒之间充满

地层水和粒径更小的充填物、胶结物颗粒。这些颗粒使有效孔隙度减小，并增加孔隙弯曲度，从而使得孔隙电阻率大于地层水电阻率。

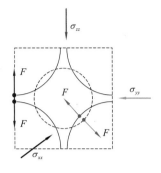

（a）体心立方密排结构　　　　　　　　（b）重复性单元平面结构

图 4.23　低孔砂岩颗粒排列结构示意图

由于重复性单元的体积很小，可近似看作一点，根据各向异性介质电阻率的定义，岩石电阻率 R_t 即重复性单元的电阻率。这样，岩石电阻率由重复性单元中岩石颗粒的位置及颗粒之间的介质电阻率共同决定。研究重复性单元在应力作用下的形变规律，也就是本构关系，这是解决问题的关键。

2. 重复性单元的本构关系

受外力作用时，重复性单元将产生形变。受力与形变的关系即岩石的本构关系。当单元受到 x 方向的应力挤压时，x 方向有形变，y、z 方向形变可忽略，这是由于单元在 y 方向上的形变和与其相邻的单元的形变相互抵消，z 方向的应力等于上覆地层的压力，可看作定值，与研究目的无关。然而，由于体心岩石颗粒与顶点岩石颗粒间的弹力作用，即使 y、z 方向无形变也会有应力，这就产生了水平方向的应力差，即 x 和 y 方向的应力差。

假设无应力时，顶点岩石颗粒直径（或粒径）为 r，粒间距与 r 的比值为 w_1（$w_1 < 1$）。图 4.24 中正方体中与 x、y、z 轴平行的棱长分别为 a、b、c，a、b、c 的值均为粒径与粒间距之和。

由于 x 方向的应力作用，棱长 a 及体心岩石颗粒与顶点岩石颗粒之间的距离 d 均会缩小，令其减小量分别为 Δa 和 Δd，下文将 Δa 和 Δd 统称为形变量。

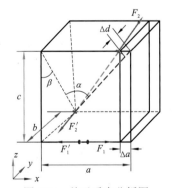

图 4.24　单元受力分析图

由几何关系容易得出 Δa 和 Δd 的关系：

$$\Delta d = \frac{1}{2}\left[\sqrt{a^2 + b^2 + c^2} - \sqrt{(a - \Delta a)^2 + b^2 + c^2} \right]$$

取泰勒级数一阶近似得

$$\Delta d \approx \frac{a\Delta a}{2\sqrt{a^2 + b^2 + c^2}}$$

根据岩土力学知识，当岩石颗粒之间的距离缩小时，颗粒间的胶结物（或充填物）和岩石颗粒会同时产生反方向的弹力，总弹力可认为与形变量成正比，该比例系数称为岩石颗粒的接触刚度，记作 K_3。

令两个顶点岩石颗粒间的弹力为 F_1，体心岩石颗粒与顶点岩石颗粒间的弹力为 F_2。若不考虑颗粒间的摩擦力及切应力，则有

$$F_1 = K_3 \Delta a, \quad F_2 = K_3 \Delta d$$

F_1 沿 x 方向；F_2 沿单元对角线方向。

设单元沿 x、y、z 三个方向的主应力分别为 σ_{xx}、σ_{yy}、σ_{zz}，则根据几何关系及应力的定义：

$$\sigma_{xx} = \frac{4(F_1 + F_2 \sin \alpha)}{bc}, \quad \sigma_{yy} = \frac{4F_2 \cos \alpha \sin \beta}{ac}, \quad \sigma_{zz} = \frac{4F_2 \cos \alpha \cos \beta}{ab}$$

考虑到 a、b、c 相等且形变量 Δa 较颗粒粒径很小，主应力的公式可化简为

$$\sigma_{xx} \approx \frac{7}{6} \frac{K' \varepsilon_{xx}}{(1 + w_1)}, \quad \sigma_{yy} = \sigma_{zz} \approx \frac{1}{6} \frac{K' \varepsilon_{xx}}{(1 + w_1)} \tag{4.11}$$

式中：$\varepsilon_{xx} \approx \Delta a / a$，为 x 方向的应变；w_1 为粒间距与粒径 r 的比值（无量纲）；$K' = K/r$，K'（单位 MPa）仅与骨架颗粒、胶结物或充填物组分的弹性参数有关，可作为经验参数。

3. 应变与电阻率的关系

重复性单元发生形变后，岩石颗粒的位置及孔隙的形状会发生改变。不仅如此，孔隙中介质的电阻率（或孔隙电阻率）也会发生改变。这是由于受地应力挤压后，孔隙体积减小，将流体排出孔隙，而不能流动的胶结物或充填物得以保留，同时，具有连通性的含水毛细管（下文称有效孔隙）的形状变得更复杂，弯曲度升高。研究过程分三步，先确定给定形变量条件下的孔隙形状，然后确定孔隙介质的电阻率，最后计算重复性单元的电阻率。

1）孔隙形状

重复性单元挖去岩石颗粒后剩下的区域称为孔隙形状，是重复性单元的导电部分。当没有应力时，其形状如图 4.25（a）所示；随着 x 方向应力逐渐增加，顶点岩石颗粒间的间距逐渐减小，直至完全闭合，即两顶点岩石颗粒所占的几何区域"重合"[图 4.25（b）]；随后顶点岩石颗粒与体心岩石颗粒间的孔隙闭合[图 4.25（c）]。

（a）初始状态　　　　（b）顶点岩石颗粒间的孔隙闭合　　　（c）顶点岩石颗粒与体心岩石颗
　　　　　　　　　　　　　　　　　　　　　　　　　　　　　粒间的孔隙闭合

图 4.25　不同形变量下的孔隙形状示意图

2）孔隙介质的电阻率

根据孔隙介质导电理论，孔隙弯曲度定义为毛细管长度与孔隙介质长度的比值，即单位长度的孔隙介质中的毛细管长度。考察孔隙介质中的电阻微元 $dxdydz$（图 4.26），用 τ_{xx}、τ_{yy}、τ_{zz} 分别表示连通 x 面与 $x+dx$ 面、y 面与 $y+dy$ 面、z 与 $z+dz$ 面的有效孔隙的弯曲度，显然，一般这三个值不相同。这样，孔隙弯曲度不再是一个数，而是一个矩阵，记作 $\boldsymbol{\tau}$。若不考虑连通电阻微元相邻面的孔隙，如连通 x 面与 z 面的孔隙，则 $[\tau]$ 的对角元素分别为 τ_{xx}、τ_{yy}、τ_{zz}，非对角元素均为 0。

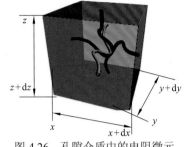

图 4.26　孔隙介质中的电阻微元和弯曲的毛细管

由孔隙介质导电理论，孔隙介质的电阻率可表示为

$$\frac{\boldsymbol{R}_1}{R_w} = \frac{\boldsymbol{\tau}^2}{\varphi_w} \tag{4.12}$$

式中：$\boldsymbol{R}_1$ 为岩石电阻率矩阵；R_w 为地层水电阻率；$\boldsymbol{\tau}$ 为孔隙弯曲度矩阵；φ_w 为孔隙介质中毛细管占的体积比例，即有效孔隙度除以总孔隙度，可通过实验测出，也可看作经验参数，取值 $0.27 \sim 0.6$。

当重复性单元存在 x 方向的形变量 Δa 时，若假设岩石形变过程中孔隙的总长度不变，则重复性单元 x 方向的长度 a 减小，τ_{xx} 增大，τ_{yy} 和 τ_{zz} 不变。令不受压力时，岩石中有效孔隙的弯曲度为 $\tau_{xx0} = \tau_{yy0} = \tau_{zz0} = \tau_5$，则有

$$\tau_{xx} = \tau_5 L_0 / (L_0 - \Delta a) \tag{4.13}$$

式中：L_0 为不受压力时孔隙介质的平均长度，通常可取 $a/3$；τ_5 为经验参数，通常可取 $2.7 \sim 3.6$。

由式（4.13）可求出 τ_{xx}、τ_{yy} 和 τ_{zz}，然后将其代入式（4.12）可得 $\boldsymbol{R}_1$。

3）岩石电阻率

岩石电阻率即重复性单元的电阻率。由于重复性单元中孔隙的形状较复杂，不能用普通电学中的串、并联公式求得，需要应用电场原理。求岩石电阻率分两步，先利用有限元方法计算出给定边界条件下单元中的电流场分布情况，并计算出流过单元横截面的总电流，再用电阻率公式计算出单元三个方向的电阻率。

取参数值 $\tau_5 = 3$、$\varphi_w = 0.5$、$R_w = 0.015$，代入式（4.12）和式（4.13）求出 $\boldsymbol{R}_1$。将 $\boldsymbol{R}_1$ 和不同形变量条件下的孔隙几何形状（图 4.26）代入恒定电流场方程：

$$\nabla(\boldsymbol{\sigma}\nabla u) = 0 \tag{4.14}$$

式中：u 为待求的电势分布函数；$\boldsymbol{\sigma}$ 为孔隙介质的电导率；∇ 为拉普拉斯算子。

边界条件设定方式与需要计算的电阻率有关，若要计算 x 方向的电阻率 R_x 则设定电极的边界条件：

$$u|_{x=a} = 1V, \quad u|_{x=0} = 0 \tag{4.15}$$

侧面的绝缘边界条件：

$$\left.\frac{\partial u}{\partial n}\right|_{y=b,y=0} = 0, \quad \left.\frac{\partial u}{\partial n}\right|_{z=c,z=0} = 0$$

岩石颗粒表面的绝缘边界条件：

$$\frac{\partial u}{\partial n}\bigg|_{\text{颗粒表面}} = 0$$

若要计算 y 或 z 方向的电阻率 R_y 或 R_z，则只需将式（4.15）的脚标"$x=a$"替换为"$y=b$"或"$z=c$"，脚标"$x=0$"替换为"$y=0$"或"$z=0$"。

该定解问题[式（4.14）和式（4.15）]对应的变分问题为求如下泛函的极值：

$$J\boldsymbol{u} = \frac{1}{2}\iiint\limits_{\Omega}(\nabla u \cdot \boldsymbol{\sigma}\nabla u)\mathrm{d}x\mathrm{d}y\mathrm{d}z \tag{4.16}$$

用有限元方法即可求出式（4.16）的数值解。该数值解即每个有限元网格节点的电势值。

若要计算 R_x，则先计算单元中 $x=a$ 的面上节点的电势梯度，然后代入电流的定义式求出流过该面的总电流，最后求出 R_x。

（1）求电势梯度：

$$\nabla u\big|_{x=a} = \nabla\sum_{i=1}^{4}N_i u_i$$

式中：u_i 为位于 $x=a$ 面的四面体的顶点电势值；N_i 为一阶等参单元插值基函数。

（2）求流过 $x=a$ 面的电流：

$$I\big|_{x=a} = \iint\limits_{\text{电极表面}}\boldsymbol{\sigma}\nabla u\big|_{x=a}\cdot\mathrm{d}\boldsymbol{S} = \sum_e\boldsymbol{\sigma}\nabla u\big|_{x=a}S_{\Delta e}$$

式中：e 为 $x=a$ 面三角形单元的个数；$S_{\Delta e}$ 为当前三角形单元的面积。

（3）求岩石电阻率 R_x：

$$R_x = \frac{bc}{(a-\Delta a)I\big|_{x=a}} \tag{4.17}$$

4. 电阻率随地应力差的变化规律

给定形变量 Δa，按上述步骤求出三个方向的岩石电阻率，结果如图 4.27 所示。图 4.27（a）绘制的是给定 $R_w=0.015$，$\varphi_w=0.5$，$\tau_5=3$ 及 $w=1/100$ 或 $1/50$ 条件下的应变与岩石电阻率的关系图。图 4.27（b）绘制的是取经验参数 $K'=368\,\text{MPa}$，取 $w_1=1/100$ 的条件下，地应力差与岩石电阻率的关系图，可以发现在低应力差条件下理论曲线 R_x 与实验测量值（蓝色三角）对应的较好，且在高应力差条件下，井中的实测电阻率（淡蓝色散点）的趋势与理论曲线基本一致，且大部分位于 R_x 曲线（红色）与 R_y 或 R_z 线（橙色）之间，且更接近 R_x，说明理论曲线与实测值和岩电实验测量的值符合得都较好。

从图 4.27（a）可以拟合出电阻率随应力的变化关系式：

$$\lg(R_x\big|_{R_w=0.015,\varphi_w=0.5,\tau_5=3}) = (-0.028\,4\ln(w_1)+0.034)(29.403w_1^{-2.376})^{\varepsilon_{zz}} \tag{4.18}$$

$$\lg(R_y\big|_{R_w=0.015,\varphi_w=0.5,\tau_5=3}) = \lg(R_z\big|_{R_w=0.015,\varphi_w=0.5,\tau_5=3})$$
$$= (-0.032\,4\ln(w_1)+0.005\,5)(96.756\,7w_1^{-1.854\,6})^{\varepsilon_{zz}} \tag{4.19}$$

$$\varepsilon_{zz} = \Delta P_1(1+w_1)/K' \tag{4.20}$$

式中：地应力差 $\Delta P_1 = \sigma_{xx}-\sigma_{yy}$。

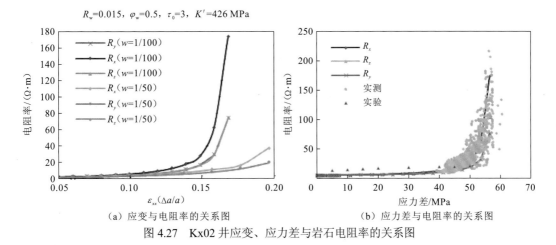

图 4.27　Kx02 井应变、应力差与岩石电阻率的关系图

式（4.18）～式（4.20）中电阻率的下标表示各参数的值。需要说明，由于式（4.13）和式（4.14）都是线性的（前者是线性函数，后者是线性微分方程），若实际地层中 R_w、φ_w、τ_5 三个值与式（4.18）～式（4.20）中设定的值不同，则实际电阻率 $R_x\big|_{R_w,\varphi_w,\tau_5}$ 与式（4.18）～式（4.20）中的岩石电阻率满足如下比例关系：

$$\frac{R_x\big|_{R_w,\varphi_w,\tau_5}}{R_x\big|_{R_w=0.015,\varphi_w=0.5,\tau_5=3}}=\left(\frac{\tau_5}{3}\right)^2\frac{R_w}{0.015}\frac{0.5}{\varphi_w} \tag{4.21}$$

式中：电阻率的下标 x 可替换为 y 或 z。至此，可以总结出以下规律。

1）粒间距与粒径的比值（w_1 值）恒定

R_x、R_y、R_z 均随应变增大，但 R_x 增大的幅度最大，R_y 与 R_z 增大的幅度相同。当应变量 ε_{xx} 较小时，岩石电阻率随应变增大的速度较慢，当 ε_{xx} 较大时，岩石电阻率迅速增大。

其原因是，当 ε_{xx} 较小时，岩石颗粒的几何模型没有明显重合，即岩石颗粒和孔隙形状几乎无变化，电阻率的增大主要源于孔隙介质电阻率的变化，而电流线的弯曲程度变化不大，因此岩石电阻率随地应力差增大缓慢。

当 ε_{xx} 较大时，部分孔隙完全闭合，孔隙形状变化较大，孔隙中的电流线弯曲程度增大，使得电阻率显著上升。通过对图 4.26 进一步分析发现，此时闭合的孔隙，也就是两个岩石颗粒几何模型（球体）相交的区域的宽度约为其半径的 1/10。孔隙闭合区域过大不仅导致孔隙介质的电阻率各向异性增大，还导致电流线弯曲程度显著增大。当孔隙未闭合时，电流线仅平滑地绕过岩石颗粒，其弯曲程度小[图 4.28（a）]；当孔隙部分闭合时，闭合区域对电流线有一定的影响，电阻率随地应力增大的幅度开始增大[图 4.28（b）]；当孔隙闭合明显时，闭合区域对电流线弯曲程度的影响很大，电流"不得不"沿着电阻率较大的方向传导[图 4.28（c）]，这就使得重复性单元的电阻率呈指数规律迅速增大。

 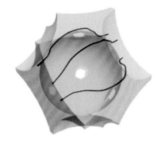 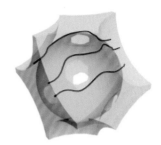

（a）孔隙未闭合　　　　　　　　（b）孔隙闭合区域较小　　　　　　（c）孔隙闭合区域较大

图 4.28　孔隙闭合对电流线的影响示意图

2）应变值恒定

w_1 值越小，电阻率越大，这是由于 w_1 值越小，即粒间距与粒径的比值越小，孔隙在重复性单元中占的体积比例就越小，这就相当于岩石的总孔隙度越小，有效孔隙度自然也越小，从而电阻率随 w_1 的减小而增大。

5. 校正方法及误差分析

地应力校正的总体方法是，先通过式（4.18）～式（4.20）计算出在地应力作用下岩石电阻率增大的比例系数，然后用实测电阻率除以该比例系数即可得到无地应力时的等效岩石电阻率。该过程主要可分四步。

以 Kx07 井为例，该井的测井资料有地应力差 ΔP 和地层水电阻率。

（1）给定经验参数（$\varphi_w = 0.27$，$\tau_5 = 3$）及地层水电阻率 $R_w = 0.015$。将这些参数代入式（4.21），得

$$R_x|_{R_w=0.015,\varphi_w=0.5,\tau_5=3} = 0.18\, R_x|_{R_w,\varphi_w,\tau_5} \tag{4.22}$$

（2）将测井资料中的电阻率 R 代入式（4.22），求出当前深度点的 $R_x|_{R_w=0.015,\varphi_w=0.5,\tau_5=3}$。

（3）给定经验参数 $K'=452$，并将上一步求出的 $R_x|_{R_w=0.015,\varphi_w=0.5,\tau_5=3}$ 和测井资料中的应力差 ΔP 代入式（4.18），从而得到一个关于 w_1 的方程，在 $w_1 \in (0,1]$ 区间内求解该方程即得 w_1。求解 w_1 的目的是确定当前深度点的岩石电阻率最有可能落在图 4.27（a）中哪一组曲线上，从而才能确定校正公式。

该方程的解的存在性是显而易见的。当给定 ΔP 时，式（4.18）右边是关于 w_1 的单调递减函数，记作 $f(w_1)$。且当 $w_1 \to 0+$ 时 $f(w_1)>0$，当 $w_1 = 1$ 时 $f(w_1)<0$，因此该方程可用二分法求解。在测井 forward 平台上实现了该求解过程。

（4）将 w_1 代回式（4.18），并令 $\Delta P=25$ MPa，可得当前设定的经验参数条件下，无应力时的岩石电阻率 $R_{x0}|_{R_w=0.015,\varphi_w=0.5,\tau_5=3}$。用 $R_x|_{R_w=0.015,\varphi_w=0.5,\tau_5=3}$ 除以 $R_{x0}|_{R_w=0.015,\varphi_w=0.5,\tau_5=3}$ 即得由于应力而使岩石电阻率增大的比例（即校正系数）α。需要说明的是，这里 ΔP 不能设为 0。这是因为前文（1.岩石颗粒的排布模型）的假设条件是岩石颗粒排布结构为体心立方结构，是完全不考虑地应力的各向同性的结构，而 K 地区低孔砂岩在成岩过程中由地应力造成的压实作用明显，因此地应力校正只需校正到张性应力段即可。

（5）用实测电阻率除以 α 即求得地应力校正后的电阻率。

下面对以上计算结果进行误差分析。将式（4.18）～式（4.20）计算出的地应力电阻率校正系数与实验测量结果以及现场测井实测结果计算出的电阻率校正系数进行对比（图 4.29）。

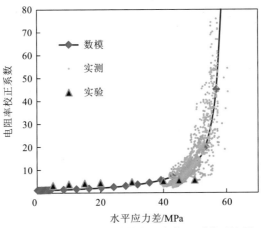

图 4.29　三种方法计算的电阻率校正系数对比图

对比结果表明（表 4.3），地应力差小于 20 MPa 的条件下，由式（4.18）～式（4.20）计算出的地应力电阻率校正系数（称数模校正系数）与用实验测量值计算出的校正系数（称实验校正系数）之间的误差均小于 5%，而地应力差较大时，两者之间的误差很大。

表 4.3　校正系数误差分析表

应力差/MPa	数模校正系数	实验校正系数	实测校正系数	与实验的误差/%	与实测的误差/%
5	1.342	1.297	—	3.39	—
10	1.480	1.518	—	2.53	—
15	1.667	1.658	—	0.53	—
20	1.925	1.744	—	9.39	—
25	2.292	—	—	—	—
30	2.833	1.911	—	32.53	—
35	3.663	—	2.146 0	—	—
40	5.001	2.056	4.474 0	58.88	—
45	7.297	2.191	7.174 0	69.90	1.68
50	11.530	2.243	11.992 0	80.50	3.94
55	20.106	—	22.328 0	—	11.05
60	39.436	—	40.636 5	—	2.95
65	89.268	—	103.301 0	—	13.58
70	240.427	—	228.768 0	—	4.84

当地应力差大于 45 MPa 时，数模校正系数与实际测井值计算出的校正系数（称实测校正系数）之间的误差较小。除地应力差等于 55 MPa 与 65 MPa 时之外，其余校正系数间的误差均小于 5%。说明式（4.18）～式（4.20）基本满足生产上的精度要求。

图 4.30 是 Kx04 井电阻率曲线校正成果图。第 6 道是压力差曲线，第 7 道中有 3 条曲线，其中，红色线是原始深电阻率曲线，蓝色虚线是用岩电实验结果拟合出的电阻率地应力校正公式校正的结果，黑色的虚线是用本书提出的地应力校正方法的校正结果。

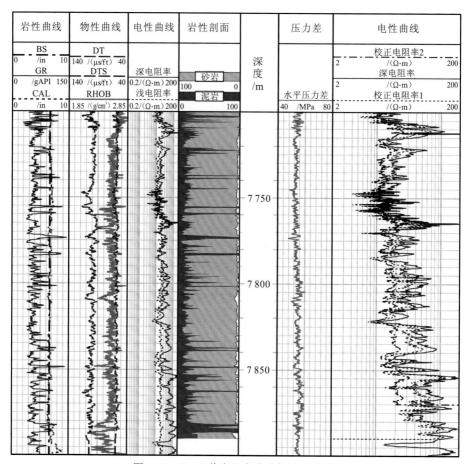

图 4.30　Kx04 井电阻率曲线校正成果图

图 4.31 是 Kx41 井应力差电阻率曲线校正成果图。图中第 4 道中有 3 条曲线，其中，红色线是原始深电阻率曲线，黑虚线为应力差校正曲线，第 5 道为水平地应力曲线，第 7 道为电阻率校正前后饱和度曲线，第 8 道为电阻率校正后饱和度与毛管压力曲线所求饱和度。由图 4.31 可以看出，强地应力挤压的压扭段原始电阻率明显偏大，所求含气饱和度偏高，而电阻率经应力差校正后计算的饱和度与毛管饱和度吻合，说明这种电阻率校正方法是正确的。

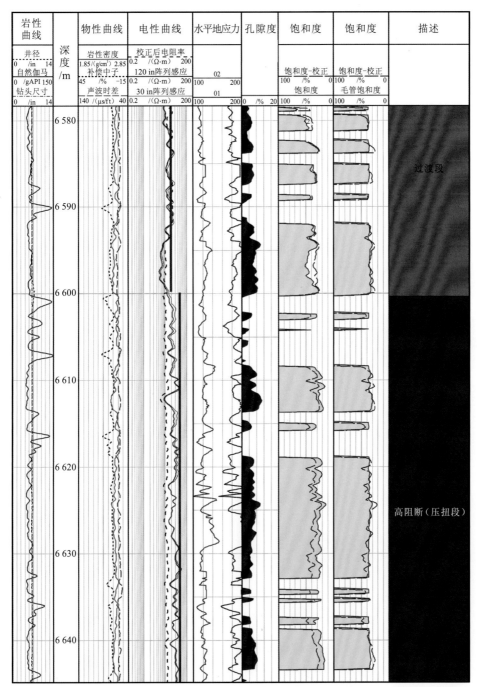

图 4.31　Kx41 井应力差电阻率曲线校正成果图

第 5 章

致密砂岩裂缝识别及有效性评价

　　裂缝评价是致密砂岩储层评价的重要组成部分。裂缝能为次生孔隙的形成创造有利条件，不仅是油气的储集空间，更是油气的渗流通道，能明显改善储层的渗透性，一般可使储层的孔隙度提高0.1%~1%，渗透率提高 1~2 个数量级，并最终直接影响产能。根据库车河野外露头观察 D 地区、K 地区目的层巴什基奇克组裂缝类型以高角度缝-垂直缝为主，其次为斜交缝，裂缝宽度一般在微米级，且大量发育，这给测井识别带来很大困难。特别是在油基泥浆井中，一般电法测井效果不佳，裂缝的识别和有效性评价存在巨大困难。本章首先对水基泥浆井中裂缝识别技术进行综述，按照裂缝垂向张开性、径向延伸性讨论各测井计算裂缝参数方法的适定性，并提出裂缝纵向延伸测井评价方法；而后讨论油基泥浆中识别裂缝的问题，开展油基泥浆条件下三孔隙度测井影响校正研究，总结裂缝测井特征参数提取方法，并展开适定性分析，完善 D 地区、K 地区裂缝识别和有效性评价方法。

5.1　微电阻率成像测井裂缝识别方法

目前利用测井资料评价裂缝的方法有很多种，其中最为有效的方法之一就是井壁电成像测井方法。对于相应的井壁测井仪器来说，斯伦贝谢公司、哈里伯顿公司和阿特拉斯公司分别有 FMS/FMI、EMI 和 STAR-II。目前塔里木盆地 D 地区、K 地区以 FMI 资料为主。

5.1.1　裂缝的定性识别

根据井壁上裂缝孔隙处与围岩的导电性的差异，用微电阻率成像测井进行裂缝识别。钻井中，钻井液侵入井壁附近处的有效张开缝，从而使得裂缝处导电性变好，电阻率降低，成像图上显示为暗色；而没有裂缝发育的岩石井壁，岩石骨架导电性差，电阻率高，显示为亮色；裂缝处与岩石骨架电阻率的差异越大，暗色条纹越清晰（图 5.1）。另外由于泥岩电阻率较其他岩性电阻率低，在地层中部分泥质充填的闭合缝也会呈现暗色，但是与受到钻井液影响的开启缝相比其连续性差（图 5.2）；由于同样的原因，受到其他高阻矿物充填的裂缝在成像测井图像上则表现出较围岩更亮的颜色（图 5.3）。在井壁微电阻率成像测井处理过程中，通过处理输出的井壁图像是以正北方向为起点按顺时针方向展开的，完整的水直开启缝在成像图上显示为一条暗色的正弦状曲线。所以，可以由正弦曲线的展布特征确定张开缝的倾角、倾向及走向。这也是目前利用成像测井资料进行裂缝特征参数拾取的基本思路。

　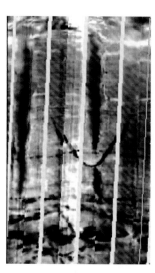　

　　　　图 5.1　开启缝　　　　　　　图 5.2　低阻充填缝　　　　　　　图 5.3　高阻充填缝

5.1.2　裂缝参数定量计算

微电阻率成像（简称电成像）测井除了提供井眼一周的图像外，还可以通过数字图像处理技术，得到基于二维图像下的裂缝特征参数，它们分别如下（管英柱 等，2007）。

（1）裂缝长度：单位面积井壁上的裂缝长度之和。其计算公式为

$$F_l = \frac{1}{2\pi R L_1 C} \sum_{i=1}^{n} L_i \tag{5.1}$$

式中：F_l 为裂缝长度，m；R 为井眼半径，m；L_1 为统计的井段长度，m；C 为电成像井眼覆盖率，无量纲；L_i 为电成像图上第 i 条裂缝的长度，m。

（2）裂缝密度：单位长度井壁上的裂缝条数。其计算公式为

$$F_d = \frac{1}{L_1} \sum_{i=1}^{n} i \tag{5.2}$$

式中：F_d 为裂缝密度，条/m。

（3）裂缝宽度：单位井段（1 m）中裂缝轨迹宽度的平均值。其计算公式为

$$W = a_1 A_1 R_m^{b_1} R_{xo}^{1-b_1} \tag{5.3}$$

式中：W 为裂缝宽度，mm；R_m 为泥浆电阻率，$\Omega \cdot m$；R_{xo} 为侵入带电阻率，$\Omega \cdot m$；a_1、b_1 为与仪器有关的常数，其中 b_1 接近于零；A_1 为由裂缝引起的电导异常面积，m^2。A_1 值可由式（5.4）计算：

$$A_1 = \frac{1}{U_e} \int_{h_0}^{h_n} [I_b(h) - I_{bm}] dh \tag{5.4}$$

式中：U_e 为测量电极与回流电极间的电位差，V；$I_b(h)$ 为深度 h 处电极的电流值，μA；I_{bm} 为天然裂缝处的电流测量值，μA；h_0 为裂缝对电极测量值开始有影响时的深度，m；h_n 为裂缝对电极测量值影响结束时的深度，m。

（4）裂缝视孔隙度：单位面积井壁上的裂缝面积所占百分比。其计算公式为

$$\phi_f = \frac{1}{2\pi R L_1 C} \sum_{i=1}^{n} L_i W_i \times 100\% \tag{5.5}$$

式中：ϕ_f 为裂缝视孔隙度，%；W_i 为电成像图上第 i 条裂缝的宽度，mm。

为了进一步提高电成像测井裂缝参数定量计算的精度，一般还需要根据岩心裂缝参数数据对电成像测井资料计算的裂缝参数进行刻度校正。电成像裂缝参数的刻度实质上是通过对比分析电成像资料得到的裂缝参数和岩心观察与描述得到的裂缝参数，建立二者之间的刻度系数，以用于校正电成像资料得到的裂缝参数，最终达到精细评价储层裂缝发育情况的目的。电成像裂缝参数的刻度实现步骤如下。

（1）通过上述岩心观察与描述方法获取岩心裂缝参数，并利用岩心地面自然伽马值把岩心深度归位到常规自然伽马曲线统一的深度尺度上。

（2）在电成像测井处理软件中处理电成像原始数据得到电成像图中的裂缝面孔率等参数，之后执行曲线校深功能将处理得到的裂缝面孔率也归位到常规自然伽马曲线统一的深度尺度上。

（3）对照岩心照片裂缝面孔率和电成像处理得到的电成像裂缝面孔率，分析两者存在的关系，得到两者之间的刻度系数，从而达到用岩心照片裂缝面孔率刻度电成像裂缝面孔率的目的。按照同样的方式可以实现电成像裂缝宽度等参数的刻度。

利用岩心裂缝参数刻度电成像裂缝参数的流程如图 5.4 所示。

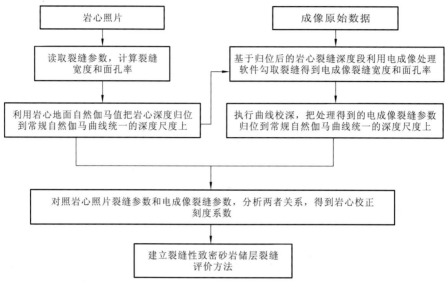

图 5.4　利用岩心裂缝参数刻度电成像裂缝参数的流程

统计有岩心照片的 7 口水基泥浆井（Kx1、Kx2、Kx6、Kx8、Kx01、Kx-2、Kx16）的岩心裂缝参数和电成像资料处理得到的裂缝参数，并分别绘制岩心裂缝参数和电成像裂缝参数的交会图如图 5.5 和图 5.6 所示，图中直线为线性拟合趋势线。由图 5.5 可以看出，整体上电成像裂缝宽度约为岩心裂缝宽度的 10.926 倍；由图 5.6 可以看出，整体上电成像裂缝面孔率约为岩心裂缝面孔率的 6.46 倍；这两个系数就是根据岩心裂缝参数和电成像裂缝参数之间的关系得到的电成像裂缝参数刻度系数。实际电成像资料处理时利用这两个系数对处理得到的裂缝参数进行刻度校正后可以更好地反映裂缝的真实状态和发育情况，具体裂缝宽度和面孔率刻度公式为

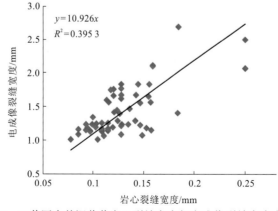

图 5.5　K 井区水基泥浆井岩心裂缝宽度与电成像裂缝宽度交会图

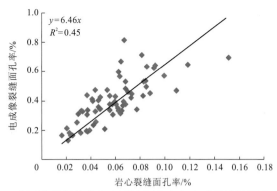

图 5.6　K 井区水基泥浆井岩心裂缝面孔率与电成像裂缝面孔率交会图

$$F_{VAH} = F_{VAHFMI} / 10.926 \quad\quad (5.6)$$
$$F_{VPA} = F_{VPAFMI} / 6.46 \quad\quad (5.7)$$

式中：F_{VAH} 为刻度校正后的裂缝宽度；F_{VAHFMI} 为电成像处理得到的裂缝宽度；F_{VPA} 为刻度校正后的裂缝面孔率；F_{VPAFMI} 为电成像处理得到的裂缝面孔率。

图 5.7 为 Kx1 水基泥浆井电成像资料处理（包括裂缝参数刻度校正处理，下同）得到的裂缝面孔率与岩心裂缝面孔率对比图。由图 5.7 可以看出，刻度校正后的电成像资料处理得到的裂缝面孔率与岩心裂缝面孔率吻合较好。

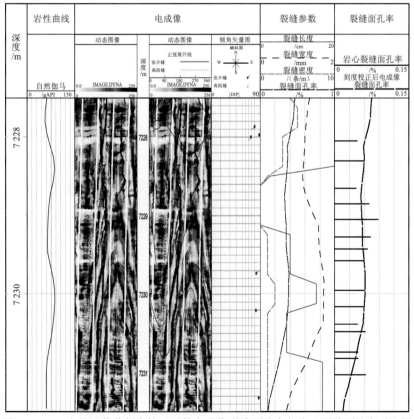

图 5.7　Kx1 水基泥浆井刻度校正后的电成像裂缝面孔率与岩心裂缝面孔率对比图

5.2　偶极声波测井裂缝识别方法

偶极子横波成像测井仪主要是评价地层的各向异性，目前一般包括时差各向异性及能量各向异性。虽然快、慢横波差异的各向异性是由多种因素造成的，但与其他测井资料综合解释，也可以为储层综合评价裂缝提供一定的依据。常规声波测井采用高压脉冲源，声波的辐射能量一般均匀分布（至少在横截面内），声学上称这种源为单极子源，但在慢速软地层（横波速度小于泥浆波速度）中，得不到井壁临界折射横波信息。偶极子源是非对称源，沿径向只在一个方向上产生压力，使井壁产生弯曲振动，从而在地层中激发出偶极横波。在软地层中，偶极子声源可以激发出纵波和弯曲横波。斯伦贝谢公司推出的偶极子横波成像测井仪 DSI、阿特拉斯公司推出的多极子阵列声波测井仪 XMAC、哈利伯顿公司推出的交叉偶极子声波测井仪 WAVESONIC 及中国石油集团测井有限公司推出的多极子阵列声波测井仪 MPAL 是国内主流的偶极子横波成像测井仪。

5.2.1　地层各向异性与裂缝关系

地层的各向异性指在测量方向上物理特性的差异。一般构造地球的物质有水平和垂直两种组成形式，这样出现了两种类型的各向异性，即横向各向异性和纵向各向异性。前者指以纵向方向为对称轴，弹性参数在纵向上发生变化，在水平方向上不发生变化，如传统垂直声波测井测量的声波速度和幅度能进行分层识别岩性和油气层等；后者主要对应于在纵向上出现裂缝或断裂及水平应力不对称等引起的地层各向异性，弹性参数在特征交叉方向上发生变化，但沿着特征方向上不变化。有些复杂的地层，像倾斜层、裂缝性层状地层及具多细裂缝的岩石等，可以看作上面两种各向异性的组合。对后者主要利用交叉偶极横波资料进行横波分离来进行评价。

5.2.2　裂缝对横波传播影响的实验研究及相应的裂缝评价方法

蔡明等（2020b，2019b）针对致密砂岩储层裂缝定量评价问题，采用物理实验手段研究了裂缝对横波衰减的影响规律。

1. 实验原理

如图 5.8 所示，将标准圆柱形岩心样品沿横向按指定的角度切割成相等的两段，横切面抛光磨平，然后将两段岩心对接在一起箍紧并在两端分别安置超声横波发射探头和接收探头（发射探头和接收探头的偏振方向应保持一致，探头和岩心样品之间以高黏度黄油做耦合剂），通过超声波脉冲发生接收仪给发射探头施加激励信号使发射探头发出声波信号，声波信号穿过岩心样品被接收探头接收到并传送至超声波脉冲发生接收仪，最后通过高精度信号采集仪（或示波器）采集记录数字化波形信号即得到穿过含裂缝岩心样品的横波波形。

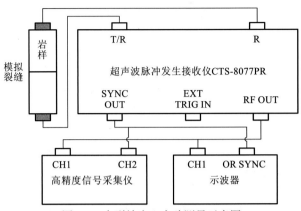

图 5.8　含裂缝岩心实验测量示意图

分别测量记录两段岩心直接对接及对接面之间填充不同厚度 PET 薄膜（薄膜声学性质和水接近，用于模拟不同宽度裂缝）时的横波波形，并以岩心直接对接（认为此时裂缝宽度为零）时的横波波形幅度作为参考幅度，分析含不同宽度裂缝的岩心样品对应的横波波形幅度，可计算出相应的横波衰减系数，计算公式为

$$\alpha_1 = \frac{1}{l} \lg \left(\frac{A_0}{A} \right) \tag{5.8}$$

式中：α_1 为横波衰减系数；l 为对接岩心总长度；A_0 为裂缝宽度为零时测量的横波波形幅度；A 为裂缝宽度不为零时测量的横波波形幅度。

2. 实验装置及测量方法

实验岩心样品包括孔隙度分别为 4.5%、6.3% 和 7.5%，长度分别为 6.83 cm、6.57 cm 和 6.27 cm 的三块圆柱状致密砂岩样品（分别记为 S1、S2、S3），样品直径均为 2.5 cm，均来自塔里木油田库车地区致密砂岩储层。实验测量前先将三块岩心样品沿横向切割成近似相等的两段（分别标记为 S1a 和 S1b、S2a 和 S2b、S3a 和 S3b），横切面抛光磨平备用。实验装置包括横波发射探头和接收探头、超声波脉冲发生接收仪 CTS_8077PR、高精度信号采集仪、数字示波器 UTC2102CEL、轴向夹持压力定量可调的岩心样品夹持器、不同厚度的 PET 圆盘状薄膜、高黏度黄油、双头 BNC 探头信号源连接线和电子游标卡尺。

将超声波横波发射探头和接收探头分别安装在轴向夹持压力定量可调的岩心样品夹持器的两个端口上（探头被紧固在端口上，且发射探头和接收探头的偏振方向应保持一致）；然后将 S1a 和 S1b 岩心对接在一起（对接面之间不填充或填充不同厚度的 PET 圆盘状薄膜），并在对接岩心两个端面均匀涂抹高黏度黄油后夹持在发射探头和接收探头之间，调节夹持器的夹持力使岩心两端的压力为 0.8 MPa；再通过超声波脉冲发生接收仪给发射探头施加方波脉冲激励信号（主频 200 kHz，幅度 50 V）使发射探头发出声波信号，声波信号穿过岩心样品被接收探头接收到并传送至超声波脉冲发生接收仪，最后通过高精度信号采集仪（或示波器）采集记录数字化波形信号即得到穿过含裂缝岩心样品的横波波形。实验在常温条件下进行，实验测量现场如图 5.9 所示。

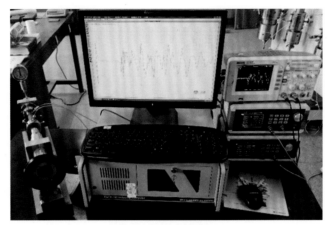

图 5.9　实验测量现场

具体实验测量步骤如下。

（1）分别制备 20 μm、40 μm、60 μm、80 μm、100 μm、120 μm、140 μm、160 μm、180 μm、200 μm、260 μm、320 μm、380 μm、440 μm 和 500 μm 厚的 PET 圆盘状薄膜，圆盘状薄膜的直径为 2.5 cm。

（2）测量并记录 S1a 和 S1b 岩心直接对接时（认为裂缝宽度为零）的横波波形，期间用电子游标卡尺测量并记录对接岩心的长度。

（3）保持轴向夹持压力等实验条件不变，测量并记录 S1a 和 S1b 岩心对接面之间填充不同厚度的 PET 圆盘状薄膜时的横波波形，期间用电子游标卡尺测量并记录对接岩心的长度。

（4）重复步骤（1）～（3），测量并记录 S2a 和 S2b 及 S3a 和 S3b 岩心在不同裂缝宽度条件下的横波波形。

3. 实验数据处理及其应用

统计三组岩心样品在不同裂缝宽度条件下测量的横波波形幅度，并结合式（5.8）可计算出三组岩心样品在不同裂缝宽度条件下测量的横波衰减系数，进而得到横波衰减系数随裂缝宽度变化的关系，分别如图 5.10～图 5.12 所示，其中散点为不同裂缝宽度对应的横波衰减系数，实线为相应的二次多项式拟合曲线。三条拟合曲线的对比图如图 5.13 所示。由图 5.10～图 5.12 可以看出，不同孔隙度的三组岩心样品对应的横波衰减系数均随裂缝宽度的增加而增大，且裂缝宽度约在 250 μm 以内时横波衰减系数随裂缝宽度变化相对更快，说明横波衰减对窄裂缝宽度的变化更为敏感。由图 5.13 可以看出，同等裂缝条件下孔隙度较小的岩心样品对应的横波衰减系数更大，且随裂缝宽度变化更快，这可能是由于孔隙度较小的岩心样品中横波本底衰减（由除裂缝之外的因素引起的衰减）较小，当出现裂缝时衰减明显增大；而孔隙度较大的岩心样品中横波本底衰减较大，当出现裂缝时衰减增大相对平缓。

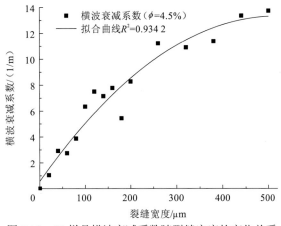

图 5.10　S1 样品横波衰减系数随裂缝宽度的变化关系

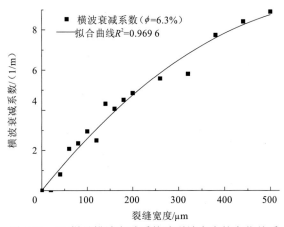

图 5.11　S2 样品横波衰减系数随裂缝宽度的变化关系

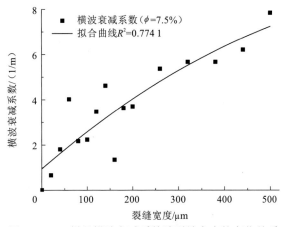

图 5.12　S3 样品横波衰减系数随裂缝宽度的变化关系

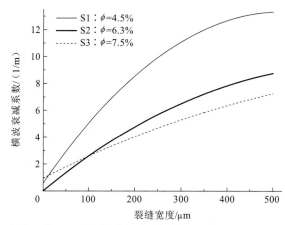

图 5.13　三组岩心样品对应的横波衰减系数随裂缝宽度变化的拟合曲线对比图

上述实验结果表明，对于平板状裂缝且当裂缝面与横波传播方向近似垂直时，横波衰减系数与微米级裂缝宽度具有较好的对应关系。因此，可利用横波衰减系数对微裂缝张开度进行定量评价。对于图 5.10～图 5.12 中的实验结果，以横波衰减系数 α_1 作为自变量，以裂缝宽度 w 作为因变量进行拟合，可得到裂缝宽度关于横波衰减系数的实验公式：

$$w = \begin{cases} 2.218\,8\alpha_1^2 + 2.458\,1\alpha_1 + 20.024\,8 & (\phi = 4.5\%, R^2 = 0.934\,2) & (5.9a) \\ 3.425\,3\alpha_1^2 + 23.485\,6\alpha_1 + 11.050\,6 & (\phi = 6.3\%, R^2 = 0.969\,6) & (5.9b) \\ 7.296\,3\alpha_1^2 + 7.765\,4\alpha_1 + 28.994\,1 & (\phi = 7.5\%, R^2 = 0.774\,1) & (5.9c) \end{cases}$$

利用阵列声波测井采集到的单极全波阵列波形或偶极横波阵列波形数据获取裂缝横波衰减系数并结合上述实验公式（5.9）即可对储层微裂缝宽度进行定量评价。由图 5.13 可知，不同孔隙度条件下，裂缝横波衰减系数随裂缝宽度变化曲线趋势一致，但形态存在一定的差异。因此，利用实验公式（5.9）评价储层微裂缝张开度可根据储层孔隙度分布范围选择合适的公式进行计算[对于塔里木油田 KK 地区致密砂岩储层，孔隙度小于或等于 5.5%时选择公式（5.9a）进行计算，孔隙度位于（5.5%，7%）时选择公式（5.9b）进行计算，孔隙度大于或等于 7%时选择公式（5.9c）进行计算]，也可根据公式（5.9）的拟合曲线进行插值得到精度更高的微裂缝张开度与裂缝横波衰减系数关系图版进行评价。

利用塔里木油田 Kx8 井的 XMAC 阵列声波测井和微电阻率成像等资料结合上述微裂缝张开度评价方法对塔里木油田库车地区致密砂岩储层裂缝发育情况进行评价，得到的成果图如图 5.14 所示；其中，第一道为岩性曲线，第二道为深度，第三道为电性曲线，第四道为物性曲线，第五道为纵横波幅度曲线，第六道为计算的裂缝横波衰减系数，第七道为计算的等效裂缝宽度[即裂缝张开度，根据储层孔隙度分布范围选择式（5.9）计算得到]，第八道为微电阻率成像裂缝处理解释结果。由图 5.14 中纵横波幅度及等效裂缝宽度曲线与电成像裂缝处理解释结果对比可以看出，纵波幅度变化对裂缝不够敏感，而横波幅度变化对裂缝较为敏感，且由裂缝横波衰减计算的裂缝等效宽度与电成像解释成果图中显示的裂缝发育程度吻合较好，证实了基于横波衰减系数的裂缝宽度评价方法的可行性和正确性。

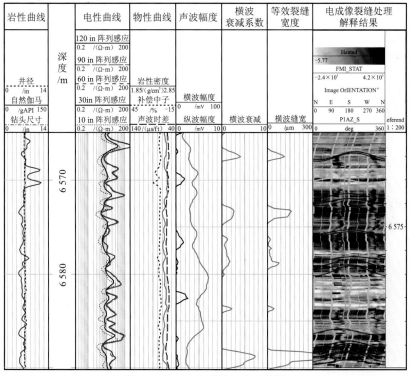

图 5.14　Kx8 井裂缝评价成果图

5.3　远探测声反射波裂缝识别方法

远探测声反射波测井（也称为反射声波成像测井）可对井周几米到十几米甚至几十米范围内的地层界面、断层、裂缝、尖灭、溶洞或盐丘等地质构造或地质体进行探测，且其分辨率和径向探测深度恰好介于地震勘探和常规声波测井之间，从而填补了油气勘探领域的一项空白（蔡明，2016）。反射声波成像测井以辐射到井外地层中的声场能量作为入射波，探测从井旁地层界面、溶洞、裂缝或小构造等引起的声阻抗不连续界面反射的声场（辐射到井外地层中的声场能量遇到声阻抗不连续界面时会产生反射，且部分反射声场能量可能返回井中被接收器接收到）；通过分析接收到的全波阵列波形中的反射波信号，可以对井旁存在的小地质构造进行成像。该方法是一种前沿的先进的声波测井方法，在小型构造型油气藏、缝洞型油气藏、岩性油气藏等中小型隐蔽型油气藏的探测和评价、页岩气和致密砂岩气藏等非常规油气藏的压裂效果评价、钻井地质导向、重大（混凝土）工程缺陷探测及用于评估地基稳定性的浅层地质勘探等方面具有广阔的应用前景。

5.3.1　理论研究现状及方法

多年来，经过国内外学者的不懈努力，反射声波成像测井在方法原理、资料处理和应用研究方面都取得了一系列成果。自 1982 年起，国外学者和公司就开始进行反射声波成像测井的研究，开发了基于单极纵波法的反射声波成像测井仪器，并进行了实际测量。自 1998 年起，国内学者和公司也开始了反射声波成像测井的研究，并于 2007 年和 2009 年分别开发了两个版本的基于单极纵波法的反射声波成像测井仪器。为了克服单极纵波法无方位分辨能力的不足，唐晓明（2004）率先将偶极子声源和接收器用于远探测反射声波测井中，推出了基于偶极横波法的反射声波成像测井技术（采用交叉偶极声源和接收器，同时多分量发射和接收），并开展了大量的相关研究工作。偶极横波法（又可称为深横波成像测井）探测深度大，干扰模式波少，且具有一定的方位分辨能力，但仍存在 180° 的方位不确定性，且当井旁存在两个（或两个以上）非平行的反射界面时该方法也无法准确确定反射界面所在的方位。2005 年，斯伦贝谢公司推出了新一代声波测井仪——Sonic Scanner 声波"扫描"测量仪。该仪器具有反射声波成像测量功能，且由于其每个接收站均由 8 个周向上间隔 45° 分布的接收器组成，因而具有一定的方位分辨能力。为了弥补偶极横波法方位分辨能力不足的缺点，乔文孝（2007）等率先将相控阵技术应用于反射声波成像测井中，提出了具有良好方位分辨能力的基于相控阵的方位反射声波成像测井方法，并开展了大量相关的研究工作，取得了诸多有价值的成果。与单极纵波法和偶极横波法反射声波成像测井技术相比，方位反射声波成像测井技术不但可以确定反射体相对于井眼的位置和形态，还能比较准确地确定其周向上所在的方位（方位分辨率可达 23° 以内，且信噪比越高方位分辨率越高），可实现真三维（径向、轴向和周向）测量，具有明显的优势。蔡明等（2020a，2019a，2015）针对偶极横波和方位反射声波成像测井信号处理面临的问题开展了大量研究工作，形成了相应的资料处理方案和软件，并应用于实际资料的处理中，取得了一定的应用效果。

5.3.2　致密砂岩中远探测声波识别裂缝方法

反射声波成像测井可以用于探测和评价与井眼不相交的裂缝和裂缝向井外延伸的情况，且利用具有方向性的弯曲波成像可以探测离井眼十几米甚至几十米远的裂缝（探测深度取决于源距、声源功率和频率、接收器灵敏度和记录时间及地层属性）。对于张开度大的流体填充的裂缝，这种技术应用效果最好，且可应用于直井、斜井和水平井。这种技术可以探测裂缝向井外延伸的情况，特别是可以确定穿过井眼的裂缝是否与井旁的水层相连通（图 5.15），还可以探测地震勘探方法识别不了的裂缝并给出更精确的裂缝形态成像。

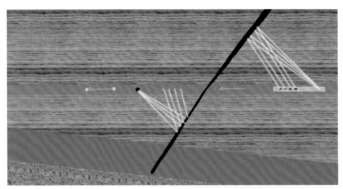

图 5.15　反射声波成像测井探测远离井眼裂缝示意图

章成广等（2019）利用有限差分数值模拟方法分别模拟了裂缝宽度为 2.5 mm、5 mm、10 mm、15 mm、20 mm 时接收到的全波波形，处理并分析了反射波的特征，统计了不同裂缝宽度条件下的反射波首波幅度，得到反射波首波幅度随裂缝宽度变化曲线如图 5.16 所示。由图 5.16 可以看出，裂缝宽度在 0～20 mm 内，反射波首波幅度随裂缝宽度的增大近似呈对数规律增大。

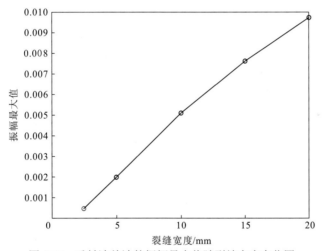

图 5.16　反射波首波的振幅最大值随裂缝宽度变化图

还利用数值模拟方法研究了裂缝内流体不同含气饱和度时反射波形的特征。裂缝宽度为 2 mm，含气饱和度分别为 60%、65%、70%。

利用蔡明等（2019a）研究的远探测资料处理软件处理了 K 地区 8 口井的声波远探测测井数据，并与电成像、贝克休斯公司的处理结果进行了对比验证，与声成像、实际产能结果基本一致。下面列举典型的、过井孔的大裂缝成像结果对比。

Kx3 井，深度 7400 m 附近，判断存在过井孔裂缝，附近还有两个小裂缝，成像图最强能量方位与贝克休斯公司的成像结果图存在 10° 偏差，但成像图上反射波的形态基本一致。如图 5.17 所示，（a）、（b）分别为长江大学和贝克休斯公司的成像图。

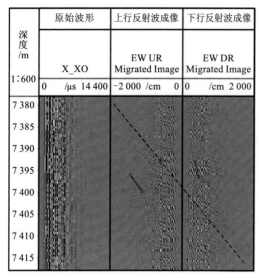
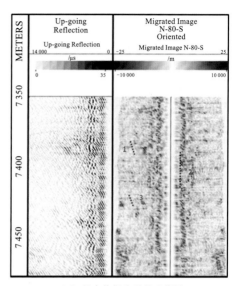

（a）长江大学的成像图　　　　　　　　（b）贝克休斯公司的成像图

图 5.17　Kx3 井偶极横波远探测成像图

Kx1 井，深度 6 147 m 附近，存在过井孔裂缝，成像图最强能量方位都为东偏西 30°，贝克休斯公司的倾角大一些。如图 5.18 所示，（a）、（b）分别为长江大学和贝克休斯公司的成像图。

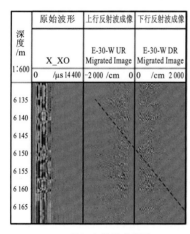

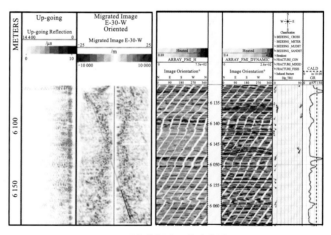

（a）长江大学的成像图　　　　　　　　（b）贝克休斯公司的成像图

图 5.18　Kx1 井偶极横波远探测成像图

可以看到，典型的、过井孔的大裂缝成像结果对比中，长江大学的成像结果与电成像一致，与贝克休斯公司的成像结果基本吻合。

5.4　常规及其他测井裂缝识别方法

5.4.1　三孔隙度测井

前人研究表明由密度测井曲线计算的孔隙度所反映的地层总孔隙度与声波测井计算所反映的地层基质孔隙度的差值与次生孔隙度密切相关。次生孔隙度与裂缝孔隙度之间存在一定的联系。图 5.19 为 D 地区和 K 地区孔隙度差值与裂缝孔隙度的关系图，密度孔隙度与声波孔隙度差值增大的同时，裂缝孔隙度同样也增大，并且两者的相关性也比较好。

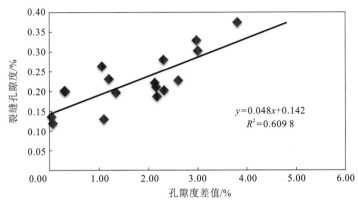

图 5.19　密度孔隙度与声波孔隙度差值与裂缝孔隙度的关系

为使孔隙度差值建立的裂缝孔隙度计算方法能够最大限度地接近实际地层情形，密度及声波测井计算孔隙度的准确度是关键。利用 ECS 测井技术，可以精确确立地层矿物含量，得到随地层变化的动态密度、声波骨架参数，从骨架参数进一步提高孔隙度计算的精度。根据图 5.19 拟合关系得到用该区密度孔隙度与声波孔隙度差值（ϕ_D）计算裂缝孔隙度（ϕ_{fra}）的公式为

$$\phi_{fra} = 0.048\phi_D + 0.142 \tag{5.10}$$

5.4.2　深浅电阻率测井

理论分析表明，对于垂直缝或高角度裂缝，裂缝宽度与深浅电阻率测井响应有如下关系：

$$w = \mathrm{Cali}_1(C_{LLS} - C_{LLD})R_{mf} \tag{5.11}$$

式中：w 为裂缝宽度，cm；C_{LLD}、C_{LLS} 分别为深、浅电导率，mS/m；R_{mf} 为裂缝中泥浆滤液电阻率，$\Omega \cdot m$；Cali_1 为地区刻度系数。

将井壁成像的裂缝宽度 w 与 $(C_{LLS} - C_{LLD})R_{mf}$ 作交会图，确定地区刻度系数。具体做法是：将成像测井（经岩心裂缝参数刻度过的）计算得到的裂缝参数与 $(C_{LLS} - C_{LLD})R_{mf}$ 分

别建立关系图版,建立经验计算裂缝宽度公式。通过实验,得到 D 地区利用双侧向计算裂缝宽度公式为

$$w = 0.062\,6(C_{\text{LLS}} - C_{\text{LLD}})R_{\text{mf}} \tag{5.12}$$

同样的流程,得到 K 地区利用双侧向计算裂缝宽度的公式为

$$w = 0.047(C_{\text{LLS}} - C_{\text{LLD}})R_{\text{mf}} \tag{5.13}$$

式中的物理量单位与式(5.12)中的物理量单位相同。

图 5.20、图 5.21 分别是 D 地区、K 地区裂缝孔隙度与裂缝宽度的关系。由此得到 D 地区裂缝孔隙度计算公式:

$$\phi_{\text{fra}} = 0.549\,2w + 0.012\,1 \tag{5.14}$$

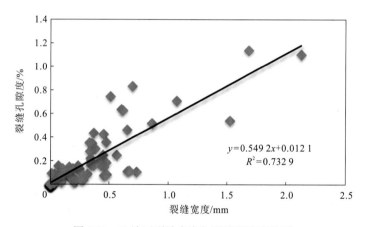

图 5.20　D 地区裂缝宽度与裂缝孔隙度关系

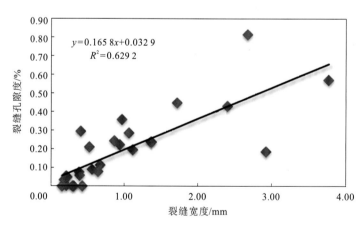

图 5.21　K 地区裂缝宽度与裂缝孔隙度关系

K 地区裂缝孔隙度计算公式:

$$\phi_{\text{fra}} = 0.165\,8w + 0.032\,9 \tag{5.15}$$

式中:w 为裂缝宽度,mm;ϕ_{fra} 为裂缝孔隙度,%。

5.4.3　常规测井资料的二次处理与裂缝识别

当地层存在裂缝时，深浅电阻率测井值及孔隙度测井值之间存在差异，因此设计了描述这两种差异大小的参数，并用 T_k $(k=1, 2)$ 表示。

$$T_1 = \left| \lg R_\mathrm{d} - \lg R_\mathrm{s} \right| \tag{5.16}$$

$$T_2 = \left| \lg \phi_\mathrm{d} - \lg \phi_\mathrm{s} \right| \tag{5.17}$$

式中：R_d、R_s 分别为地层电阻率与浸入带电阻率；ϕ_d、ϕ_s 为密度、声波测井计算的地层孔隙度。

$$\begin{cases} N_1 = T_k(i-1) + T(i+1) + T(i) \\ N_2 = T_k(i-2) + T(i+2) + N_1 \\ \quad\vdots \\ N_j = T_k(i-j) + T(i+j) + N_{j-1} \end{cases} \tag{5.18}$$

式中：i 为第 i 个采样点；j 为用第 j 种网格线度。

设各种线度以 L_j $(j=1,2,\cdots,n)$ 表示，则有相应的 N_j 与之对应，这样就得到了一组样品 (L, N)。以 L 作为横坐标，N 作为纵坐标，利用最小二乘法，能够获得如下表达式：

$$D = \frac{n\sum\limits_{j=1}^{n} L_j N_j - \sum\limits_{j=1}^{n} nL_j \sum\limits_{j=1}^{n} N_j}{n\sum\limits_{j=1}^{n} L_j^2 - \left(\sum\limits_{j=1}^{n} L_j\right)^2} \tag{5.19}$$

式中：D 为分维数。D 值越大，表明裂缝越发育。

图 5.22、图 5.23 为 Kx7 井 6 782～6 810.4 m、6 987～7 015 m 两深度段裂缝识别处理成果图。PORL 为由深浅电阻率差值计算的裂缝孔隙度，PORF 为由密度孔隙度与声波孔隙度差值计算的裂缝孔隙度，F1 为根据深浅电阻率差值计算的分维数，F2 为根据孔隙度差值计算的分维数，ERT 为导电效率，F_{HST}、F_{HS} 为根据斯通利波衰减系数、横波衰减系数计算的裂缝宽度。根据 5.1 节分析，淡水泥浆中，斯通利波与电成像组合识别裂缝最为可信，对比图 5.22 和图 5.23 可见，大体上，上述几条测井计算裂缝参数与电成像识别裂缝有重合，但效果上各有偏差，导电效率 ERT、由孔隙度差值计算的裂缝孔隙度 PORL 及由深浅电阻率差值计算的分维数 F1 识别裂缝效果较其他曲线要好，斯通利波衰减系数计算的裂缝宽度 F_{HST} 较横波衰减系数计算的裂缝宽度 F_{HS} 灵敏度要高。

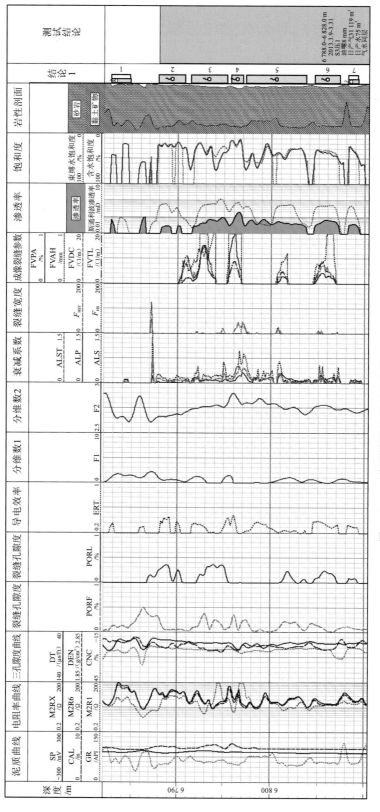

图 5.22 Kx7 井裂缝识别处理成果图（6 782~6 810.4 m）

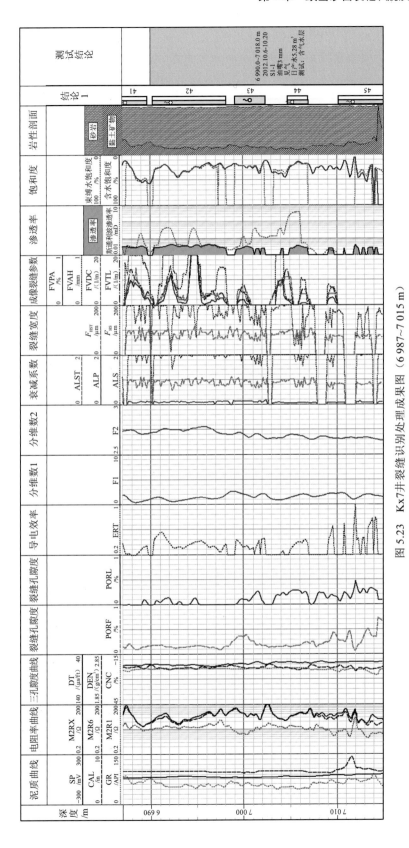

图 5.23　Kx7 井裂缝识别处理成果图（6 987~7 015 m）

图 5.24 是 Kx8 井裂缝识别处理成果图。6 771 m、6 780 m 两处电成像显示有裂缝，对比常规测井，横波衰减系数与斯通利波衰减系数、次生孔隙度（PORL）较其他方法显示更为明显。

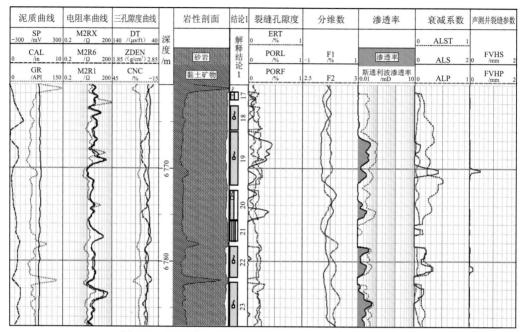

图 5.24　Kx8 井裂缝识别处理成果图（6 761～6 787 m）

5.5　油基泥浆井裂缝评价方法及应用

水基泥浆条件下，电成像测井资料可以较好地评价裂缝发育情况及裂缝参数。但基于水基泥浆体系的电成像测井在油基泥浆体系下测得的资料已不能满足生产上对裂缝识别的要求，下面主要对比油基与水基泥浆体系下目的层成像仪器测井响应，完善油基泥浆条件下裂缝的成像测井识别与评价方法。

5.5.1　不同泥浆条件的成像效果对比

图 5.25 为 Kx12 井不同泥浆条件下同一支 FMI 仪器的测量结果对比。由图 5.25 可以看出，水基泥浆条件下 FMI 能够较好地识别裂缝和地质构造特征，而在油基泥浆条件下效果明显变差。由于油基泥浆导电性差，有效孔隙段与骨架处电阻率差值不大，电成像效果差，井周地质信息缺失。此外，油基泥浆的使用不仅改变了储层电阻率的绝对值，侵入特性的不同也改变了深浅电阻率的关系，且成像图形上易形成地质构造假象，给裂缝的识别和评价带来巨大的困难。对油基、水基泥浆条件下电成像资料识别裂缝条数进行统计，见表 5.1，可以看出油基泥浆条件下识别的裂缝条数仅占水基泥浆条件下的 39.13%。

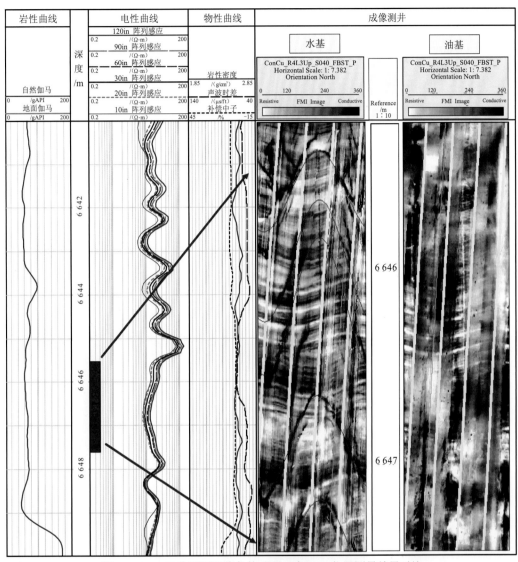

图 5.25　Kx12 井不同泥浆条件下同一支 FMI 仪器测量结果对比

表 5.1　Kx12 井电阻率成像识别裂缝效果对比（6 553～6 813 m）

对比井段	油基	水基	油基占水基的比例
6 553～6 813 m	36 条	92 条	39.13%

　　图 5.26 是 Kx4 井 FMI、EI（油基电成像测井仪）成像测井与岩心资料评价成果图，岩心归位深度为 6 659.98～6 660.36 m，其上部可见一条高角度充填缝。岩心地质信息与 EI 对应较好，FMI 识别层理能力较差，而 EI 可以很好地进行构造及沉积解释。对 Kx4 井分别统计 FMI、EI 裂缝识别条数，统计结果见表 5.2。由表 5.2 可以看出，全井段 FMI 对裂缝的识别率明显优于 EI，但与取心段结果不一致。

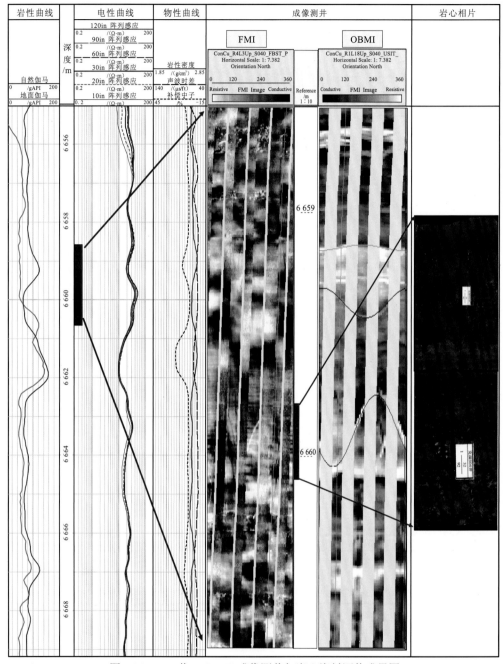

图 5.26 Kx4 井 FMI、EI 成像测井与岩心资料评价成果图

表 5.2 Kx4 井 FMI、EI 成像裂缝对比统计表 （单位：条）

对比井段	FMI	EI	岩心照片
目的层段 6 439～6 791 m（352 m）	111	67	—
取心（归位）段 6 655.44～6 669.6 m（14 m）	1	4	9

　　以 Kx1、Kx5、Kx6 等井为例，对比油基泥浆条件下声、电成像测井仪器识别裂缝的效果。图 5.27 为 Kx6 油基泥浆井中 EI 和 UXPL 成像效果对比。由图 5.27 可以看出，EI 可以识别张开度较大的裂缝与明显的地层层理，而 UXPL 可以较好地识别大、中、小型裂缝，且裂缝响应清晰，但对层理识别能力较弱。统计 Ky5、Kx1、Kx5 和 Kx6 四口油基泥浆取心段声、电成像拾取的裂缝数目和岩心照片裂缝数目见表 5.3。由表 5.3 可以看出，与电成像相比，声成像拾取的裂缝数目和岩心照片裂缝数目更接近，说明油基泥浆条件下声成像可以更好地识别和评价裂缝。

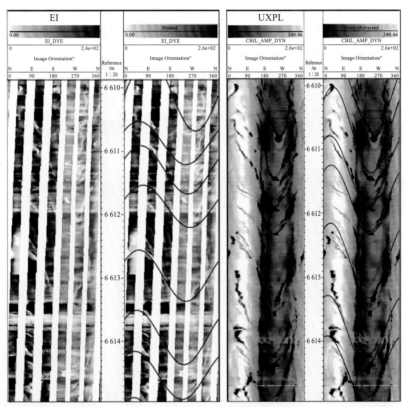

图 5.27　Kx6 井中 EI 和 UXPL 成像效果对比

表 5.3　四口油基泥浆井取心段声电成像裂缝对比统计结果表（条）

井号	对比井段	EI	UXPL	岩心照片
Ky5	取心（归位）段 7 348.74～7 354.64 m	0	0	4
Kx1	取心（归位）段 6 952.3～6 958.3 m	2	4	5
Kx5	取心（归位）段 6 752.64～6 793.94 m	2	9	16
Kx6	取心（归位）段 6 549.8～6 577.9 m	15	23	30

　　结合声、电成像资料评价成果图及统计结果表（表 5.3）可以看出，井眼条件好时，声成像对裂缝识别能力更强。UXPL 对张开度大的裂缝均有显示，对张开度小的裂缝优势更加明显。

但声成像（CBIL/UXPL）测井对井眼条件要求较高，井周超声波成像测井仪的成像原理是以井径规则（圆形）、传感器位于井轴上为基础的。但是实际上，由于钻井时钻头的振动和地应力状况的不均匀性等，井眼往往呈现椭圆形。此外，测井时也可能出现仪器偏心或倾斜情况。井径的不规则性或仪器的偏心使得声信号在泥浆中的传播时间因方位而异，即使井壁介质均匀，也会在成像测井图上呈现差别，也有可能造成部分或全部反射声波不能被传感器所接收，回波幅度严重下降，以至于在成像测井图上形成显著的黑色垂直条带，造成井周地质构造识别困难。井周超声成像测井仪测井质量受井斜及井眼影响严重，且需要居中测量。

图 5.28 为 Kx6 井 UXPL 成像测井仪偏心时 UXPL 与 EI 成像图。可以看出井斜对成像质量有一定的影响，该井段裂缝识别效果较差。在扩径处，图像也会出现明显的图形

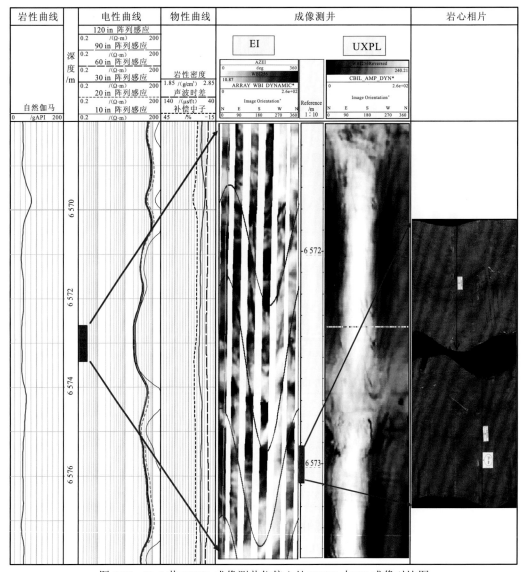

图 5.28　Kx6 井 UXPL 成像测井仪偏心处 UXPL 与 EI 成像对比图

拖拽现象，收敛性很差。图 5.29 为 Kx5 井 EI、CBIL 层理识别效果对比图。图中岩心归位深度为 6 756.81～6 756.99 m，泥质胶结（碳酸钙含量 2%），低孔，见 5°～10° 平行层理，厚度 1～3 cm。EI 对应效果较好，而 CBIL 对层理没有显示。

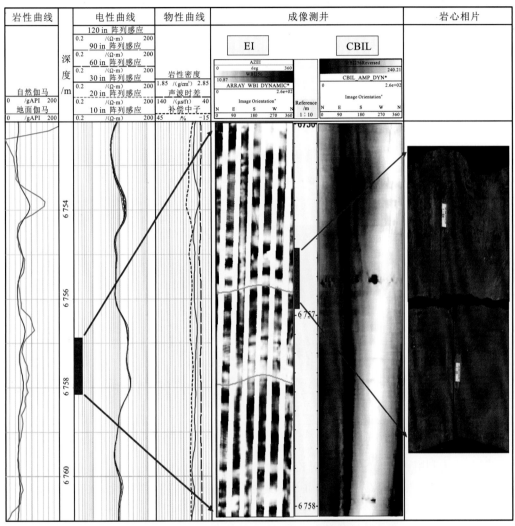

图 5.29　Kx5 井 EI、CBIL 层理识别效果对比图

油基泥浆井中，CBIL/UXPL 裂缝识别能力远远优于 EI，但是 EI 对层理识别能力较好。同时为了解决扩径及井斜角度较大的井段的裂缝识别问题，可采用声、电成像测井资料结合来进行裂缝拾取。EI 成像测井仪是由 Baker Hughes 推出的针对油基泥浆和空气钻井的电阻率成像仪，探测深度为 0.8 ft，仪器的垂向分辨率均为 0.12 ft，对于 8 ft 井眼，井壁覆盖率为 64.9%，对于 6 ft 井眼，覆盖率可达 84%，研究工区大部分油基泥浆井有该测井系列测井资料。EI 成像测井资料对于层理识别具有优越性，CBIL/UXPL 对于高角度张开度较大的裂缝仍有较好的识别效果，声、电成像测井资料结合较好地补充了 CBIL/UXPL 在井眼条件较差和井斜角度较大井段裂缝识别能力不足的问题。

5.5.2 声成像裂缝定量评价方法及裂缝参数刻度

蔡明等（2020c，2018）针对超声成像数据特点，研制了相应的资料处理模块并挂接在 X 测井资料综合处理解释平台上，并对实际资料进行了处理和分析，证实了处理方法在定量评价裂缝参数方面的可行性。

声成像裂缝评价处理流程主要包括超声成像测井原理及图像着色、声成像数据预处理及动静态图像生成、声成像交互处理解释、声成像交互解释裂缝视参数计算。声成像裂缝评价方法不仅可以定性识别裂缝，还可以定量计算裂缝面孔率、裂缝长度、裂缝密度和裂缝宽度等参数。声成像裂缝评价处理软件界面如图 5.30 所示。

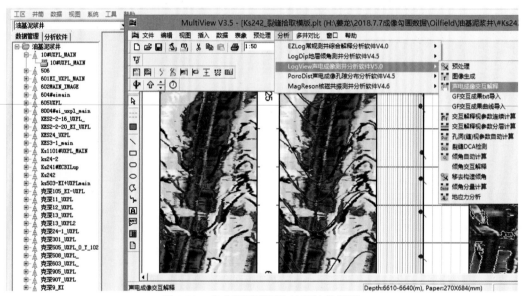

图 5.30　声成像裂缝评价处理软件界面

图 5.31 为利用声成像处理模块对 Kx6 油基泥浆井中声成像资料处理得到的裂缝评价成果图，第 5 道为交互解释结果，第 6 道为裂缝倾角和倾向，第 7 道为计算得到的裂缝长度、裂缝宽度、裂缝密度和裂缝面孔率参数曲线，第 8 道为部分深度段的岩心照片，第 9 道为统计得到的裂缝走向和裂缝倾角分布，第 10 道为试油结论。由图 5.31 可以看出，利用声成像资料可以定量评价裂缝的长度、宽度、密度、面孔率、倾角、倾向和走向参数，且岩心照片上的裂缝发育情况与相同深度段声成像交互解释结果显示的裂缝发育情况吻合较好；另外，声成像处理结果显示该深度段裂缝发育良好，试油结果显示 5 mm 油嘴日产气 297365 m^3。由此说明，利用上述方法处理实际声成像资料得到的裂缝参数是符合实际的，Kx2 井的裂缝定量参数评价结果（图 5.32）也证实了上述处理方法的可行性和正确性。

为了提高声成像裂缝参数计算的精度，利用岩心裂缝参数对其进行刻度，建立相应的刻度校正公式。统计有岩心照片的 10 口油基泥浆井（Kx1、Kx-1、Kx6、Kx4、Kx5、Kx10、Kx2、Kx3、Kx41、Kx42）的岩心裂缝参数和声成像资料处理得到的裂缝参数，并分别绘制岩心裂缝参数和成像裂缝参数的交会图如图 5.33 和图 5.34 所示，图中直线为

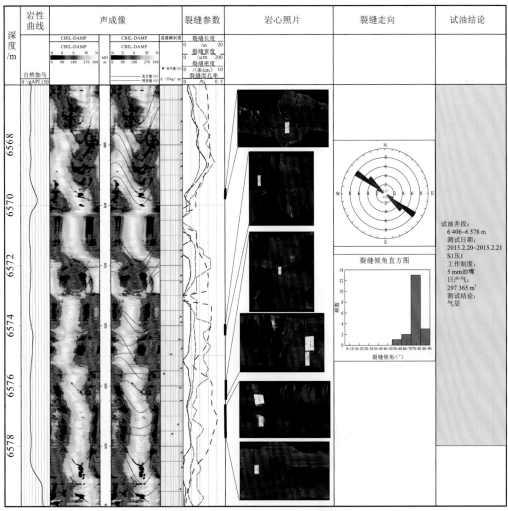

图 5.31 Kx6 油基泥浆井声成像资料处理得到的裂缝评价成果图

线性拟合趋势线。由图 5.33 可以看出,整体上声成像裂缝宽度约为岩心裂缝宽度的 11.345 倍;由图 5.34 可以看出,整体上声成像裂缝面孔率约为岩心裂缝面孔率的 11.212 倍;这两个系数就是根据岩心裂缝参数和声成像裂缝参数之间的关系得到的声成像裂缝参数刻度系数。实际声成像资料处理时利用这个系数对得到的裂缝参数进行刻度校正后可以更好地反映裂缝的真实状态和发育情况,具体裂缝面孔率刻度公式为

$$F_{\text{VAH}} = F_{\text{VAHUXPL}} / 11.345 \tag{5.20}$$

$$F_{\text{VPA}} = F_{\text{VPAUXPL}} / 11.212 \tag{5.21}$$

式中:F_{VAH} 为刻度校正后的裂缝宽度;F_{VAHUXPL} 为声成像处理得到的裂缝宽度;F_{VPA} 为刻度校正后的裂缝面孔率;F_{VPAUXPL} 为声成像处理得到的裂缝面孔率。

图 5.35 为 Kx5 油基泥浆井核度校正后声成像资料处理得到的裂缝面孔率与岩心裂缝面孔率对比图。由图 5.35 可以看出,核度校正后声成像资料处理得到的裂缝面孔率与岩心裂缝面孔率吻合较好。

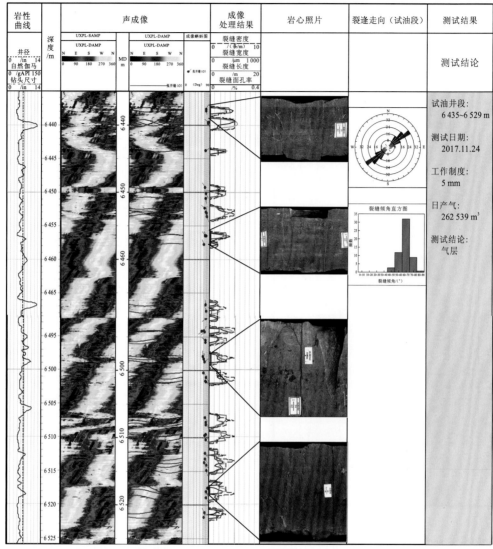

图 5.32　Kx2 油基泥浆井声成像资料处理得到的裂缝评价成果图

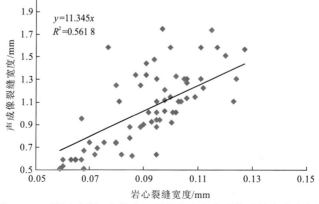

图 5.33　K 井区油基泥浆井岩心裂缝宽度与声成像裂缝宽度交会图

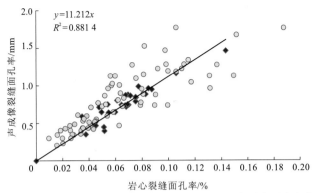

图 5.34　K 井区油基泥浆井岩心裂缝面孔率与声成像裂缝面孔率交会图

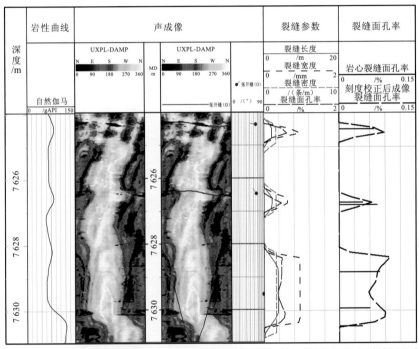

图 5.35　Kx5 油基泥浆井核度校正后声成像资料处理得到的裂缝面孔率与岩心裂缝面孔率对比图

5.5.3　油基泥浆裂缝综合评价及应用

油基泥浆条件下，除了声成像测井资料可以较好地评价裂缝，5.2 节中介绍的偶极横波测井资料或者单极阵列声波测井中的横波信息也可以在油基泥浆条件下较好地评价裂缝，且其探测深度较深，可以更好地评价有效裂缝参数。

利用上述阵列声波横波裂缝评价法和超声成像裂缝评价法对实际测井资料进行综合处理分析。图 5.36 为 Kx5 井试油段裂缝综合评价成果图，由图 5.36 可以看出，试油段裂缝均比较发育，根据裂缝参数和裂缝等级划分标准划分的裂缝等级主要为 I 级，横波裂缝宽度和渗透率结果与成像测井处理结果显示的裂缝发育情况吻合较好，说明该深度段大部分裂缝为有效缝，较大改善了储层的渗透性，与试油产能吻合较好。

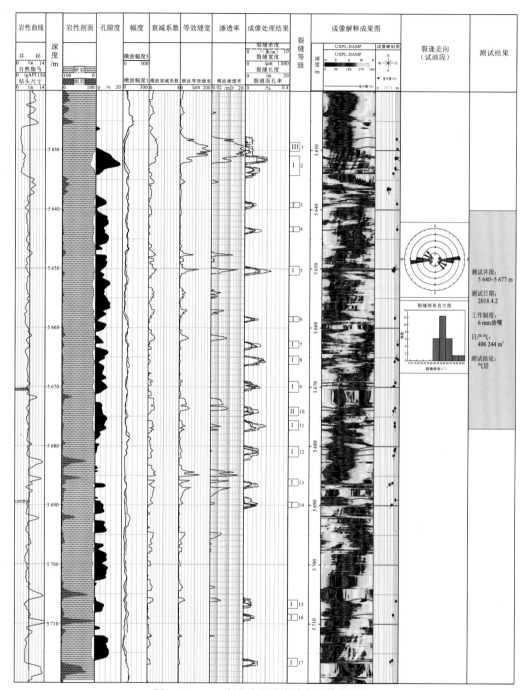

图 5.36　Kx5 井试油段裂缝综合评价成果图

图 5.37 为 Kx7 井试油段裂缝综合评价成果图，由图 5.37 可以看出，试油段（特别是中上部）裂缝比较发育，根据裂缝参数和裂缝等级划分标准划分的裂缝等级主要为 I 级，横波裂缝宽度和渗透率结果与成像测井处理结果显示的裂缝发育情况吻合较好，说明该深度段大部分裂缝为有效缝，较大改善了储层的渗透性，与试油产能吻合较好。

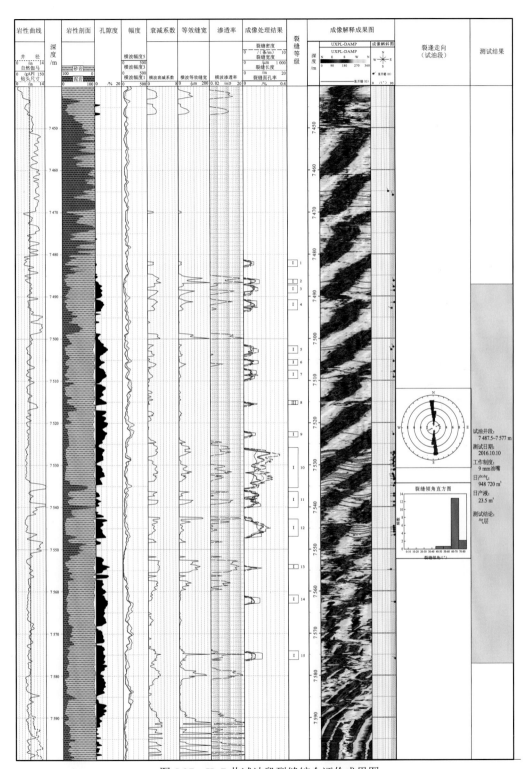

图 5.37　Kx7 井试油段裂缝综合评价成果图

图 5.38 为 Kx-1 井试油段裂缝综合评价成果图，由图 5.38 可以看出，试油段裂缝比

较发育，根据裂缝参数和裂缝等级划分标准划分的裂缝等级主要为Ⅰ级，横波裂缝宽度和渗透率结果与成像测井处理结果显示的裂缝发育情况吻合较好，说明该深度段大部分裂缝为有效缝，较大改善了储层的渗透性，与试油产能吻合较好。

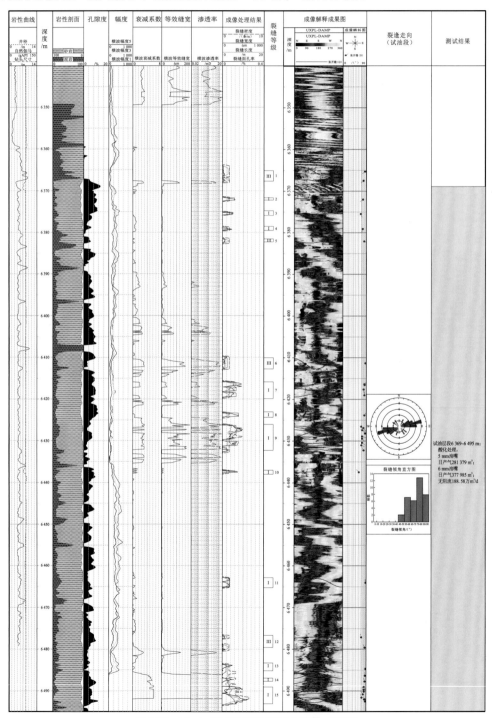

图 5.38　Kx-1 井试油段裂缝综合评价成果图

5.6　裂缝性储层有效性综合评价

5.6.1　储层有效性相关参数精细评价与储层类型划分标准

储层的物性好坏和裂缝发育情况直接决定着储层的有效性。因此为了评价储层的有效性，有必要先准确评价储层的物性参数和裂缝发育参数。前面的章节已经详细地介绍了岩性粒级评价方法、建立的孔渗参数精细评价模型、基于成像测井和阵列声波测井的裂缝定量参数和有效性评价方法等。通过本次研究及"K 地区深层测井精细评价及裂缝性砂岩储层有效性研究"项目的研究成果，可建立如表 5.4 所示的储层等级划分标准。

表 5.4　K 地区储层等级划分标准

分级		I	II	III	IV（干层）
物性	ϕ/%	≥9	6~9	4~6	<4
	κ/mD	>1	1~0.5	0.5~0.055	<0.055
孔隙结构参数	排驱压力 P_d/MPa	<0.1	0.1~5	5~10	>10
	平均孔喉半径/μm	>0.4	0.04~0.4	0.03~0.2	0.02~0.15
综合评价		好	较好	中等	差-非储层

利用上述方法精细计算裂缝属性参数，并结合收集的研究区各井的产能数据和地应力数据分析建立了无阻流量与储层裂缝参数及最大主应力方向与裂缝走向夹角之间的关系曲线，如图 5.39 所示。由图 5.39 可以看出，无阻流量与裂缝参数之间具有较好的相关性，且随这些参数的增大而增大（随最大主应力方向与裂缝走向夹角增大而减小）。根据不同井无阻流量及裂缝参数的分布规律可将图 5.39 中的产能及裂缝参数分布划分为三个区：低产区（无阻流量小于 10×10^4 m³/d、横波渗透率小于 0.35 mD、裂缝视孔隙度小于 0.03%、裂缝宽度小于 90 μm、最大主应力方向与裂缝走向夹角大于 60°）、中产区（无阻流量为 10×10^4 ~ 50×10^4 m³/d、横波渗透率为 0.35~0.6 mD、裂缝视孔隙度为 0.03%~0.05%、裂缝宽度为 90~150 μm、最大主应力方向与裂缝走向夹角为 40°~60°）、高产区（无阻流量大于 50×10^4 m³/d、横波渗透率大于 0.6 mD、裂缝视孔隙度大于 0.05%、裂缝宽度大于 150 μm、最大主应力方向与裂缝走向夹角小于 40°）。由上述分析可进一步得到 K 地区裂缝发育等级划分标准见表 5.5，产能等级划分标准见表 5.6。

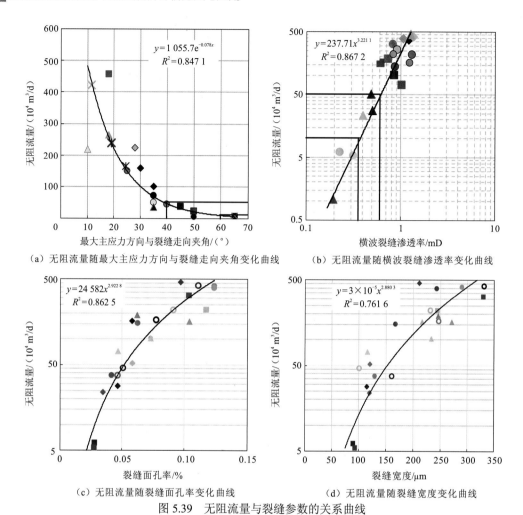

（a）无阻流量随最大主应力方向与裂缝走向夹角变化曲线

（b）无阻流量随横波裂缝渗透率变化曲线

（c）无阻流量随裂缝面孔率变化曲线

（d）无阻流量随裂缝宽度变化曲线

图 5.39　无阻流量与裂缝参数的关系曲线

表 5.5　K 地区裂缝发育等级划分标准

裂缝等级	参数			
	F_{VPA}/%	F_{VAH}/μm	PERM_S/mD	最大主应力方向与裂缝走向夹角/（°）
发育（I 类）	>0.05	>150	>0.6	<40
一般发育（II 类）	0.03～0.05	90～150	0.35～0.6	40～60
不发育（III 类）	<0.03	<90	<0.35	>60

表 5.6　产能等级划分标准

产能等级	参数				
	无阻流量 /（10^4 m³/d）	最大主应力方向与裂缝走向夹角/（°）	横波渗透率 /mD	裂缝面孔率 /%	裂缝宽度 /μm
高产（I 类）	>50	<40	>0.6	>0.05	>150
中产（II 类）	10～50	40～60	0.35～0.6	0.03～0.05	90～150
低产（III 类）	<10	>60	<0.35	<0.03	<90

5.6.2　储层有效性综合评价方案与标准

由 5.6.1 节分析得到的储层裂缝发育参数与无阻流量的关系及前人研究成果可知，不仅储层物性参数对产能有明显的影响，裂缝面孔率、宽度、横波裂缝渗透率等指示裂缝发育情况的参数也与无阻流量有较好的相关性，且面孔率等裂缝参数越大，产能越高。因此，评价储层有效性时必须考虑储层物性和裂缝发育情况两大方面的影响因素，综合上述储层等级和裂缝发育等级制定了如表 5.7 所示的储层有效性综合评价标准，以便进行储层有效性综合评价。储层有效性综合评价方案及流程如图 5.40 所示。

表 5.7　储层有效性综合评价标准

裂缝等级	物性等级			
	I	II	III	IV（干层）
I	I（AOF≥50）	I（AOF≥50）	II（10<AOF<50）	IV（无产）
II	I（AOF≥50）	II（10<AOF<50）	III（AOF≤10）	IV（无产）
III	I（AOF≥50）	II（10<AOF<50）	III（AOF≤10）	IV（无产）

AOF：无阻流量

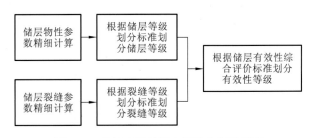

图 5.40　储层有效性综合评价方案及流程

5.6.3　储层有效性综合评价实例及分析

根据上述研究方法对研究区实际井资料进行了综合处理与分析。图 5.41 为 Kx-1 井综合处理成果图，由图中等效缝宽、裂缝渗透率、成像处理结果、裂缝等级道可以看出该深度段裂缝发育，裂缝等级主要为 I 级；由孔隙度道、渗透率道和储层等级道可以看出，该深度段物性较好，主要为 I 级和 II 级储层；根据储层有效性综合评价标准划分的产能等级结果显示该深度段产能主要为 I 级和 II 级；上述综合评价结果与试油结论吻合较好。

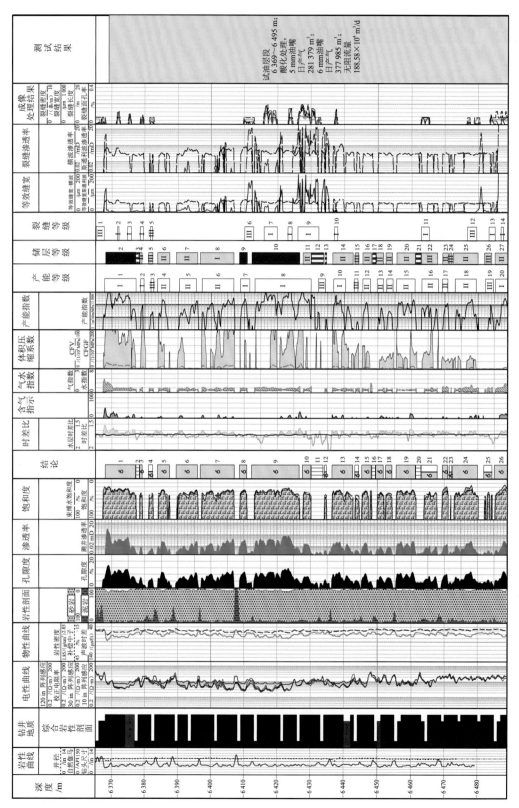

图 5.41　Kx-1井综合处理成果图

第 6 章
裂缝性致密砂岩储层流体评价方法

　　裂缝性储层的孔隙结构指数、裂缝孔隙度与饱和度为这类储层测井评价的最关键的几个参数。本章着重探讨储层流体测井及饱和度评价方法：首先分析孔隙度差值法、RT-AC 气水指数法、流体压缩系数法在 K 地区深层低孔裂缝性致密砂岩储层中识别流体的应用效果，而后介绍裂缝性储层饱和度评价的一般方法，针对 K 地区地层特点分析影响饱和度评价的主要影响因素，确立胶结指数 m 与裂缝、地层倾角及孔隙度等参数的关系，最后结合实验及压汞实验，建立工区裂缝性储层饱和度评价方法。

6.1 裂缝性致密砂岩储层流体识别方法

K 地区是塔里木盆地天然气勘探开发的区块，由于目的层地层温度高、压力大，岩性复杂，主要为裂缝性致密砂岩储层，钻井取心少，造成该区利用电测井及孔隙度测井资料难以准确识别储层流体性质。本书中研究流体识别的目的是建立一套应用于 K 地区复杂储层流体性质解释的方法，识别油气层，为满足勘探开发需求奠定基础。

在低孔低渗油气藏中，由于地层形成条件原因，岩性的不同导致岩石物性条件差，储层孔隙结构更加复杂，加之其特殊的孔隙特征及岩石物理特性，用单一的方法识别油气往往不能奏效，因此在实际应用中，大部分利用多种测井信息进行综合处理，然后去论证流体的性质。利用常规测井评价方法来识别油气储层，其主要是通过电阻率、中子、密度和声波等测井资料的响应特征，来对比油气层与水层的区别，弱化固体基质的影响，突出地层孔隙中流体方面的影响。利用常规测井方法来识别低孔低渗-特低孔低渗储层油气层存在一定的难度，因为在低孔低渗-特低孔低渗储层中由于泥质低电阻储层和侵入影响等因素会造成测井资料曲线对含油气储层没有明显的响应特征。

在国外，Murphy 等（1993）求解流体压缩系数用于流体性质判别，其中流体压缩系数是利用 Boit-Gassmann 公式和实验中得到的弹性系数与孔隙度关系式计算而来；Williams（1990）利用孔隙度得到流体饱和度，是将纵横波速度比（或时差比）与纵横时差作交会得到的，斯伦贝谢现场的解释方法也是延续了这一方式。在国内，张银海等、胡学红等分别在 1995 年、2004 年研究了纵波信息与含水饱和度的关系，在 Gassmann 理论基础上计算了流体的压缩系数，用于地层中油气层的识别；章成广等（2004）和周继宏等（1999）在温度和压力对声波速度影响的前提条件下，研究了岩心中含水饱和度与速度的关系，并建立了二者基于实验的函数关系式；乔文孝和阎树汶（1997）在 Gassmann 与 Berryman 自洽的公式基础上，求出了流体压缩系数来进行地层中的流体识别。

6.1.1 三孔隙度差值法原理及效果

天然气的密度明显小于油和水的密度，因此地层饱含水时的地层密度测井值高于气层的地层密度测井值；气的含氢指数远低于 1，并在气层常存在"挖掘效应"，因此气层的中子测井值比它完全含水时偏低；地层含气后，岩石纵波时差增大，甚至出现"周波跳跃"，因此，气层的纵波时差高于其完全含水时的纵波时差。这就是用三孔隙度差值法和三孔隙度比值法识别气的物理基础。

以泥质岩石体积模型为基础，通过相应公式运算，可以得到地层流体为淡水时的相应孔隙度表达式，如下式依次是地层视密度孔隙度、视中子孔隙度和视声波孔隙度：

$$\begin{cases} \phi_{da} = \dfrac{\rho - \rho_{ma}}{1 - \rho_{ma}} - V_{sh} \times \dfrac{\rho_{sh} - \rho_{ma}}{1 - \rho_{ma}} \\[3mm] \phi_{na} = \dfrac{H_3 - H_{ma}}{1 - H_{ma}} - V_{sh} \times \dfrac{H_{sh} - H_{ma}}{1 - H_{ma}} \\[3mm] \phi_{sa} = \dfrac{\Delta t - \Delta t_{ma}}{189 - \Delta t_{ma}} - V_{sh} \times \dfrac{\Delta t_{sh} - \Delta t_{ma}}{189 - \Delta t_{ma}} \end{cases} \tag{6.1}$$

式中：ϕ_{da}、ϕ_{na} 与 ϕ_{sa} 分别为视地层密度孔隙度、视中子孔隙度和视声波孔隙度；ρ、H_3 与 Δt 分别为密度、中子孔隙度和声波时差测井值；ρ_{ma}、H_{ma} 与 Δt_{ma} 分别为骨架密度、骨架含氢指数和骨架声波时差；ρ_{sh}、H_{sh} 与 Δt_{sh} 分别为纯泥岩密度、含氢指数和声波时差；V_{sh} 为泥质含量。

三孔隙度差值定义为

$$C_3 = \phi_{da} + \phi_{sa} - 2 \times \phi_{na} \tag{6.2}$$

三孔隙度比值定义为

$$B_3 = \frac{\phi_{da} \times \phi_{sa}}{\phi_{na}^2} \tag{6.3}$$

ϕ_d、ϕ_n 与 ϕ_s 都做了岩性和泥质校正，只反映了孔隙流体性质的影响，因此三者的影响一并用 C_3 或 B_3 表示。显然，若地层为水层或油层，$C_3 = 0$，$B_3 = 0$；若地层为气层，$C_3 > 1$，$B_3 > 1$。

图 6.1 为 Kx1 井孔隙度测井气层识别图，图中 C_3 为三孔隙度差值，B_3 为三孔隙度比值，PORD、PORS、PORN 分别为密度孔隙度、声波孔隙度和中子孔隙度。在 6733～6754 m 层段 C_3、B_3 和密度孔隙度与中子孔隙度重叠显示气明显；在 6735～6755 m 层段酸化试油，获气 399 820 m³/d，出水 3.48 m³/d，为气层；在 6757 m 以下层段，C_3、B_3 和密度与中子孔隙度重叠，气显示差一些，属于差气层。

当声波时差测井曲线缺失时，可利用密度孔隙度与中子孔隙度差值，并结合电阻率曲线来识别气层。图 6.2 为 Kx 井区孔隙度差值与电阻率差值建立的气水识别图版，图中 R_t（或 M2RX 深感应）为地层电阻率，R_0 为完全含水地层电阻率。从图 6.2 中可以看到气层的电阻率差值在 3 Ω·m 以上，孔隙度差值大于 4%；水层的电阻率差值在 3 Ω·m 以下，孔隙度差值大于 5%；干层的电阻率差值在 1 Ω·m 以上，孔隙度差值小于 4.5%。

图 6.3 是 Kx3 井测井解释成果图，从图中可以看出，密度孔隙度与中子孔隙度差值——填充区域显示明显，并且电阻率的差值——填充区域也显示明显，测井解释为气层；射孔试油井段为 6600～6685 m，日产量 711 231 m³，为气层，测井解释与测试符合。

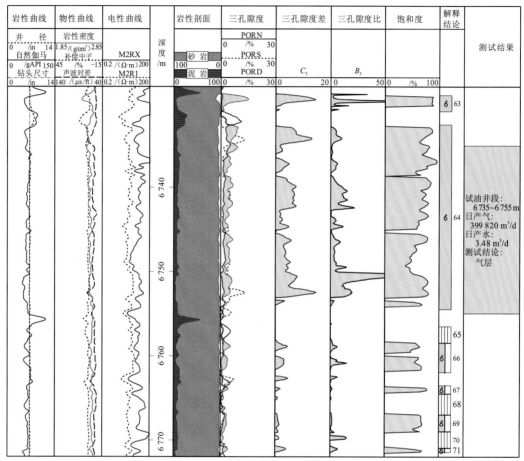

图 6.1　Kx1 井孔隙度测井气层识别图

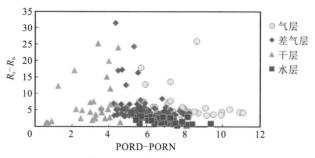

图 6.2　Kx 井区气水识别图版

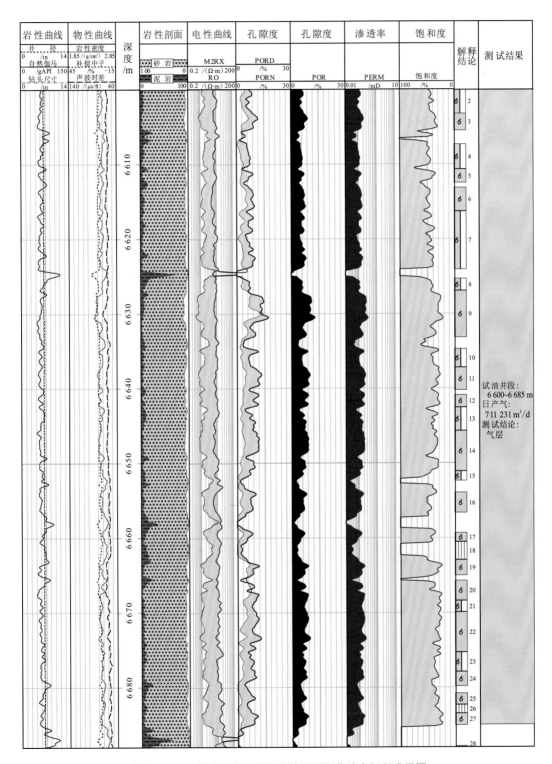

图 6.3　Kx3 井孔隙度差值法流体识别测井综合解释成果图

6.1.2　电阻率、声波时差气水指数法原理及效果

天然气为非导体，泥浆为导体，气层深电阻率高于浅电阻率，这一特征是工区储层流体性质判断的关键。工区包含双侧向和阵列感应电阻率测井数据，对于识别流体来说，阵列感应电阻率的效果会更好一些，因为双侧向电阻率主要是反映地层岩性特征。阵列感应对流体性质具有独特优势，它有 10 in、20 in、30 in、60 in、90 in、120 in 6 种探测深度的电阻率曲线，从而确定不同侵入情况及原状地层的电阻率，因而能较好地判断气水层。

另外，深感应径向探测深度较深侧向探测深度深，对气水层的反映受侵入影响较小，更能反映气层或水层的实际特征。

由于工区有效储层多为裂缝-孔隙型储层，受裂缝的影响，电阻率的深浅差异并不能真实地反映储层气水情况；同时，受储层孔渗关系的影响，当物性好时气层深电阻率与浅电阻率仍会呈现水层特征。因而，常规电阻率深浅差异判断气水效果较差。

鉴于以上情况，采用了反映气水变化的电阻率与孔隙度大小的声波测井值建立气层与水层的判断标准线，以此与实测深电阻率对比来判断气水层。为更直观地反映气水层，在应用中采用了气、水指数图版方法。

用 K 地区 4 口测试井的气水层建立了气水电阻率计算方法，图 6.4 为 K 地区气层段、水层段声波与深感应电阻率交汇图，由图拟合公式可得到气层与水层感应电阻率计算公式。

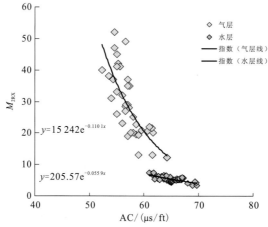

图 6.4　K 地区测试井气层段、水层段声波与深感应电阻率交汇图

气层电阻率计算公式：

$$M_{2RTg} = 1524\,2e^{-0.110\,1\Delta t} \tag{6.4}$$

式中：M_{2RTg} 为测井计算气层电阻率，$\Omega \cdot m$；Δt 为声波测井值，$\mu s/ft$。

水层电阻率计算公式：

$$M_{2RTw} = 205.57e^{-0.0559\Delta t} \tag{6.5}$$

式中：M_{2RTw} 为测井计算水层电阻率，$\Omega \cdot m$；Δt 为声波测井值，$\mu s/ft$。

以各计算得到的气水层电阻率与实测深感应电阻率比值得到气水指数判断气水层。

气指数：

$$G_M = M_{2RX}/M_{2RTg} \tag{6.6}$$

式中：M_{2RTg} 为测井计算气层电阻率，$\Omega \cdot m$；M_{2RX} 为深感应测井值，$\Omega \cdot m$。

水指数：

$$W_M = M_{2RTw}/M_{2RX} \tag{6.7}$$

式中：M_{2RTw} 为测井计算水层电阻率，$\Omega \cdot m$；M_{2RX} 为深感应测井值，$\Omega \cdot m$。

下面分别以 Kx 井区为例说明气水指数法的处理流程和应用效果。图 6.5 为 Kx 井区气-水指数分布图，可以看出，水层水指数大于 0.6，气指数一般小于 0.5。而气层水指数一般小于 0.6，气指数大于 0.5。

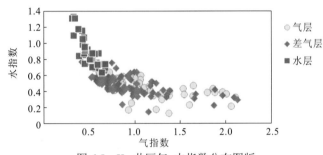

图 6.5 Kx 井区气-水指数分布图版

图 6.6 为 Kx2 井气水指数法流体识别测井综合解释成果图。在该井 6496～6690 m 深度段测试，日产气 246519 m³，测试结果为气层。该层气指数一般在 0.5 以上，水指数一般在 0.6 以下，常规测井解释的含气饱和度也在 60%以上，综合判断为气层，与测试结果吻合。

6.1.3 流体压缩系数法原理及效果

在含气地层中，我们通常是利用纵横波速度比在含气地层中要比饱和水地层中小得多来发现气层的，因为在含气地层中，地层横波速度变化不大，而纵波速度明显降低，则纵横波速度比变化明显。引起这一原因的是孔隙中水相和气相在声学特性上有很大的差异，水的压缩系数远小于气的压缩系数。因此要想能够定量或者半定量地区分气层、水层和油层，我们只需要获得流体的压缩系数即可。

因为地层孔隙中气、水和油的声学特性各不相同，而且密度也各有差异，所以其压缩系数也存在差异。表 6.1 是油、气、水的理论物理参数值，可看出气与水的压缩系数相差近两个数量级。

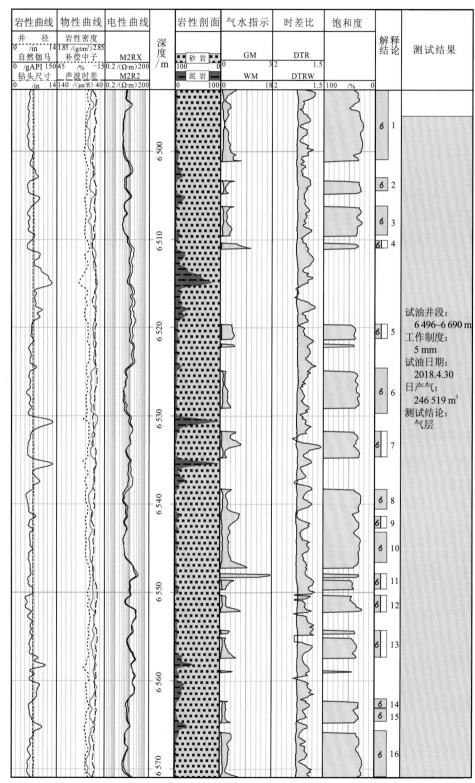

图 6.6　Kx2 井气水指数法流体识别测井综合解释成果图

表 6.1 油、气、水的理论物理参数

流体	密度/（kg/m³）	声速/（m/s）	压缩系数/（1/GPa）
空气	121	334	74.08
天然气	139.8	629.7	18.04
油	830	1 200	0.837
水	1 000	1 500	0.444

对于孔隙中含有气体与液体的混合物，流体密度、压缩系数、黏度和饱和度之间的关系有（Berryman et al.，1985）

$$\begin{cases} \rho_f = S_o\rho_o + S_g\rho_g + S_w\rho_w \\ C_f = S_oC_o + S_gC_g + S_wC_w \\ \eta = S_o\eta_o(1+2\rho_o/\rho_f)(1+2\eta_o/\eta) + S_g\eta_g(1+2\rho_g/\rho_f)(1+2\eta_g/\eta) \\ \quad + S_w\eta_w(1+2\rho_w/\rho_f)(1+2\eta_w/\eta) \\ S_o + S_g + S_w = 1 \end{cases} \tag{6.8}$$

式中：C_f 为流体压缩系数；C_o、C_g、C_w 分别为油、气、水的压缩系数；ρ_o、ρ_g、ρ_w 分别为油、气、水的密度；η_o、η_g、η_w 分别为油、气、水黏度；S_o、S_g、S_w 分别为含油、气、水饱和度，可由电阻率测井获得。油、气、水密度可由油层物理、RFT 等资料分析得到。

按式（6.8）的模型流体黏滞系数 η、流体压缩系数 C_f、气饱和度 S_g 三者中已知一者，就可求出另外两者。这样，用气饱和度确定油气界面（或气水界面）或用流体压缩系数来确定，都是非常有利的。

1）流体压缩系数确定

体积弹性模量的倒数为压缩系数，压缩系数与流体性质有关。若设气饱和度为 S_g，则流体压缩系数 C_f 可表示成：

$$C_f = S_g/K_g + (1-S_g)/K_w \tag{6.9}$$

式中：K_g、K_w 为气和水的体积弹性模量。从式（6.9）中可看出，在气水两相地层中，知道了地层流体压缩系数就可反推出含气饱和度。同时也可看到，当含气饱和度大于10%时，水相对流体压缩系数影响不大，因此地层只要含气，流体压缩系数就会显示较大的数值，有利于气层识别。

（1）体积模型求流体压缩系数。

地层岩石体积压缩系数可表示成地层固相各组分和流体压缩系数的加权平均之和：

$$C_B = (1-\phi-V_{SH}-V_{Ca})/K_{SA} + \phi/K_f + V_{SH}/K_{SH} + V_{Ca}/K_{Ca} \tag{6.10}$$

式中：V_{SH}、V_{Ca} 分别为泥质和钙质含量；K_f 为流体的体积弹性模量；K_{SA}、K_{SH}、K_{Ca} 分别为砂岩、泥质和钙质的体积弹性模量；ϕ 为孔隙度。

地层岩石体积压缩系数可由地层纵横波速度和密度获得

$$C_B = \frac{1}{\rho(V_p^2 - 4V_s^2/3)} \tag{6.11}$$

这样流体压缩系数可由式（6.10）反推获得。由于体积模型忽略了介质间的相互影响，获得的流体压缩系数往往偏小。

（2）用 Biot 和 Gassman 公式求流体压缩系数。

由 Biot 和 Gassman 公式容易推得流体弹性模量表达式：

$$C_f = \frac{1}{K_f} = \frac{1}{\phi}\left[\frac{\alpha^2}{\rho V_p^2 - \left(K_d + \frac{4}{3}\rho V_s^2\right)} - \frac{\alpha - \phi}{K_{ma}}\right] \tag{6.12}$$

其中，

$$\alpha = 1 - \frac{K_d}{K_{ma}}, \quad K_d = (1-\phi)\rho_{ma}(V_{map}^2 - 4V_{mas}^2/3)$$

式中：ρ 为地层密度，kg/m³；ρ_{ma} 为岩石骨架密度，kg/m³；V_p、V_s 分别为地层纵波速度、横波速度，km/s；V_{map}、V_{mas} 分别为岩石骨架的纵波速度、横波速度，km/s；K_{ma}、K_d 分别为岩石骨架和干燥岩石体积弹性模量，Pa。为了计算方便，体积弹性模量单位取 10^4 MPa。

（3）裂隙影响模型求流体压缩系数。

根据岩石的双相系统，有效体积弹性模量可表示成：

$$\frac{1}{K} = \frac{1}{K_{ma}}\left[1 + c_2\phi(K_{ma} - K_f)\frac{1}{K_f + 2a_2G_{ma}}\right], \quad G_f = 0 \tag{6.13}$$

式中：K_{ma}、K_f 分别为岩石固体组分（骨架）与孔隙流体的体积弹性模量；G_{ma}、G_f 分别为岩石固体组分和孔隙流体剪切模量；a_2 为裂隙短长轴之比；c_2 为常数。

令孔隙流体体积弹性模量为零，$K_f = 0$，可求出干燥岩石有效体积弹性模量：

$$\frac{1}{K_d} = \frac{1}{K_{ma}}\left[1 + \frac{K_{ma}}{2G_{ma}}\frac{c_2\phi}{a_2}\right], \quad K_f = 0 \tag{6.14}$$

如果孔隙流体具有良好的不可压缩性，即 $K_f \gg 0$，则可求出接近于固体体积弹性模量 K_{ma} 的 K 值：

$$\frac{1}{K} = \frac{1}{K_{ma}}\left[1 + c'\frac{K_{ma}}{K_f}\right], \quad K_f \gg 0 \tag{6.15}$$

式中：c' 为常数。由此可知，液相的出现，对于有效体积弹性模量是有巨大影响的。

为了确定流体压缩系数，考虑裂隙孔中充满流体和没有流体（即干燥岩石）两种情况，把干燥岩石体积弹性模量作为背景值，对比式（6.10）与式（6.11），有

$$\begin{cases} C_f = \dfrac{1}{K_f} = \dfrac{A + 1 + c_2\phi}{2a_2G_{ma}(1-A) + c_2\phi K_{ma}} \\ A = \dfrac{K_d}{K}\left(1 + c_2\phi\dfrac{K_{ma}}{2a_2G_{ma}}\right) \end{cases} \tag{6.16}$$

式中：$K_d = (1-\phi)\rho_{ma}(V_{map}^2 - 4V_{mas}^2 / 3)$；$V_{map}$、$V_{mas}$ 为岩石骨架的纵波速度、横波速度，可取砂岩骨架值。

由于流体对岩石的切变模量影响很小，这里 G_{ma} 可取 G。关于系数 c_2 对于不同裂缝形状表达式有所不同，把裂缝形状具体化，由 Walsh（1965）给出三种情况：硬币状裂隙，平面应变作用下椭圆裂隙，平面应力作用下的椭圆裂隙。

$$\begin{cases} c_2 = \dfrac{8}{9\pi}\dfrac{1-\nu^2}{1-2\nu} & \text{（硬币状）} \\[2mm] c_2 = \dfrac{2}{3}\dfrac{1-\nu^2}{1-2\nu} & \text{（平面应变）} \\[2mm] c_2 = \dfrac{2}{3}\dfrac{1}{1-2\nu} & \text{（平面应力）} \end{cases} \qquad (6.17)$$

式中：ν 为岩石泊松比。裂隙短长轴比值 a_2 取 1 为圆形孔隙，$a_2 \ll 1$ 为裂隙孔隙。这样通过裂隙短长轴比值 a_2 来描述裂隙孔的形状变化，以克服由于裂隙的存在对流体压缩系数引起的影响。

以上模型中用到的干燥岩石的体积弹性模量，有几种确定方法。

（1）对于泥质砂岩，采用并联或串联模式。

串联模式：

$$K_d' = (1-\phi-V_{SH})K_d + V_{SH}K_{SH} \qquad (6.18)$$

并联模式：

$$K_d' = (1-\phi-V_{SH}) / K_d + V_{SH} / K_{SH} \qquad (6.19)$$

上式中岩石骨架的参数可取砂岩骨架值。

（2）由经验公式确定。

Krief 模型：

$$K_d = K_{ma}(1-\phi)^{1/(1-\phi)} \qquad (6.20)$$

Tosaya 模型（砂泥岩）：

$$\begin{cases} V_{mp} = 5.8 - 8.6\phi - 2.4V_{SH} \\ V_{ms} = 3.7 - 6.3\phi - 2.1V_{SH} \end{cases} \qquad (6.21)$$

Murphy 模型：

$$\begin{cases} K_d = 3.818(1-3.39\phi+1.95\phi^2) & \text{（纯石英）} \\ K_d = 6.53(1-4.30\phi+4.97\phi^2) & \text{（纯石灰岩）} \end{cases} \qquad (6.22)$$

也可根据气层的实际声波时差确定。砂岩颗粒骨架体积弹性模量 K_{ma} 可取 3.82×10 GPa，钙质骨架体积弹性模量可取 6.53×10 GPa，泥质体积弹性模量可取 2×10 GPa。

2）流体压缩系数影响因素讨论

从式（6.16）可以看出，流体压缩系数，除了与岩性、孔隙度大小有关外，与孔隙度形状及裂隙存在有关。图 6.7～图 6.10 分别为硬币状裂隙模型中饱和空气、天然气时体积弹性模量与孔隙度和裂隙短长轴比值的关系。

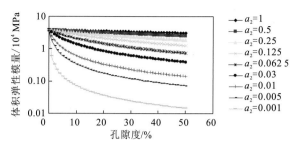

图 6.7　硬币状裂隙模型中饱和空气时体积弹性模量与孔隙度关系图版

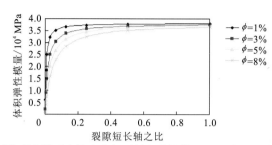

图 6.8　硬币状裂隙模型中饱和空气时体积弹性模量与裂隙短长轴比值关系图版

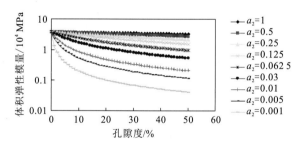

图 6.9　硬币状裂隙模型中饱和天然气时体积弹性模量与孔隙度关系图版

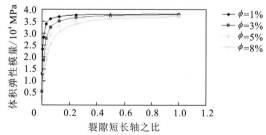

图 6.10　硬币状裂隙模型中饱和天然气时体积弹性模量与裂隙短长轴比值关系图版

（1）在接近圆形孔中，岩石体积弹性模量（或岩石压缩系数倒数）随孔隙度增大而减小。

（2）在裂隙孔岩石中，岩石体积弹性模量（或岩石压缩系数倒数）比圆形孔中随孔隙度变化大得多。饱和流体会减小岩石体积弹性模量（或岩石压缩系数倒数）随孔隙度的变化，当 $a \ll 0.01$ 后，其值变化很小。

（3）孔隙（或裂隙）中充满水或气，岩石体积弹性模量（或岩石压缩系数）相差很大。

致密砂岩地层中，粒间孔或溶蚀孔可以近似看作球形孔，主要起储层空间作用，孔隙度变化对流体压缩系数影响不大，而裂隙的存在（狭微裂缝）起连通作用，对流体压缩系数有一定影响，因此在计算压缩系数时，要适当考虑裂隙的影响。由于测井响应值是岩石微观在宏观上的反映，综合考虑，裂隙短长轴比值 a_2 可取 0.1 左右。

利用阵列声波测井资料获得的参数用于油气识别，主要参数如下。

（1）纵波、横波和斯通利波时差（DTC、DTS、DTST）及纵横波速度比（DTR 或 VPVS）。

（2）利用纵波时差、横波时差、密度及泥质和孔隙度资料计算了弹性模量和流体压缩系数，提供了完全含水时的纵横波速度比（DTRW）、岩石杨氏模量（YME）、切变模量（G）、泊松比（ν）、岩石压缩系数（CB）和流体压缩系数，其中体积流体压缩系数 CFV 是用体积模型求得的，孔隙流体压缩系数 CFG 用硬币状裂隙结构模型求得。

（3）采用岩心声波实验模型计算了含气饱和度指示参数，提供了含气指示（SGI）。饱和水的纵横波速度比 DTRW 与实测纵横波速度比 VPVS 重叠，可定性识别油气层；流体压缩系数、岩石压缩系数与泊松比两条曲线重叠，可定量或半定量识别油气层。一般水层的压缩系数小于 $4\times(1/10)\,\mathrm{GPa}$；油气层的压缩系数较高，一般大于 $8\times(1/10)\,\mathrm{GPa}$，但往往由于孔隙结构、岩石组分胶结物等因素的影响计算流体压缩系数可能会偏低。因此用流体压缩系数识别油气层要参考水层值。

图 6.11 是 Kx 井区纵横波速度比之差与含气指示的交汇图版，从图中看到气层的含气指示大于 3，纵横波速度比之差大于 0.015；水层的含气指示小于 3，纵横波速度比之差小于-0.005。

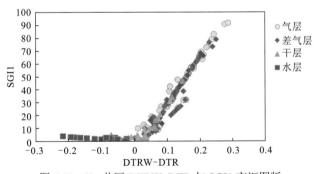

图 6.11　Kx 井区 DTRW-DTR 与 SGI1 交汇图版

图 6.12 为 Kx2 井流体压缩系数法流体识别测井综合解释成果图。该井 6 496～6 690 m 深度段测试，日产气 246 519 m³，测试结果为气层。该层段中气层段的测量纵横波速度比 DTR 多小于完全含水纵横波速度比 DTRW，泊松比 ν 与岩石压缩系数重叠指示气明显；含气指示 SGI 和孔隙流体压缩系数 CFG 显示气特征明显，常规测井解释的含气饱和度也在 60%以上，综合判断为气层，与测试结果吻合。

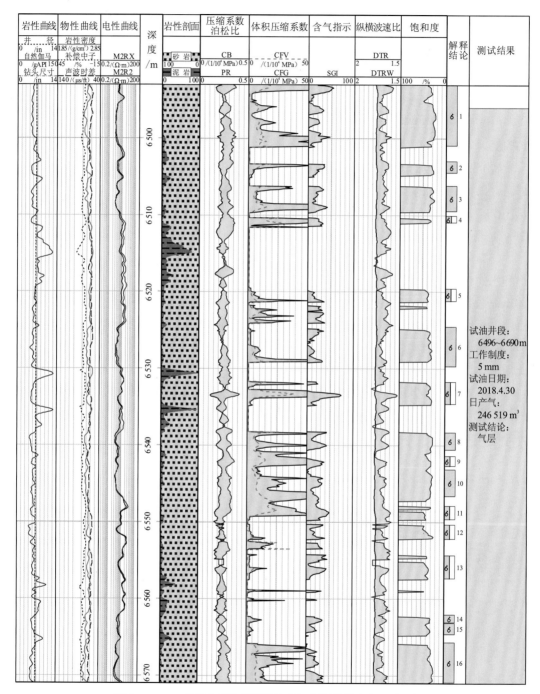

图 6.12　Kx2 井流体压缩系数法流体识别测井综合解释成果图

6.2　深层致密裂缝性砂岩储层饱和度评价方法

前人研究表明,利用阿尔奇公式定量计算饱和度中的胶结指数 m 可以从 2.67 一直达到 7.3 以上,从而引起地质学家、岩石物理学家开始深入研究孔隙几何分布与 m 之间的关系。但是对于裂缝主导因素下的饱和度方程研究,有许多学者在碳酸盐岩储层评价领域做了很多工作。而专门讨论碎屑岩储层中裂缝对孔隙分布即 m 值的影响,最早的文献是 Lucia 在 1983 年提出的基于裂缝的胶结指数 m,其表达式为

$$m = \frac{\lg[(\phi - \phi_f)^{m_b} + \phi_f^{m_f}]}{\lg \phi} \tag{6.23}$$

式中:ϕ 为总孔隙度,%;ϕ_f 为裂缝孔隙度,%;m_b 为基质胶结指数;m_f 为裂缝胶结指数。图 6.13 为式（6.23）计算的 m 值随裂缝孔隙度及基质孔隙度（ϕ_b）变化的趋势图（图中,裂缝胶结指数 m_f 为 1;基质胶结指数 m_b 为 2）。

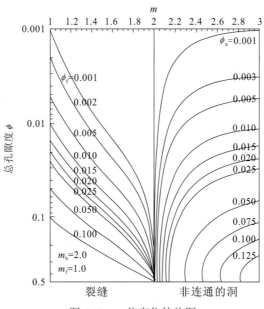

图 6.13　m 值变化趋势图

此后,越来越多的学者将注意力放在分析岩电参数与孔隙结构、孔隙形态的关系上,也取得了许多成果。Maria 和 Roberto（2003）在总结前人研究工作的基础上,提出了一种改进型的致密砂岩储层饱和度评价方法,并结合实验数据加以验证。

K 地区属于裂缝性致密砂岩,裂缝发育程度高,一方面增加油气产能,另一方面使孔隙结构变得复杂,同时泥浆侵入对电阻率的影响也须考虑,这增加了油气饱和度评价的困难。泥质的存在也影响了孔隙结构,从而影响到孔隙空间中油气饱和度分布。因此油气饱和度研究,除了考虑物性影响,还要考虑裂缝、泥质等因素的影响。通过前一阶段的科技攻关,目前该工区饱和度评价方法是在引入碳酸盐岩裂缝性储层饱和度评价方

法之上建立的，其评价流程如图 6.14 所示。

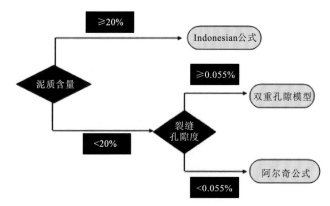

图 6.14　D 地区、K 地区饱和度评价方法流程

表 6.2 为双重孔隙模型下有关饱和度的计算公式。总体而言，目前 D 地区、K 地区饱和度评价仍是基于裂缝、基质孔隙下的评价模型，并分储层等级建立评价模板，识别符合率达到 85%以上。

表 6.2　双重孔隙模型有关饱和度的计算公式

饱和度	公式
基质饱和度	$S_{wb} = \sqrt[n]{abR_w / (R_{tb}\phi^{mb})}$
裂缝含水饱和度	$S_{wf}^{nf} = \dfrac{1/R_t - 1/R_{xo} + (1/R_{mf})\phi_f^{mf}}{(1/R_w)\phi_f^{mf}}$
总含水饱和度	$S_w = \dfrac{\phi_b S_{wb} + \phi_f S_{wf}}{\phi_b + \phi_f}$

6.2.1　泥浆侵入影响分析

不同砂岩储层的泥浆侵入特征差异不同，主要是受岩石孔隙空间结构、井筒与地层间压力差大小及泥浆浸泡时间三个方面的影响因素控制。井筒与地层间压力差、泥浆浸泡时间主要控制侵入的深浅，压力差越大，浸泡时间越长，泥浆侵入地层的深度也越大；岩石孔隙空间结构不仅影响侵入的深度，而且控制着泥浆滤液在井壁附近的分布特征，直接影响测井信息采集乃至后续的地质解释结果，因此有必要对不同孔隙类型的泥浆侵入特征进行研究。D 地区、K 地区储层按照孔隙特征可以分为两类，即孔隙-裂缝型（裂缝发育型）和孔隙型（裂缝不发育型）。裂缝是否发育也影响着泥浆侵入，具体可以分成深侵入和切割式侵入。

1）深侵入：裂缝型储层

裂缝型砂岩储层一般渗透率高，且裂缝张开度大，常以泥浆侵入为主，泥饼很难形成，这就促使泥浆一直侵入下去，直到地层内的压力与井筒内泥浆柱的压力大致相当为止，因此这种情形的泥浆侵入相对来说是比较深的，即泥浆滤液可以到达离井壁较远的地层，所以一般将此时的侵入称为深侵入。裂缝发育，地层渗流能力好，泥浆侵入时间短，因此目前比较先进的时间推移测井法一般不适合于这类储层。

这种深侵入的形状与裂缝的分布、产状有着极其密切的关系。双组或多组系高角度裂缝型储层中的侵入虽然是深侵入，但没有方向上的一致性，即多组裂缝下泥浆侵入不是同一方向。另外，对于高角度裂缝储层，很容易发生侵入泥浆在同一系统中产生重力分异，造成对油气层上部形成浅的侵入，对水层下部形成深的侵入，这主要是因为在垂直向上方向的渗透率很高，充分利用该特性，可以有效地判别高角度裂缝储层中气与水的关系。

2）切割式侵入：孔隙−裂缝型储层

泥浆滤液在孔隙、裂缝均匀发育的砂岩储层中，更容易侵入到渗透率好的裂缝发育带。此时，对于仅发育孔隙的地层，一方面其渗透率比裂缝发育储层要低，另一方面含有孔隙的基岩块将裂缝空间包围起来，阻挡了泥浆的侵入，从而导致滤液从四周向这些岩块侵入，其结果将不能驱走岩块中原有的孔隙流体。

通过上述调查研究发现，探测深度较浅的测井方法也可以用于水层的识别，主要原因是虽然泥浆对裂缝的侵入比较深，而针对致密砂岩储层，即使就在井壁周围，它也能部分保留地层的原始流体的特性。目前针对探测深度较浅的测井方法来划分水层的有声波、中子还有密度方法。在水层当中，储层岩石中的水基本还是保留原状态地层水的特性，主要是由于扩散的电位一旦形成就会破坏岩块中的地层水与裂缝中的泥浆发生离子交换过程。

6.2.2　泥质含水饱和度模型

阿尔奇公式没有考虑泥质对电阻率的影响，而实际储层中基本都会存在泥质，且当储层泥质含量较大时，大量泥质的存在会导致电阻率明显降低，进而导致计算的含水饱和度偏大，Simandoux（1963）用砂和黏土构成的人工介质对泥质砂岩做了实验研究，研究了适用于泥质砂岩饱和度计算的模型，相当于是对阿尔奇公式的改进。一般泥质砂岩的导电性相当于把其中泥质部分和纯砂岩部分当作两个电阻进行并联导电。其采用的电导率表达式为

$$C_t = S_w V_{sh} C_{clay} + S_w^n \frac{\phi^m}{aR_w} \tag{6.24}$$

式中：C_t 为泥质砂岩电导率；S_w 为含水饱和度；C_{clay} 泥质砂岩中分散黏土的电导率；V_{sh} 为泥质含量（小数）；a，m，n 为阿尔奇公式中的参数；ϕ 为泥质砂岩有效孔隙度（小数）；R_w 为地层水电阻率。

其中，在处理过程中，a、m、n 采用岩电测量的结果，C_{clay} 取深探测电阻率测井在纯泥岩层测量的电阻率。

设 $n=2$，将式（6.24）求解得含水饱和度的 Simandoux 公式：

$$S_w = \left[\sqrt{\left(\frac{V_{sh}}{R_{sh}} \right)^2 + \frac{4 \cdot \phi^m}{a \cdot R_w \cdot (1 - V_{sh}) \cdot R_t}} - \frac{V_{sh}}{R_{sh}} \right] \bigg/ \left[\frac{2 \cdot \phi^m}{a \cdot R_w \cdot (1 - V_{sh})} \right] \qquad (6.25)$$

阿尔奇公式及相应的变形模型都是在泥质分布形式基础上并利用体积模型和电阻并联来研究导电性质的思想，同时在推导电阻率和相应含水饱和度的关系式中，采用一定的假设和一些经验公式，如 Indonesian 公式。通过修改公式中的相应参数，达到满足研究区域含水饱和度评价的实际要求，所以采用了 Indonesian 公式来计算其含水饱和度：

$$S_w = \sqrt[n]{\frac{b}{\left(\sqrt{\dfrac{V_{sh}^{c_3}}{\sqrt{R_{sh}}} + \dfrac{\phi^{0.5m}}{\sqrt{a R_w}}} \right)^2 R_t}} \qquad (6.26)$$

式中：$c_3 = 1 - V_{sh}/2$，适用于 V_{sh} 小于 50%的泥质砂岩。该公式较好地解决了泥质砂岩地层的饱和度计算。该模型中认为地层导电是孔隙中的地层水与分散泥质并联导电的综合响应，因为该模型中泥质含量呈现分散状并填充在砂岩粒间孔隙中，并对其单独分组考虑。

图 6.15 是 Kx2 井测井计算含水饱和度与泥质含量关系对比图。由图 6.15 可以看出，泥质含量小于 20%时，各模型计算相差不大；泥质含量大于 20%时，Simandoux 模型、Indonesian 模型计算的含水饱和度均小于阿尔奇模型计算的含水饱和度，且 Indonesian 模型计算的含水饱和度相差较小，较接近于阿尔奇模型。综上所述，当泥质含量小于 20%时，含水饱和度 S_w 用阿尔奇模型计算的含水饱和度；而泥质含量大于 20%时，含水饱和度 S_w 用 Indonesian 模型计算的含水饱和度。

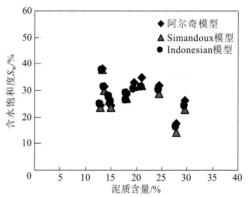

图 6.15 Kx2 井测井计算含水饱和度与泥质含量关系图

6.2.3 裂缝含水饱和度模型

1. 裂缝对饱和度的影响

考虑裂缝影响，将双重孔隙介质储层的体积分成两部分：基质和裂缝。对于单位体积的岩石，裂缝所占体积为 ϕ_f，基质所占体积 $\phi_b = 1 - \phi_f$。这当中，认为基质部分中基质孔隙度没有发生泥浆侵入，因为基质部分的基质孔隙度较小，而对于裂缝部分，则更容易发生泥浆侵入，主要由于裂缝发育空间的渗透性非常好。

根据上述岩石模型，基质岩石电阻率 R_{tb} 的大小可通过岩石电阻率 R_t 和裂缝孔隙度 ϕ_f 计算求得。具体公式如下：

$$R_{tb} = \frac{R_t R_{m_{f1}} (1 - \phi_f{}^{m_{f1}})}{R_{m_{f1}} - R_t \phi_f{}^m} \tag{6.27}$$

式中：$R_{m_{f1}}$ 为泥浆滤液。

（1）基质饱和度：深电阻率受侵入影响较小，因而可用来进行含油气饱和度计算。应用阿尔奇公式计算裂缝性储层含油气饱和度时，需要修正阿尔奇公式系数来弥补阿尔奇公式的不适应性对计算可靠性造成的影响。一般取 $m=n$，通过 RT-POR 交会图确定胶结指数 m。公式如下：

$$S_{wb} = \sqrt[n]{abR_w / (R_{tb}\phi_b{}^{m_{b1}})} \tag{6.28}$$

式中：m_{b1} 为基质孔隙结构指数（或 m）；n 为基质饱和度指数（或 n_b），由岩电实验得到。

（2）裂缝含水饱和度：根据双孔隙类型渗透特性，取冲洗带的含水饱和度 $S_{xof}=1.0$，由此可得

$$S_{wf}^{nf} = \frac{1/R_t - 1/R_{xo} + (1/R_{m_{f1}})\phi_f{}^{m_{f1}}}{(1/R_w)\phi_f{}^{m_{f1}}} \tag{6.29}$$

式中：m_{f1} 为裂缝孔隙结构指数；R_{xo} 为冲洗带电阻率。

（3）总含水饱和度：根据式（6.30）便可计算出地层总的含水饱和度 S_w 为

$$S_w = \frac{\phi_b S_{wb} + \phi_f S_{wf}}{\phi_b + \phi_f} \tag{6.30}$$

式中：S_{wb}、S_{wf} 分别为基质与裂缝含水饱和度。

2. 胶结指数对饱和度的影响

根据并联导电原理，致密砂岩储层的电阻率可以建立如下方程：

$$\frac{1}{R_{f_0}} = \frac{v_1\phi}{R_w} + \frac{(1 - v_1\phi)}{R_0} \tag{6.31}$$

式中：R_{f_0} 为地层饱含水时的电阻率；R_w 为地层水电阻率；v_1 为裂缝孔隙的体积比；R_0 为基质部分饱含水时的电阻率。式（6.31）可等同变换成：

$$R_{f_0} = \frac{R_w R_0}{v_1\phi R_0 + (1 - v_1\phi)R_w} \tag{6.32}$$

将式（6.32）分母提出一个 R_0，可得

$$R_{f_0} = \frac{R_w R_0}{R_0[v_1\phi + (1 - v_1\phi)R_w / R_0]} \tag{6.33}$$

将 $R_0 = FR_w$ 和 $R_{f0} = F_t R_w$ 代入式（6.33），可得

$$F_t R_w = \frac{R_w R_0}{R_0[v_1\phi + (1 - v_1\phi) / F]} \tag{6.34}$$

再将 $F = \phi_b{}^{-m_b}$ 和 $F_t = \phi^{-m}$ 代入等式（6.34）中，可得

$$\phi^{-m} = \frac{1}{[v_1\phi + (1-v_1\phi)/\phi_b^{-m_b}]} \tag{6.35}$$

这证明在式（6.30）中应用的双重孔隙模型储层是由裂缝孔隙和基质部分组成是正确的，即有

$$m = \frac{\lg\dfrac{1}{[v_1\phi + (1-v_1\phi)/\phi_b^{-m_b}]}}{-\lg\phi} \tag{6.36}$$

裂缝孔隙体积比 v_1 可以写成以下多种表达形式：

$$v_1 = \frac{\phi_f}{\phi} = \frac{\phi - \phi_m}{\phi} = \frac{\phi - \phi_b}{\phi(1-\phi_b)} \tag{6.37}$$

则 ϕ_m 和 ϕ_b 之间的关系可以用式（6.38）表达：

$$\phi_m = \phi_b(1 - v_1\phi) \tag{6.38}$$

图 6.16 为 Kx9 井裂缝发育段双重孔隙模型和数值模拟计算的含气饱和度曲线对比。由图 6.16 可以看出，由数值模拟可知裂缝中含气饱和度尽管很高，但裂缝饱和度对总饱和度的贡献却很小，可忽略。故对于 K 地区发育的微裂缝级别，饱和度计算时可忽略裂缝的影响。

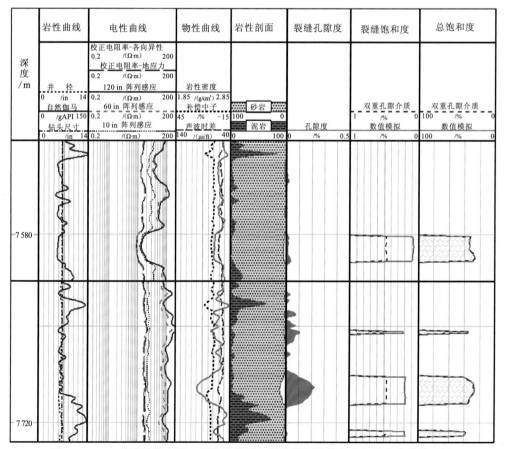

图 6.16　Kx9 井裂缝发育段双重孔隙模型和数值模拟计算的含气饱和度曲线对比

6.2.4　岩电参数的控制因素及确定

精确计算地层岩石饱和度是评价储层流体性质的重要环节，针对不同流体性质，胶结指数和饱和度指数响应效果都是不一样的，因此，有必要厘清 m、n 参数的主控因素，并在考虑主控因素条件下求取饱和度，用以评价流体性质。根据地层因素与电阻率增大系数，理论上分析 m、n 值的影响因素，须了解岩石的导电模型：测井学认为岩石的电阻 r_t 可以看作岩石骨架电阻 r_{ma}、泥质电阻 r_{sh} 和孔隙流体电阻 r_f 并联的结果，即

$$\frac{1}{r_t} = \frac{1}{r_{ma}} + \frac{1}{r_{sh}} + \frac{1}{r_f} \tag{6.39}$$

式中：岩石骨架电阻 $r_{ma} \to \infty$。

当泥质含量较小（<10%）时，基本不能形成导电通路，其导电性较差。当泥质含量超过 10% 时，其电阻具体形式为 $r_{sh} = R_{sh}\dfrac{L_{sh}}{A_{sh}}$。

毛管孔隙流体的电阻可以认为是多个长度相同而半径不同的含水毛管及含油毛管电阻的并联，即 $\dfrac{1}{r_f} = \sum\limits_{i=1}^{N}\left(F_i\dfrac{1}{r_i}\right)$，而且单根毛管电阻取决于毛管的长度、半径及毛管中流体的性质，即 $r_i = R_f\dfrac{L_c}{\pi r_{ci}^2}$。

如果毛管中含有水，则 R_f 为自由水与束缚水的综合响应。原海涵（1995）根据毛管内荷电粒子的运动规律推导出该参数与普通地层水电阻率、地层水黏度、盐类离子迁移率及毛管粗细等因素具有相关性，具体关系式为 $R_f = 8\mu_1\left(\dfrac{MR_w}{r_{ci}}\right)^2$，$\mu_1$ 为地层水黏度，M 为地层水中盐类离子的迁移率。

含水毛管的电阻满足 $\dfrac{1}{r_{wf}} = \sum\limits_{i=1}^{B}\left(F_i\dfrac{\pi r_{ci}^4}{8\mu_1 L_c M^2 R_w^2}\right)$，而毛管含油气后，毛管的电阻等于毛管内束缚水膜的电阻，满足 $r_{ofi} = \dfrac{8\mu_1 L_c M^2 R_w^2}{\pi[r_{ci}^4 - (r_{ci} - X)^4]}$，所以岩石毛管电阻为含水毛管电阻与含油毛管电阻的总和。综合代入式（6.39）：

$$\frac{1}{r_t} = \frac{A_{sh}}{R_{sh}L_{sh}} + \frac{\pi}{8\mu_1 L_c M^2 R_w^2}\left(\sum_{i=1}^{B}(F_i r_{ci}^4) + \sum_{i=B+1}^{N}\left\{F_i\left[r_{ci}^4 - (r_{ci} - X)^4\right]\right\}\right) \tag{6.40}$$

1）m 的控制因素

根据式（6.40）岩石饱含水电阻为 $\dfrac{1}{r_o} = \dfrac{\pi}{8\mu_1 L_c M^2 R_w^2}\sum\limits_{i=1}^{N}(F_i r_{ci}^4)$，由欧姆定律 $R_o = r_o\dfrac{A}{L}$，

得出岩石饱含水电阻率是

$$R_{\mathrm{o}} = \frac{WTA_{\mathrm{N}}}{\sum\limits_{i=1}^{N}(f_i r_{\mathrm{ci}}^4)} \quad\quad (6.41)$$

当储层不含泥质时，根据地层因素的定义及地层因素与孔隙度的关系结合式，有

$$\frac{a}{\phi^m} = \frac{R_{\mathrm{o}}}{R_{\mathrm{w}}} = \frac{WTA_{\mathrm{N}}}{R_{\mathrm{w}}\sum\limits_{i=1}^{N}(f_i r_{\mathrm{ci}}^4)} \quad\quad (6.42)$$

通过上面的讨论可以得出，m 值的大小受到诸多参数的影响，如岩石孔隙度、岩石孔隙弯曲度（T）、地层水水性系数（W）、毛管视平均截面积（A_{N}）、泥质含量和毛管半径。针对特定区域的特定层位来说，地层水水性系数一般是常数，同时由于毛管视平均截面积与毛管半径的二次方加权平均值近似相等，因此在 a 取 1，孔隙度变化时，m 值的大小随着孔隙度与孔隙结构变化的相对情况会出现不稳定的变化趋势（可能变小，或者变大）。同样在孔隙度、孔隙结构不变的情况下，岩石的分散泥质越多，毛管孔隙流体电阻相对增大，则 m 值就越大。岩石的层状泥质含量越多，岩石完全含水时的电阻越小（相当于并联了一个较小的电阻），相应的电阻率（R_{o}）越低，m 值就越小。

其中渗透率主要受岩石孔隙弯曲度、毛管视平均截面积及毛管半径的影响，这些参数能够用渗透率来表征。岩性变化（如钙质、泥质含量变化）会影响孔隙结构，所以，m 值的控制因素主要为孔隙度、渗透率及泥质和钙质含量。简单地说就是孔隙结构控制着 m 值的大小。

2）n 的控制因素

如果地层为不含泥质的纯岩石，通过欧姆定律及电阻增大系数（电阻率指数）与含水饱和度的关系可得

$$\frac{b}{S_{\mathrm{w}}^n} = \frac{R_{\mathrm{t}}}{R_{\mathrm{o}}} = \frac{\dfrac{\pi}{8\mu L_{\mathrm{c}} M^2 R_{\mathrm{w}}^2}\sum\limits_{i=1}^{N}(F_i r_{\mathrm{ci}}^4)}{\dfrac{\pi}{8\mu L_{\mathrm{c}} M^2 R_{\mathrm{w}}^2}\left(\sum\limits_{i=1}^{B}(F_i r_{\mathrm{ci}}^4) + \sum\limits_{i=B+1}^{N}\left\{F_i\left[r_{\mathrm{ci}}^4 - (r_{\mathrm{ci}} - X)^4\right]\right\}\right)} \quad\quad (6.43)$$

推出

$$S_{\mathrm{w}}^n \approx \frac{\sum\limits_{i=1}^{B}(F_i r_{\mathrm{ci}}^4)}{\sum\limits_{i=1}^{N}(F_i r_{\mathrm{ci}}^4)} \quad\quad (6.44)$$

由毛管压力曲线及毛管孔径曲线的变化规律可知，毛管孔径与含水饱和度的关系为 $r_{\mathrm{ci}} = CS_{\mathrm{w}}^D$，原海涵根据统计学原理和积分原理，由式（6.44）推出饱和度指数 n 与毛管孔径分布指数的关系为 $n = 2 - \dfrac{1}{2D+1}$，D 是毛管孔径分布指数。

岩石结构越复杂，毛管孔径分布指数 D 越小，n 值就越小。

泥质如果存在于岩石中，则一般会导致 n 值减小。一方面，岩石的孔隙度结构受泥质的影响变得比较复杂，同时泥质还会导致毛管孔径分布指数 D 变小，进而导致 n 值变小。另一方面，在岩石孔隙结构不发生变化的条件下，泥质可等效为一个并联的较小的电阻，在岩石饱含水的条件下，它对 R_0 的影响不大，但如果岩石含油，它会导致岩石的电阻率 R_t 大大小于具有相同孔隙结构的纯砂岩，并且它的影响随着含油饱和度的增大而增大。泥质砂岩与具有相同孔隙结构的纯砂岩相比，在含水饱和度相同时，n 值较小。总之，泥质的存在一般使 n 值减小。

裂缝对 n 值的影响十分明显。一方面，裂缝的发育使岩石完全含水时的电阻率 R_0 明显低于原均质岩石的电阻率；另一方面，按石油地质学的观点，油气向岩石中运移的过程中是先大孔隙空间、后小孔隙空间，当岩石中有裂缝时，油气先储藏于裂缝，其次为较大的毛管，最后终止于一定半径的小毛管，因而裂缝岩石含油时，其含水毛管的数量和残余水体积（或饱和度）与无裂缝的岩石是一样的。显然含油的裂缝岩石与无裂缝岩石在含水饱和度相同时，它们的电阻率 R_t 相差不大。裂缝岩石的 n 值会大于无裂缝岩石的 n 值。n 值大于 3，大多是由裂缝所致。除了岩石的孔隙结构、泥质含量、裂缝外，岩石的润湿性也是影响 n 值的一个重要因素。岩石润湿性的不同，影响着导电介质（地层水）在孔隙及孔喉中的分布，从而影响 n 值的大小。

通过岩石导电模型对胶结指数 m 与饱和度指数 n 的理论公式分析，了解 m、n 值理论上存在的影响因素，进而指导下一步利用实际实验数据分析研究区 m、n 的具体影响因素特征。

3）岩电参数影响因素讨论与确定

考虑到 a 值与 m 值的相关性较好，约束关系明确，为了对比分析的方便，在 a 值取 1 的情况下根据地层因素的定义及地层因素与孔隙度的关系对单块岩心的 m 值进行计算。

图 6.17、图 6.18 是 Kx 井区 m 值（$a=1$）与孔渗的关系，可以看出，m 值要受物性影响，与孔隙度关系较密切，与渗透率关系一般。n 值要受物性影响，但影响程度不大，如图 6.19、图 6.20 所示。这说明 m 值受孔隙结构影响明显，而 n 值受孔隙结构影响不大。

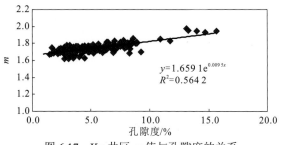

图 6.17　Kx 井区 m 值与孔隙度的关系

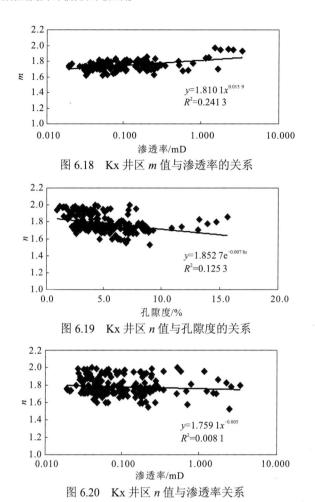

图 6.18　Kx 井区 m 值与渗透率的关系

图 6.19　Kx 井区 n 值与孔隙度的关系

图 6.20　Kx 井区 n 值与渗透率关系

由图 6.21 和图 6.22 可知，m、n 值受泥质含量和钙质含量影响很小，说明本区岩电参数 m、n 受胶结物和充填物影响小，可以不考虑。

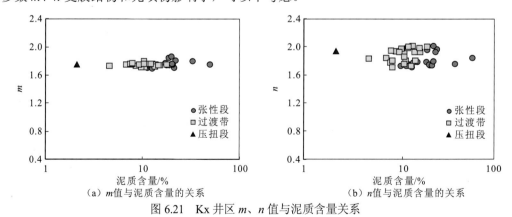

（a）m 值与泥质含量的关系　　　　　　　　（b）n 值与泥质含量的关系

图 6.21　Kx 井区 m、n 值与泥质含量关系

从上面分析可以看出，岩电参数不同程度受岩性、物性及孔隙结构影响，m 值与孔隙度关系较明显，可以用来求变量的 m 值，n 值可以根据储层级别划分来确定一固定值。

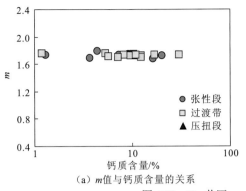

（a）m 值与钙质含量的关系

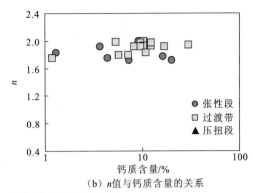

（b）n 值与钙质含量的关系

图 6.22　Kx 井区 m、n 值与钙质含量的关系

为了提高饱和度计算的精度，根据岩电实验结果分井区分孔隙度确定了相应的岩电参数，如表 6.3 为 K 地区不同井区不同孔隙度条件下岩电参数。

表 6.3　K 地区不同井区不同孔隙度条件下岩电参数（a 强制为 1）

井区	孔隙度分类/%	岩心块数	m 的平均值	n 的平均值	b 的平均值
Kx6	总	63	1.757 1	1.739 7	1.014 9
	9≤POR	2	1.841 2	1.735 0	1.025 0
	6≤POR<9	16	1.795 8	1.711 6	1.017 4
	4≤POR<6	23	1.754 9	1.748 3	1.013 9
	POR<4	19	1.712 0	1.757 9	1.012 6
Kx11	总	36	1.799 2	1.840 8	1.014 2
	9≤POR	5	1.952 1	1.796 0	1.014 0
	6≤POR<9	4	1.852 2	1.762 5	1.015 0
	4≤POR<6	6	1.788 2	1.736 7	1.016 7
	POR<4	21	1.755 8	1.896 2	1.013 3
Kx13	总	41	1.720 3	1.771 7	1.013 4
	9≤POR	2	1.668 3	1.615 0	1.010 0
	6≤POR<9	15	1.726 4	1.678 0	1.014 7
	4≤POR<6	16	1.728 8	1.786 3	1.012 5
	POR<4	8	1.704 7	1.957 5	1.013 8
Kx24	总	16	1.712 7	1.825 6	1.016 3
	9≤POR	2	1.770 1	1.800 0	1.020 0
	6≤POR<9	6	1.752 6	1.808 3	1.016 7
	4≤POR<6	5	1.684 0	1.812 0	1.014 0
	POR<4	3	1.642 6	1.900 0	1.016 7

图 6.23 为 Kx6 井毛管平均法计算饱和度与电阻率测井解释含水饱和度对比图。对于 Kx6 井其圈闭溢出点为 5 934.5 m，从图 6.23 中可以直观看出两者形态符合程度比较高，而该井试油结论显示为气层。通过毛管平均法计算含水饱和度与电阻率测井解释含水饱和度都比较符合气层特征，说明通过这种方法计算解释含水饱和度是合理可靠的。

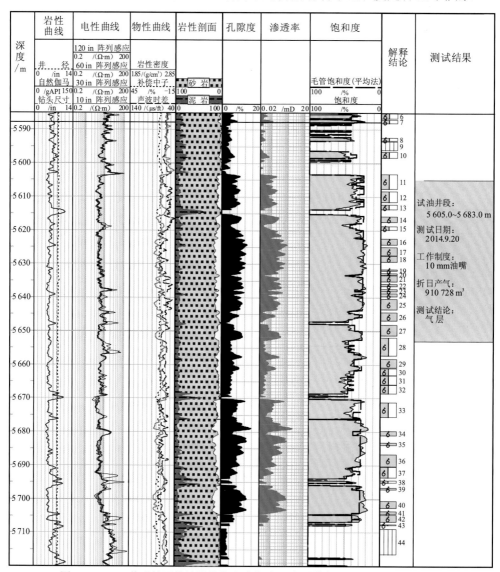

图 6.23　Kx6 井毛管平均法计算饱和度与电阻率测井解释含水饱和度对比图

对 Kx6 井区 6 口井的储层参数进行分析，统计测试段不同类型储层的饱和度、电阻率和孔隙度等参数，并根据电阻率和孔隙度将不同类型储层投点到带饱和度网格线的电阻率-孔隙度交会图中，得到如图 6.24 所示的饱和度流体性质评价图版。由图 6.24 可以看出，干层、含水层、差气层和气层主要分布在不同的区域，由此可得到饱和度流体性质评价标准。

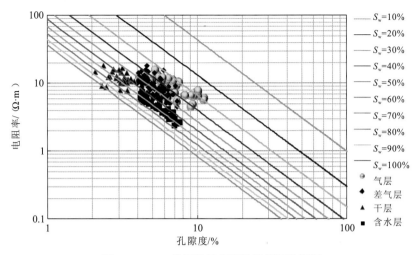

图 6.24　Kx6 井区饱和度流体性质评价图版

6.3　岩石束缚水饱和度方法

对于低孔低渗气藏而言，束缚水饱和度是识别流体性质的关键参数之一，同时它也是储层物性表征及储量计算和产能预测的重要参数，然而由于它的影响因素多，现场很难获得准确的束缚水饱和度，有必要对其进行重点研究。

当前，束缚水饱和度的测量方法主要包括压汞法、离心法、相渗法、半渗透隔板法、称重法与核磁共振法等。下面主要介绍基于压汞实验的束缚水饱和度评价方法。

6.3.1　压汞法确定束缚水饱和度

在油田现场的地质工作者往往用压汞毛管压力曲线来表征储层岩石的微观孔隙结构特征，并用来定量研究岩石中孔隙喉道的大小及分布情况，也将其用来计算储层渗透率和束缚水饱和度等参数。

国内外有大量学者做了许多关于束缚水饱和度的研究，并获取了一些相关的成果。前人通过实验对吸附水膜进行了研究，实验结果表明通常吸附水膜的厚度为 0.1 μm。由此可以断定，在地层中，对于孔喉半径不足 0.1 μm 的孔隙喉道可能会被水膜完全堵塞，使得天然气无法进入其孔隙空间中，因此不足 0.1 μm 的孔隙喉道不能作为储集空间。国内专家也对孔喉半径下限值做过相应研究，祝总祺等（1991）认为不足 0.1 μm 的孔喉不是有效的孔隙空间，有用的孔隙体积应为油气可以进入的那部分孔隙空间，即孔喉半径超过 0.1 μm 的孔喉视为有效孔隙。因此，孔喉半径为 0.1 μm 时所对应的进汞饱和度为储层成藏条件下的最大进汞饱和度（S_{hg}），$100-S_{hg}$ 为束缚水饱和度 S_{wi}，如图 6.25 所示，在常规油气田中这一结论是合理的。

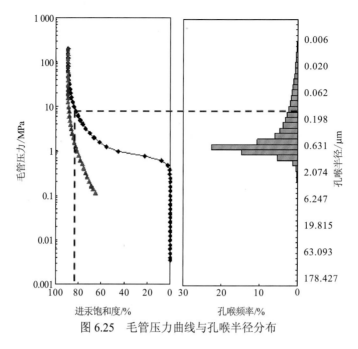

图 6.25　毛管压力曲线与孔喉半径分布

　　研究 K 地区低孔砂岩束缚水饱和度，首先需要得到该地区低孔砂岩储层孔喉半径下限。国内学者在确定低孔砂岩储层孔喉半径下限值方面有过不少研究，主要采用最小流动孔喉半径法和累积渗透率贡献法来确定。

　　岩石中用来储存油气水的通道被称为岩石的孔隙喉道，岩石中孔喉半径的大小决定了在一定程度的压差下岩石中油气水是否可以流动。那些同时能够满足储存油气水和油气水能在其中流动的通道半径最小值被称为最小流动孔喉半径。因此，根据毛管压力曲线，只要知道区分岩石束缚流体和可动流体的临界孔喉半径，便可以计算出对应的束缚水饱和度。

　　渗透率累计贡献率是通过岩心实验资料及数据计算得到的，实验表明孔喉半径超过下限值的孔隙其渗透率累计贡献值应为 99.90%，此时孔喉半径判断为孔喉下限值。

1）利用平均孔喉半径频率分布图确定孔喉半径下限值

　　王晓梅等（2012）研究发现 Su64 井（山 1 段 3 486.38 m）中值孔喉半径 0.03 μm，这类井原始含水饱和度即为束缚水饱和度，试气产气而不产水，主要原因是该类储层中含有的孔隙主体为毛管孔隙。

　　收集 K 井区 77 块岩样压汞毛管压力曲线，作平均孔喉半径频率分布图，如图 6.26 所示。通过频率累积曲线发现，其拐点在 0.025 μm 附近，同时对孔隙度大于 4% 的岩样重新做平均孔喉半径频率分布图，发现其孔喉半径均值也为 0.025 μm（图 6.27）。因此，利用平均孔喉半径频率分布图可把孔喉半径下限值定为 0.025 μm。

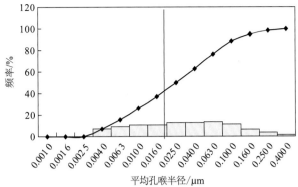

图 6.26　K 井区平均孔喉半径分布与频率累积曲线

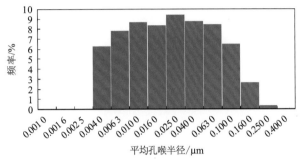

图 6.27　K 井区平均孔喉半径频率分布直方图（孔隙度大于 4%）

2）利用累计渗透率贡献值曲线来确定孔喉半径下限值

确定储层的最小流动孔喉半径，还可以通过累计渗透率贡献值法，主要是通过对单位孔隙空间的渗透率贡献值和累计的渗透率能力进行计算。根据毛管曲线，累计渗透率贡献值可借助珀塞尔公式进行计算，具体计算公式为

$$\Delta K_i = \frac{1/P_{ci}^2 + 1/P_{ci+1}^2}{\sum\limits_{i=1}^{n}[(1/P_{ci}^2 + 1/P_{ci+1}^2) \cdot \Delta S_{Hg}]} \cdot \Delta S_{Hg}, \quad \sum K = \sum_{i=1}^{n} \Delta K_i \tag{6.45}$$

式中：P_{ci}、P_{ci+1} 为毛管压力曲线上各压力测量点，P_{ci+1} 为 P_{ci} 加压后的下一个压力点；ΔS_{Hg} 为区间进汞饱和度，%；ΔK_i 为区间渗透率贡献值，%；$\sum K$ 为累计渗透率贡献值，%。

时宇等（2011，2009）的大量岩心样品压汞实验数据统计结果表明，虽然不同岩样的流动孔喉下限并不相同，但半径大于流动孔喉下限的孔隙对岩样的累计渗透率贡献值均在 99.9%左右，也就是说，束缚孔隙体系对渗透率的贡献大致在 0.1%。通过上述研究发现，由于不同孔喉半径对应的渗透率贡献值不相同，另外由于束缚流体主要是渗透率贡献较低的并储存在孔喉中的流体，所以只需要取累计渗透率贡献值达到 99.9%时所对应的孔喉半径，该值即为确定的孔喉半径下限值。

选择 K 井区 8 口井毛管压力曲线，得到由累计渗透率贡献值达到 99.9%对应的孔喉半径下限值，并取每口井的孔喉半径下限值的平均值，同时对 8 口井试气井段的日产气量转化为产能指数，以及取对应的平均孔喉半径。

图 6.28 为 8 口井渗透率累计贡献值确定的孔喉半径下限值直方图，可以看出，孔喉下限值范围在 0.022～0.034 μm，平均为 0.025 μm。图 6.29 为 8 口井产能指数与平均孔喉半径交会图，可以看出产能指数最低所对应的平均孔喉半径为 0.025 μm 左右。综上所述，可把平均孔喉半径下限值定为 0.025 μm。

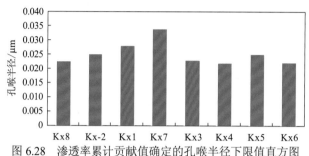

图 6.28　渗透率累计贡献值确定的孔喉半径下限值直方图

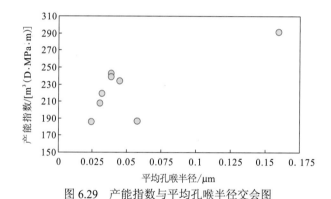

图 6.29　产能指数与平均孔喉半径交会图

3）束缚水饱和度确定

根据毛管半径下限值，利用毛管曲线可读出对应进汞饱和度，100 减去进汞饱和度为束缚水饱和度。通过交会图，发现束缚水饱和度 S_{wi} 与中值孔喉半径 r_z 的关系密切，如图 6.30 所示，得到束缚水饱和度与中值孔喉半径的关系：

$$S_{wi} = 12.843 r_z^{-0.3643}, \quad r = 0.973 \tag{6.46}$$

取孔喉半径下限值为 0.025 m，由式（6.46）可得束缚水饱和度为 49.2%，这一值也可作为 K 井区气层判别的下限值，含水饱和度小于 49.2% 可认为是气层。

为了得到中值孔喉半径，如图 6.31 所示，发现它与孔隙度关系密切，与渗透率关系差，它与孔隙度 ϕ 关系为

$$r_z = 0.0046 e^{0.4682\phi}, \quad r = 0.826 \tag{6.47}$$

因此，可用常规测井资料得到束缚水饱和度。

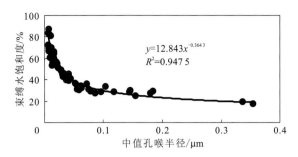

图 6.30　束缚水饱和度与中值孔喉半径的关系

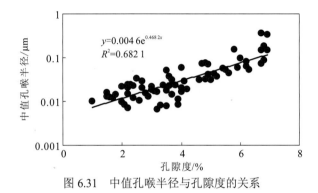

图 6.31　中值孔喉半径与孔隙度的关系

6.3.2　利用束缚水饱和度识别流体性质

根据含水饱和度和束缚水饱和度的定义容易得出如下推断：当储层含水饱和度大于或远大于束缚水饱和度时，储层中含有可动水。利用含水饱和度与束缚水饱和度之差和储层流体类型的关系，可判别流体的性质。

图 6.32 为 K 井区测试井段获得的饱和度差与孔隙度的关系，一般气层孔隙度大于 4%，饱和度差小于 10% 为气层，而含水层饱和度差要大于 10%。

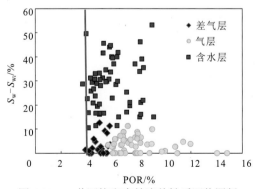

图 6.32　K 井区饱和度差流体性质评价图版

图 6.33 为 Kx8 井饱和度流体性质评价成果图。由图中饱和度道可以看出，束缚水饱和度与含水饱和度曲线基本重合，说明无明显的可动水，储层为气层，与试油结论一致。

图 6.34 为 Kx12 井饱和度流体性质评价成果图。由图中饱和度道可以看出，含水饱和度较高，且明显大于束缚水饱和度，说明存在大量的可动水，储层为含气水层，与试油结论一致。

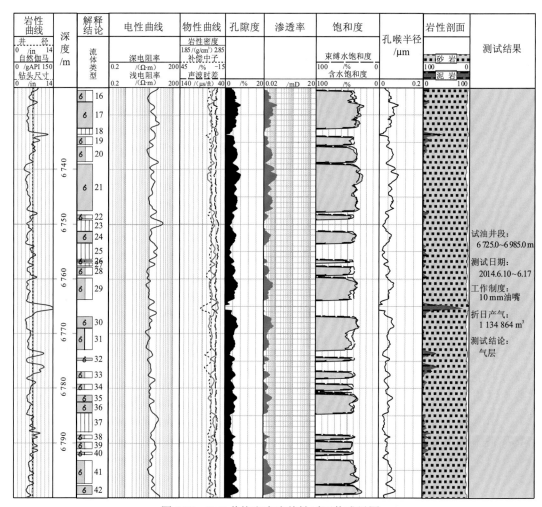

图 6.33　Kx8 井饱和度流体性质评价成果图

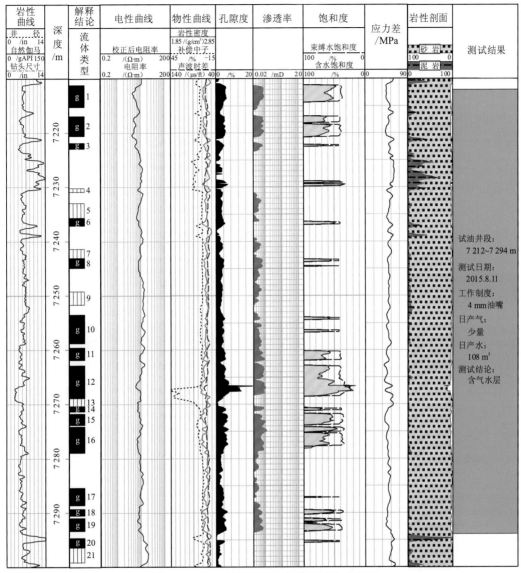

图 6.34　Kx12 井饱和度流体性质评价成果图

6.4　录井资料识别储层流体

气测录井作为一种直接测量地层天然气含量和组成的地球化学测量方法，是油气勘探中发现油气的重要手段。鉴于传统气测数据分析方法基本不能在深度域上进行多点对比分析，对气测信息使用程度低，为从更深层次挖掘气测数据信息，放大气测异常信号，通过对经典的烃组分三角图版进行数学分析，获得三角形大小，M 点在价值区坐标的 3 条连续曲线，并对皮克斯勒图版进行变换获得 C_1/C_2、C_1/C_3、C_1/C_4 及 C_1/C_5 四条曲线，结合比值法与气体比率法，同时结合测井解释结果开展储层流体识别（郭琼和宋庆彬，2014；汪瑞宏 等，2013；余明发 等，2013；汪瑞雪，2006）。

6.4.1　三角形图版法

利用气测录井数据，进行定量评价的方法，可称为烃组分三角形图版法。将背景值减去后得到的 C_1、C_2、C_3、nC_4 和 $\sum C$（$\sum C = C_1 + C_2 + C_3 + nC_4$），构建解释图版。图版的构建分为两部分，分别为三角形坐标系和三角形内价值区。作为极坐标的三角形坐标系，是极角 60° 的等边三角形，定义其边长为 20 个单位。该三角形上以逆时针进行对应的分别为 $C_3/\sum C$、$C_2/\sum C$、$nC_4/\sum C$，利用三个作为平行线的三个值组建为一个三角形，可根据所得三角形的特征（包括大小和形状）对储层的油气性质进行判断。

解释时，利用形成的内三角形顶尖的指向和边长占三角形坐标系边长的比例来综合确定对应储层中流体的性质，边长占比小于 25% 为小三角形，占比位于 25%～50% 为中等三角形，占比大于 75% 为大三角形，然后根据三角形形状及对应的油气分类来对油气层性质进行判断。根据计算可得到如下结论：其一，$C_3/\sum C$、$C_2/\sum C$、$nC_4/\sum C$ 三者之和等于图版三角形边长时，所得内三角形为一个点；其二，三者之和大于图版三角形边长时，所得内三角形为倒三角形；其三，三者之和小于图版三角形边长时，所得内三角形为正三角形。因此，利用烃组分三角形图版法对油气层进行解释时，可以简单地通过定义一个有效参数对三角形的形状和储层含油气性质进行分析。

按表 6.4 中数据得到烃三角形组分图，如图 6.35 所示。按烃组分三角形图版法解释，M 点在价值区，连线形成中等正三角形，综合解释为油气层。

表 6.4　Kx7 井 6 609.0 m 处气测数据表

校深/m	C_1/%	C_2/%	C_3/%	iC_4/%	nC_4/%	iC_5/%	nC_5/%
6 609.0	2.498 7	0.247 9	0.154 8	0.006 5	0.030 6	0.003 3	0.005 7
$\sum C$	$C_3/\sum C$	$C_2/\sum C$	$nC_4/\sum C$	C_1/C_2	C_1/C_3	C_1/C_4	C_1/C_5
2.932	0.052 8	0.084 5	0.010 4	10.08	16.14	67.35	277.63

6.4.2　皮克斯勒图版法

皮克斯勒比值随井深绘制的曲线称为皮克斯勒曲线，该曲线为储层流体性质的解释评价提供了一种方便途径。皮克斯勒曲线的位置、排列顺序、各比值曲线之间的间距、曲线形态特征与储层流体性质具有良好的对应关系，能有效反映干气层、湿气层、油层、水层的特征。皮克斯勒曲线形态特征和常规气测录井全烃量相结合，有利于合理解释判断储层性质，通过对比邻井间同一储层皮克斯勒曲线的变化，推测油气性质的横向变化。

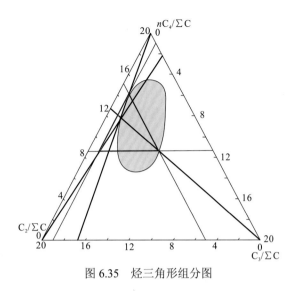

图 6.35　烃三角形组分图

可为油藏整体评价提供依据,对油气勘探具有指导作用。皮克斯勒曲线能够用于随钻评价,在油气藏评价研究方面具有广阔的应用前景,一方面拓展了气测录井数据的解释应用方式,另一方面为测井、录井数据联合使用奠定了基础。

早在 20 世纪 60 年代,为了利用气测录井数据评价储层性质,皮克斯勒基于储层的气体组分烃比值的数据统计分析,建立了皮克斯勒图版法。使不同性质的油藏烃组分比值特征的使用得到了充分的发挥,为气测录井资料的使用奠定了基础,并为油气层评价做出了重要贡献。

皮克斯勒图版法是将烃比值绘制在半对数坐标纸上,图版划分为油区、气区和两个非生产区共 4 个区域。该方法最初使用 C_1/C_2、C_1/C_3 及 C_1/C_4 三个烃比值建立解释图版,随着气测录井烃组分分析技术的提高,随钻及室内分析已可以得到 C_5 组分,因而 C_1/C_5 也纳入了解释图版,见表 6.5。

表 6.5　皮克斯勒图版分区依据

分区	组分比			
	C_1/C_2	C_1/C_3	C_1/C_4	C_1/C_5
气区	10～35	14～82	21～200	30～250
油区	2～10	2～14	2～21	2～30
非生产区	<2 或>35	<2 或>82	<2 或>200	<2 或>250

其解释原则如下。

(1)被解释地层的烃比值点(特别是 C_1/C_2)位于哪一个区内,该层即属于该区流体性质的储层。若 $C_1/C_2<2$,表示的是干层;若 C_1/C_2 值越小,则表明流体含油的密度越高含气越少。

(2)如果 C_1/C_4 值点位于气区顶部,并且 C_1/C_2 值点位于油区底部,则表明该层可能是非产层。

（3）当任意的前一个烃比值高于当前的比值，可得到该层可能是非产层。例如，当 C_1/C_3 大于 C_1/C_2 时，说明本层可能为非产层。

（4）各烃比值点连线的倾斜方向指示地层是产烃还是产水和烃：负倾斜（左高右低）连线表明是含水层；正倾斜（左低右高）连线表明是生产层；产液量小的地层可能表现为负倾斜，但这种情况非常少见。

皮克斯勒图版划分的 4 个区域分别为气区、油区和两个非生产区，由于 C_1/C_2、C_1/C_3、C_1/C_4 及 C_1/C_5 值的大小不同，可划分为不同的区域。皮克斯勒烃比值的高低，主要取决于油气藏气态烃类中 C_1 的含量，C_1 含量高，比值就大，各烃比值数据点连线则一般位于气区；C_1 含量低，比值相对小，数据点连线则一般位于油区。由于该方法的建立以大量统计数据为基础，必然涉及符合率问题，即存在一定的局限性。

图 6.36 为 Kx7 井 6990～7 018 m 皮克斯勒图版，由图可以看出，C_1/C_2 值大部分缺失，C_1/C_3、C_1/C_4、C_1/C_5 值依次下降，虽然曲线部分处于油层，部分处于气层，但仍然判断为含气水层。

图 6.37 为 Kx7 井 7945.5～8 023 m 皮克斯勒图版，由图可以看出，C_1/C_2 值无缺失，但 C_1/C_3、C_1/C_4、C_1/C_5 值变化呈现锯齿状，曲线多落入油区与非生产区之间，故判断为含气水层。

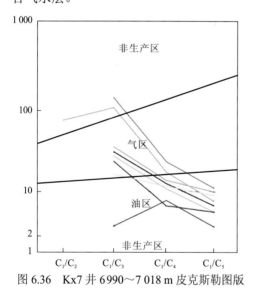

图 6.36　Kx7 井 6990～7 018 m 皮克斯勒图版

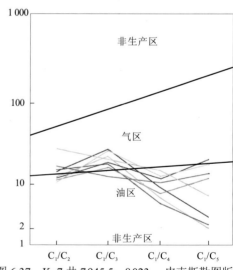

图 6.37　Kx7 井 7945.5～8 023 m 皮克斯勒图版

6.4.3　烃比折角法

建立在烃比值基础上的皮克斯勒图版法是形成最早、实用性较强的一种气测录井解释评价方法，利用此方法在储层流体性质分析判断中发挥了至关重要的作用，多年来受到广大学者和专家的关注。值得注意的是，随着油气勘探程度和气测录井检测分析精度的提高，上述方法还存在一定的局限性。借鉴皮克斯勒图版法，在皮克斯勒烃比值倒数 C_2/C_1、C_3/C_1、C_4/C_1 的基础上，通过对该烃比值参数在储层解释评价工作中的应用，形成了气测录井烃比折角法。该方法的优势是反映储层的含油性和含水性更加准确，突出特点是通过烃比值点连线在 C_3/C_1 比值点的折角能明确反映含水性，在很大程度上弥补了皮克斯勒图版法在储层含水性解释评价方面的不足，劣势是对储层的含气性尚不能有效评价。与皮克斯勒图版法对比分析表明，采用烃比折角法不但使油层解释更加准确，而且可有效识别油水同层与水层。

烃比折角法是将气体检测分析获得的烃类气体 C_1、C_2、C_3 和 C_4 的比值点依次绘制在线性坐标图上，同样是根据某个区域或区块大量的不同储层烃比值数据点连线的分布情况，同时考虑试油结论判断不同储层的识别区间（油区、油水区、水区），达到随钻录井过程或完井后储层的油水性特征评价的目的。

应用烃比折角法时须遵循以下解释评价原则。

（1）该方法适用于中质油、轻质油、凝析油储层的解释评价。

（2）烃类气体组分 $C_1 \sim C_4$ 检测值必须齐全。

（3）在地层流体性质的判定过程中，主要依据的是烃比值 C_2/C_1，通过分析该烃比值点位于哪个区间内就可以判断该地层的流体性质；另外，各烃比值点的连线在 C_3/C_1 比值点所构成的折角一般指示了地层流体的含水性。具体解释评价区间的判别标准见表 6.6。

表 6.6 烃比折角法划分储层流体性质标准

C_2/C_1	C_3/C_1	C_4/C_1	流体性质
0.20～0.10	0.12～0.06	0.08～0.02	油层
0.10～0.07	0.06～0.03	—	油水同层
<0.07	<0.03	<0.02	水层

根据气测录井检测分析获得的烃类气体组分参数之间的变化情况，一方面可以有效指示储层的含油气性，另一方面还可以有效确定其含水性，因此，通过气测录井获取烃类气体组分参数是录井解释人员一直不断实践探索与创新的研究方向。烃比折角法采用 C_2/C_1、C_3/C_1、C_4/C_1 三个比值，通过烃比值的大小，各烃比值点的连线在 C_3/C_1 值点折角的变化，可有效实现储层流体性质的解释评价。该图版不但有效识别出了油层，还根据油水同层和水层的识别，进一步确定了储层的含水性，从而达到对不同储层精细评价的目的。

从图 6.38 中的皮克斯勒图版可以看出，C_1/C_2、C_1/C_3、C_1/C_4、C_1/C_5 值依次上升，但曲线大多存在于非生产区，判定为差气层。同时，从图 6.39 烃比折角法图版可以看出，曲线形态不好，C_3/C_1 值多数处于水区，故该层综合解释为差气层。

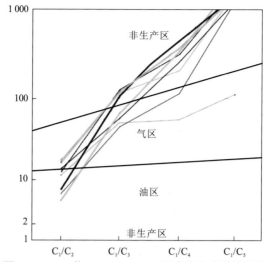

图 6.38　Kx8 井 6568～6616 m 深度段皮克斯勒图版

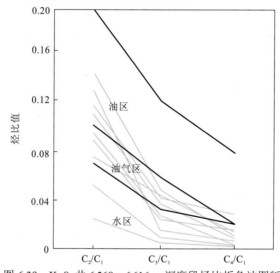

图 6.39　Kx8 井 6568～6616 m 深度段烃比折角法图版

第 7 章
裂缝性低孔砂岩气藏地质工程解释及产能预测

　　裂缝性低孔砂岩储层为了获得工业油气产能，往往需要对储层进行酸化压裂等储层改造施工。为了制定合理有效的储层改造方案就需要提前评估储层的地应力、破裂压力等储层参数，还需要预测改造效果，如井筒出砂情况、压裂缝高度等。为此，研究形成了高陡构造地层地应力评价方法、出砂指数评价方法、酸化压裂缝高度预测方法等。此外，在试气前对产能进行精确的预测，其重要性不言而喻，它会对接下来的试气管柱的选择及试气的安全性有很大的影响。在均质砂岩储层中，我们对产能预测有着成熟的经验与模式，但是在裂缝性砂岩储层，由于其存在裂缝，我们还没有好的经验与模式去借鉴。所以，为了解决这一棘手的问题，有必要从裂缝性砂岩的产能特点和对裂缝进行精确的定量描述这一角度破题，展开对裂缝性砂岩储层的几何参数精细评价方法研究，进而研究储层物性参数及裂缝参数与产能的关系，并建立基于储层物性参数和裂缝参数的产生预测模型。利用研究形成的方法对实际测井资料进行处理分析，取得较好的应用效果。

7.1 高陡构造地层地应力评价方法

地壳中的物质在地质构造运动（地壳内部的垂直运动和水平运动）及地层流体产生的力等因素的影响下，在漫长的地质年代里，产生介质内部单位面积上的作用力（内应力），这种应力我们称为地应力。对岩体的构造形变发挥主要作用的是三种力：构造应力、重力应力及孔隙流体应力（流体应力），在它们的共同作用下，这些力产生了不可忽略的作用。从另一个角度来说，流体应力可以抵消掉一部分岩石受到的压应力，因此，可以将流体应力理解为促使岩石张开的拉张应力，且流体应力对每一个方向地应力的影响是一样的；重力应力为垂向作用力；构造应力为水平向的平面应力，其垂向主应力为零。地壳内的不同位置的点应力状态各不相同，但大体上遵循应力随着深度的增加而线性增加的规律，地壳内各点应力状态在空间分布中的总和，也就是我们所说的地应力场。构造应力场即与地质构造运动有关的地应力场，也指导致构造运动的地应力场。地层中岩石单元应力状态比较复杂，但一般可以简化成三个方向上的主应力，包括垂向主应力 σ_v 和最大、最小水平主应力 σ_H、σ_h。D 地区和 K 地区白垩系的地应力状态为 $\sigma_H > \sigma_v > \sigma_h$。

1. 垂向主应力的计算方法

用密度测井曲线计算垂向主应力（近似于上覆岩层压力）σ_v 的公式是

$$\sigma_v = \int_0^H \rho g \mathrm{d}z \tag{7.1}$$

式中：H 为深度，m；ρ 为密度测井值（一般为 DEN 曲线值），g/cm³；g 为重力加速度，m/s²。

实际地层是非常复杂的，因此，地层密度与深度的变化关系不是一个简单的函数所能表示清楚的，为了解决这个问题，可以采用分段求和的方式来计算 σ_v，即

$$\sigma_v = 0.009\,806\,65 \sum_{i=1}^n \rho_i \Delta D_i \tag{7.2}$$

式中：ρ_i 为密度，g/cm³；ΔD_i 为深度采样间隔，m。

2. 最大、最小水平主应力的常规计算方法

测量水平主应力的方法主要有凯瑟效应实验法、水力压裂法、差应变法三种。地应力测试是间接得到地应力数据的有效方式，但测试成本昂贵，测量数据较少，无法获得连续的地应力剖面数据（张美玲 等，2017）。根据测井资料计算地应力是另一种切实可行的手段，而且利用实测数据去检验和标定计算结果，能够获得沿井深连续分布的分层地应力剖面数据（袁仕俊 等，2014）。对未测地应力的地层可利用测井数据计算获得较为准确的地应力数值，常用的地应力计算模型主要有以下三种（范翔宇 等，2012；谭辉煌，2011；谢润成，2009；张敏，2008；葛洪魁和林英松，1998；黄荣樽，1984）。

1）Terzaghi-Anderson-Newberry 的 σ_h 模型

Anderson 在 Terzaghi 模型的基础上，经过进一步的研究，提出了一个比较实用的模型，此模型最先进的地方在于提出了将 α（Biot 弹性系数）引入计算模型，它把地应力的计算提升到了一个全新的水平，给后人的工作提供了新思路，特别是对地层孔隙压力 P_p 对地应力的影响和作用有了更进一步的认识。Newberry 针对低渗透且有微裂缝的地层，修正了 Anderson 模型，得到了最小水平主应力（σ_h）的计算公式，如式（7.3）所示：

$$\sigma_h = \frac{\nu}{1-\nu} \times (P_o - \alpha P_p) + P_p \tag{7.3}$$

式中：ν 为泊松比；P_o 为上覆地层压力。

2）黄荣樽 $\sigma_h - \sigma_H$ 模型

$$\begin{cases} \sigma_h = \left(\dfrac{\nu}{1-\nu} + \beta_1\right) \times (P_o - \alpha P_p) + \alpha P_p \\ \sigma_H = \left(\dfrac{\nu}{1-\nu} + \beta_2\right) \times (P_o - \alpha P_p) + \alpha P_p \end{cases} \tag{7.4}$$

该模型提出的前提在于承认地下岩层的地应力的产生主要由上覆岩层压力和水平方向的构造应力提供，且水平方向的构造应力与上覆岩层的有效应力成正比，在同一断块系数 β_1、β_2 为常数（即构造应力与垂向有效应力成正比）。黄荣樽 $\sigma_h - \sigma_H$ 模型考虑了构造应力的影响，较好地解答了在我国常见的三向主应力不等且最大水平主应力大于垂向主应力的现象，但是该模型未考虑地层特性对水平主应力的影响，且没有充分考虑不同岩性地层中地应力的差异。

3）葛洪魁组合弹簧 $\sigma_h - \sigma_H$ 模型

假设岩石为均质、各向同性的线弹性体，在沉积及后期地质构造运动过程中，地层和地层之间不发生相对位移，地层两水平方向的应变均为常数，由广义胡克定律有

$$\begin{cases} \sigma_h = \dfrac{\nu}{1-\nu}(P_o - \alpha P_p) + \alpha P_p + \dfrac{E}{1-\nu^2}\varepsilon_h + \nu\dfrac{E}{1-\nu^2}\varepsilon_H \\ \sigma_H = \dfrac{\nu}{1-\nu}(P_o - \alpha P_p) + \alpha P_p + \dfrac{E}{1-\nu^2}\varepsilon_H + \nu\dfrac{E}{1-\nu^2}\varepsilon_h \end{cases} \tag{7.5}$$

式中：ν 为泊松比，无量纲；E 为杨氏模量，无量纲；ε_H、ε_h 为岩石在最大、最小水平主应力方向产生的应变，无量纲。在同一断块 ε_H、ε_h 为常数。

3. 高陡地层最大、最小水平主应力的计算方法

研究结果表明，地应力的计算明显受到地层倾角的影响，且影响随着地层倾角的增大而增大。主要原因在于，实际的绝大部分地层都是各向异性体或横向各向异性体，也就是说这类储层在各个方向上的弹性参数是有差异的，且这种差异随着地层倾角的存在变得更加显著，故在对大倾角地层的地应力计算时，需要考虑地层倾角对计算结果的影响。

前面介绍的几种模型都没有考虑地层倾角对地应力的影响。针对倾斜地层地应力计算问题，楼一珊（1998）、郑琦怡等（2008）曾分别研究了结合区域地质情况并考虑地层倾角和构造运动剧烈程度的地应力计算模型，但他们提出的这两种模型太复杂，

参数过多，对构造应力系数的校正量也偏大，且未考虑裂缝存在对地应力的影响，现实中难以推广应用。

地应力主要由地壳构造运动的动应力（古构造应力和现代构造应力）、上覆岩层压力及孔隙流体应力等组合而成。垂向主应力主要由重力应力形成，水平主应力主要由构造应力形成。因此，构造应力、上覆岩层重力应力和孔隙流体应力是地应力最主要的控制因素。由于地质构造运动剧烈程度的差异，在地应力的计算中应根据构造运动的剧烈程度选择不同的参数或计算模型。D 地区和 K 地区地质形成过程中，经过了多期复杂构造运动，燕山运动、喜马拉雅运动的影响尤为显著，特别是在喜马拉雅期，南天山造山带强烈抬升，形成区域性的向南挤压的应力场，导致拗陷内形成特征明显的冲断—褶皱构造，许多地层具有不同程度的地层倾斜，地层倾角比较大。D 地区地层倾角普遍大于 30°，如 Dx2 井地层倾角高于 60°；K 地区少数井的地层倾角高于 30°，如 Kx7 井地层倾角为 36°。

地层倾角的存在增加了上覆岩层压力（增加了垂向主应力对地层压实作用的影响），导致岩层的各向异性更加明显，所以在地层倾角较大区域应适当考虑其对地应力的影响。

如图 7.1 所示，充分考虑 D 地区和 K 地区地层倾角较大、高角度裂缝发育、地层异常高压、地应力强的实际状况，根据应力分布的几何空间三角函数关系，以地应力实验和压裂试采实测值为刻度基准，利用地层倾角测井与声电成像测井数据处理解释获得地层倾角和裂缝倾角等数据，引入地层倾角 D_{IPF1} 及裂缝倾角 D_{IPF2} 对地应力的影响系数 C_4、C_2，形成 D 地区和 K 地区高陡地层适用的地应力计算模型，如式（7.6）所示：

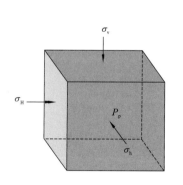 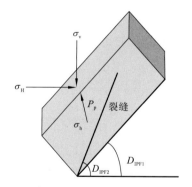

（a）水平构造地应力计算模型 　　　（b）高陡构造地应力计算模型

图 7.1　水平和高陡构造地应力计算模型

$$\begin{cases} \sigma_{\mathrm{h}} = \left(\dfrac{\nu}{1-\nu} + A_2 + C_{12} \right) * (P_{\mathrm{o}} - \alpha P_{\mathrm{p}}) + \alpha P_{\mathrm{p}} \\[2mm] \sigma_{\mathrm{H}} = \left(\dfrac{\nu}{1-\nu} + B_2 + C_{12} \right) * (P_{\mathrm{o}} - \alpha P_{\mathrm{p}}) + \alpha P_{\mathrm{p}} \\[2mm] C_4 = \dfrac{\sin(D_{\mathrm{IPF1}})}{2\pi} \\[2mm] C_2 = \dfrac{\sin(D_{\mathrm{IPF2}})}{2\pi} \\[2mm] C_{12} = C_4 - C_2 \end{cases} \tag{7.6}$$

式中：A_2、B_2 分别为储层岩石在最大、最小水平主应力方向的构造应力系数，对于 D 地区 $A_2 = 0.452$，$B_2 = 0.891$；对于 K 地区 $A_2 = 0.453$，$B_2 = 0.905$。其他参数的含义与上文相同。当地层倾角小于 5° 时，令 $C_{12} = 0$，则不关注地层倾角和裂缝对地应力的影响程度，式（7.6）就变形为上述的黄氏地应力模型（黄荣樽 $\sigma_h - \sigma_H$ 模型是它的一种特殊情况）。

根据工区的地质构造和地应力分布状态，采用高陡构造地应力计算模型式（7.6）来计算最大、最小水平主应力 σ_H、σ_h。这为从地应力角度研究储层有效性提供了重要参数。

4. 动静岩石力学参数转换模型的建立

通过岩石力学实验测量了岩石饱和密度、声波纵横波速度、静弹性模量及岩石强度，进而建立了动静岩石力学参数转换模型，以提高地应力计算的精度。岩石力学实验采用的仪器为美国 GCTS 公司的 RTR-2000 高压岩石三轴动态测试系统，系统配有超声测量仪 ULT-100，可在温度、压力变换情况下同时测量试样的力学参数、声学参数及渗透性质等。实验样品来自 K 地区，共 33 块岩心，其中张性段 14 块，过渡段 14 块，压扭段 5 块。

1）密度测量

岩石密度定义为单位体积岩样（包括孔隙在内）的质量。依据岩石样品含水情况，岩石密度可分为三类：第一，天然岩样密度，是指岩石样品在天然含水状态下单位体积的质量；第二，岩样的干密度，是指岩石样品烘干后单位体积的质量；第三，岩石样品的饱和密度，是指岩石样品在饱和状态下单位体积的质量。本节岩石的干密度测量实验选择了体积密度法。

2）岩石三轴压缩测量

通过岩石三轴压缩试验，我们可以在不同的复杂应力条件下对岩石的变形特性和岩石的强度进行细致的研究。

通过测定规则形状的岩石试件在不同围压作用下纵向和横向的变形量，从而求得岩石的弹性模量、泊松比及岩石三轴抗压强度。

本次三轴压缩试验选择了等侧压三轴压缩方法（$\sigma_1 > \sigma_2 = \sigma_3$），为更加真实地模拟地层条件，根据岩性和深度，实验中加载的围压是 116 MPa。

根据三轴压缩试验结果可以确定岩石弹性模量和泊松比。

计算轴向破坏应力 σ_4：

$$\sigma_4 = (\sigma_1 - \sigma_3) \tag{7.7}$$

式中：σ_1 为轴压，MPa；σ_3 为围压，MPa。

计算弹性模量 E、泊松比 ν：

$$E = (\sigma_1 - \sigma_3)_{50} / \varepsilon_{h50} \tag{7.8}$$

$$\nu = |\varepsilon_{d(50)} / \varepsilon_{h(50)}| \tag{7.9}$$

式中：$(\sigma_1-\sigma_3)_{50}$ 为最大水平主应力差值的 50%，MPa；$\varepsilon_{h(50)}$ 为 $\varepsilon_{1(50)}$ 轴向压缩应变；$\varepsilon_{d(50)}$ 为 $\varepsilon_{1(50)}$ 径向压缩应变。

K_2 由轴向破坏应力与围压关系拟合曲线求得，即

$$C_1 = \frac{\sigma_0}{2\sqrt{K_2}} \tag{7.10}$$

$$\phi = \arctan^{-1}\left[(K_2-1)/(2\sqrt{K_2})\right] \tag{7.11}$$

3）岩石纵横波速度测量

通过三轴试验来获取纵横波速度和时差，用于计算岩石动态弹性参数。岩石动态参数主要有弹性模量（E_d）、体积模量（E_{bd}）、剪切模量（G_d）、泊松比（ν_d）、拉梅系数（λ）、纵波阻抗（Z_p）、横波阻抗（Z_s），其中弹性模量（E_d）、体积模量（E_{bd}）、剪切模量（G_d）统称为岩石的动态弹性模量。

泊松比：

$$\nu_d = \frac{\Delta t_s^2 - 2 \times \Delta t_p^2}{2 \times (\Delta t_s^2 - \Delta t_p^2)} \tag{7.12}$$

弹性模量：

$$E_d = \frac{\rho_b \times 10^9 \times (3 \times \Delta t_s^2 - 4 \times \Delta t_p^2)}{\Delta t_s^2 \times (\Delta t_s^2 - \Delta t_p^2)} \tag{7.13}$$

剪切模量：

$$G_d = \frac{\rho_b \times 10^9}{\Delta t_s^2} \tag{7.14}$$

体积模量：

$$E_{bd} = \frac{\rho_b \times 10^9 \times (3 \times \Delta t_s^2 - 4 \times \Delta t_p^2)}{3 \times \Delta t_s^2 \times \Delta t_p^2} \tag{7.15}$$

拉梅系数：

$$\lambda = \frac{3 \times E_{bd} \times \mu}{1 + \mu} \tag{7.16}$$

纵波阻抗：

$$Z_p = \rho_b \times V_p \tag{7.17}$$

横波阻抗：

$$Z_s = \rho_b \times V_s \tag{7.18}$$

式中：ρ_b 为岩石密度，g/cm³；Δt_s 为横波时差，μs/m；Δt_p 为纵波时差，μs/m；V_p 为纵波速度，m/s；V_s 为横波速度，m/s。

4）测量数据处理与分析

根据测量原理，分别得到岩石密度、强度、静态弹性模量、动态弹性模量等。岩石三轴试验应力与应变关系测试典型图见图 7.2、图 7.3。弹性段基本符合线性关系，随应力增加而增加，测得静态弹性模量。最后到破裂段，可测得岩石抗压强度。

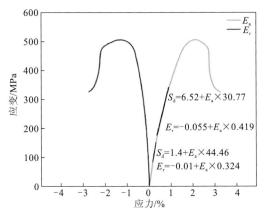

图 7.2　样品 xJ20-21 应力-应变关系曲线

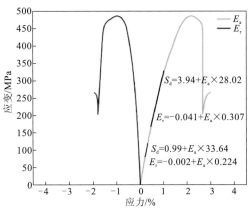

图 7.3　样品 xJ20-37 应力-应变关系曲线

对岩石声波速度与力学参数进行分析，发现岩石的抗压强度与杨氏模量关系密切，见图 7.4 和图 7.5。抗压强度和静态杨氏模量之间相关性较好，岩石抗压强度随静态杨氏模量增加而增加，张性段与过渡段两者关系基本一致，而压扭段的静态杨氏模量与抗压强度要高一些。

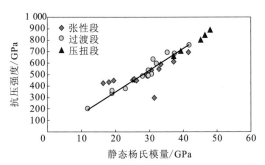

图 7.4　岩石抗压强度与静态杨氏模量的关系

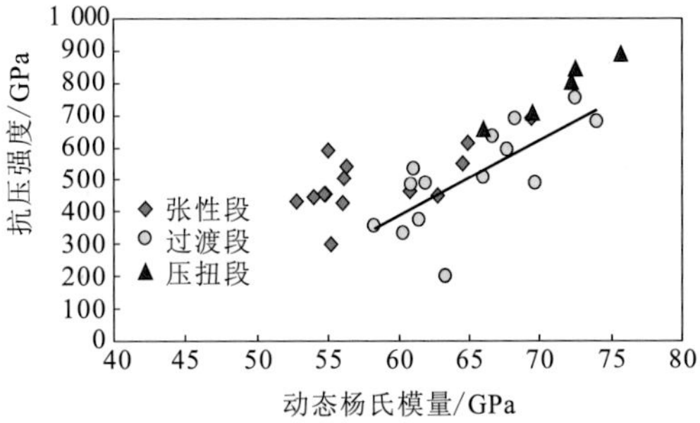

图 7.5　岩石抗压强度与动态杨氏模量关系

图 7.6、图 7.7 是杨氏模量、泊松比动静关系。数据分析结果表明：静态杨氏模量和动态杨氏模量之间存在线性关系，但个别数据比较分散，影响到相关性，动态杨氏模量要高于静态杨氏模量，杨氏模量受应力影响，趋势是杨氏模量压扭段>过渡段>张性段；动态泊松比低于静态泊松比，压扭段的泊松比小于张性段和过渡段，动静态泊松比相关性不好，受应力、岩性、裂隙等非均质影响严重。

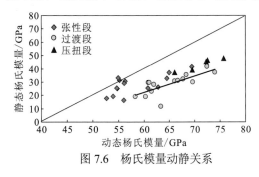

图 7.6　杨氏模量动静关系

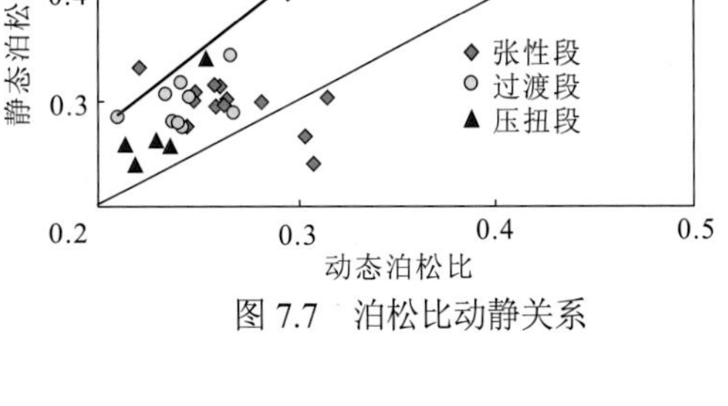

图 7.7　泊松比动静关系

图 7.8 为 Kx4 井岩石力学处理结果，其中，第 13 道为地应力道，主要包括上覆地层重力应力和水平最大、最小地应力曲线。由图 7.8 可以看出，上覆地层重力应力变化不大，近似等于 175 MPa；水平最大和最小地应力变化比较明显，水平最小地应力在 137 MPa 左右波动，而水平最大地应力在 205 MPa 左右波动。

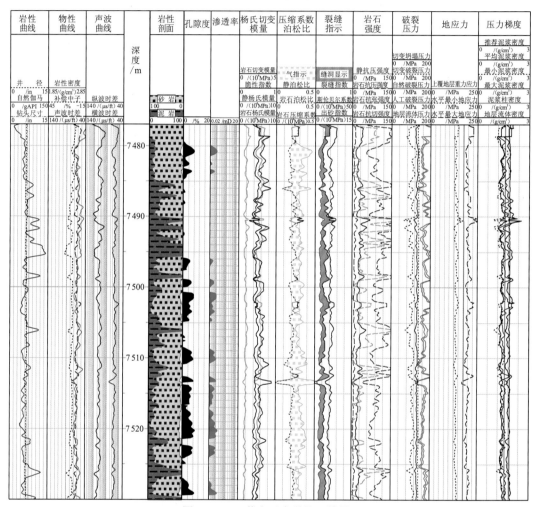

图 7.8　Kx4 井岩石力学处理结果

图 7.9 是 Kx1 井 6400～6600 m 深度段地应力评价成果图。其中水平地应力差指的是水平最大地应力与水平最小地应力的差值。随着深度的增加，水平最大、最小地应力及水平地应力差都在往高值方向偏移。而与之对应的地层电阻率也在不断增大，变化的幅度达到了数量级的变化。其中在 6480～6600 m 段，由于地应力水平的增大，相较于 6400～6480 m 段，地层电阻率变化剧烈，出现异常高值。

由上述方法对 K 地区与 D 地区现今应力进行了评价和研究。对比分析现今水平最大主应力方向与裂缝整体走向，结果表明两者方向一致或角度不大时，裂缝一般处于开启状态，为有效缝，可以最大限度地发挥其渗流通道的功能，这种情况一般认为裂缝系统

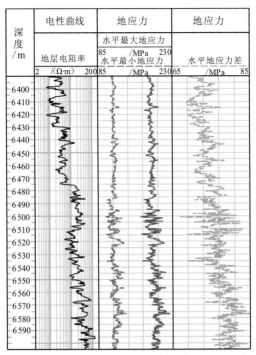

图 7.9　Kx1 井 6400~6600 m 深度段地应力评价成果图

的有效性较强；反之，当两者垂直或斜交角度较大时，裂缝的渗流通道作用大大降低，在地应力作用下可能使裂缝闭合。

按照有效裂缝走向与水平最大主应力夹角的大小与产能建立关系（图 7.10~图 7.12），可以看出产能随两者夹角减小而有减小趋势，即夹角大产能大，夹角小产能也小。

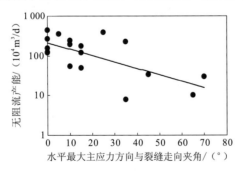

图 7.10　K 井区产能与水平最大主应力方向和裂缝走向夹角的关系

通过研究水平地应力的大小和裂缝参数的关系发现，现今水平地应力大小对裂缝的发育起到关键的作用，随着构造断层段的应力释放，一般水平地应力差（水平最大地应力与水平最小地应力之差）要减小，其减小量与裂缝发育有密切关系。图 7.13~图 7.15 分别为 Kx6、Kx1、Kx01 井水平地应力差与裂缝参数的关系，随着水平地应力差减小裂缝面孔率、密度等参数相应增大，水平地应力差越小，裂缝面孔率、等效宽度等参数也越大，说明应力释放作用明显的地方，裂缝也越发育。

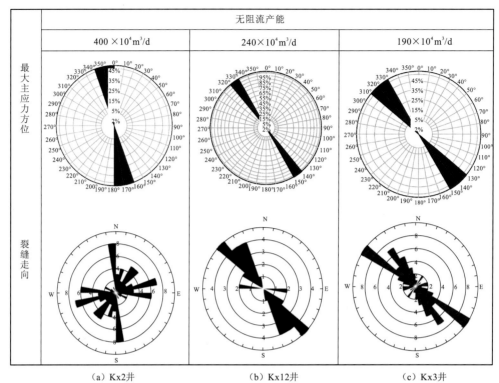

图 7.11　K 地区最大地应力方位与裂缝走向对比图

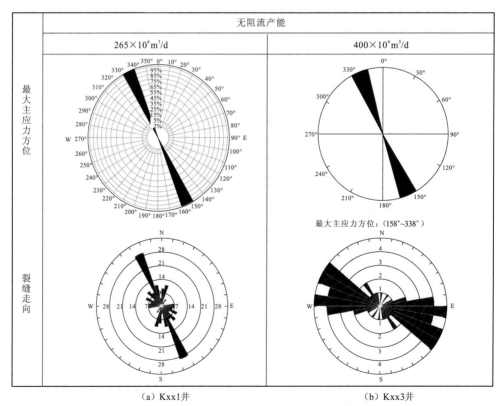

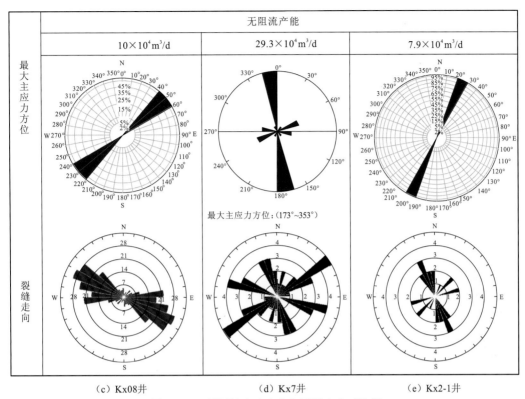

（c）Kx08井 （d）Kx7井 （e）Kx2-1井

图 7.12 K 地区地应力方位与裂缝走向对比图

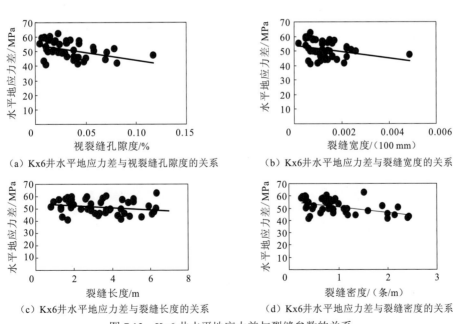

（a）Kx6井水平地应力差与视裂缝孔隙度的关系 （b）Kx6井水平地应力差与裂缝宽度的关系

（c）Kx6井水平地应力差与裂缝长度的关系 （d）Kx6井水平地应力差与裂缝密度的关系

图 7.13 Kx6井水平地应力差与裂缝参数的关系

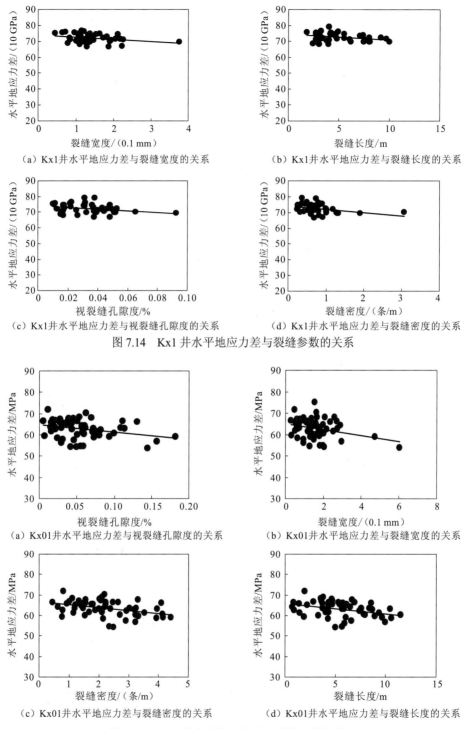

（a）Kx1井水平地应力差与裂缝宽度的关系　　（b）Kx1井水平地应力差与裂缝长度的关系

（c）Kx1井水平地应力差与视裂缝孔隙度的关系　（d）Kx1井水平地应力差与裂缝密度的关系

图 7.14　Kx1 井水平地应力差与裂缝参数的关系

（a）Kx01井水平地应力差与视裂缝孔隙度的关系　（b）Kx01井水平地应力差与裂缝宽度的关系

（c）Kx01井水平地应力差与裂缝密度的关系　（d）Kx01井水平地应力差与裂缝长度的关系

图 7.15　Kx01 井水平地应力差与裂缝参数的关系

　　为了进一步研究应力和构造因素对裂缝发育的影响，统计分析了不同应力段的裂缝发育特征。图 7.16～图 7.18 为 Kx6、Kx1、Kx2 井不同应力段裂缝发育情况统计结果。

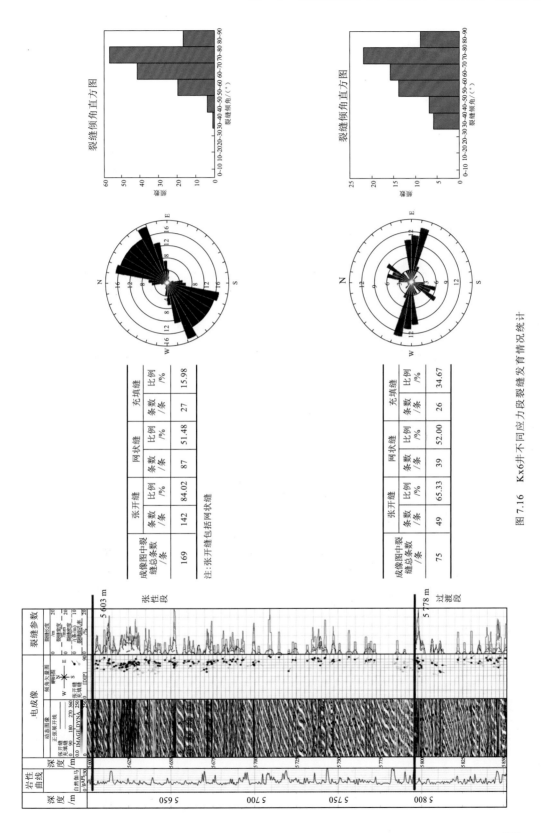

图 7.16　Kx6井不同应力段裂缝发育情况统计

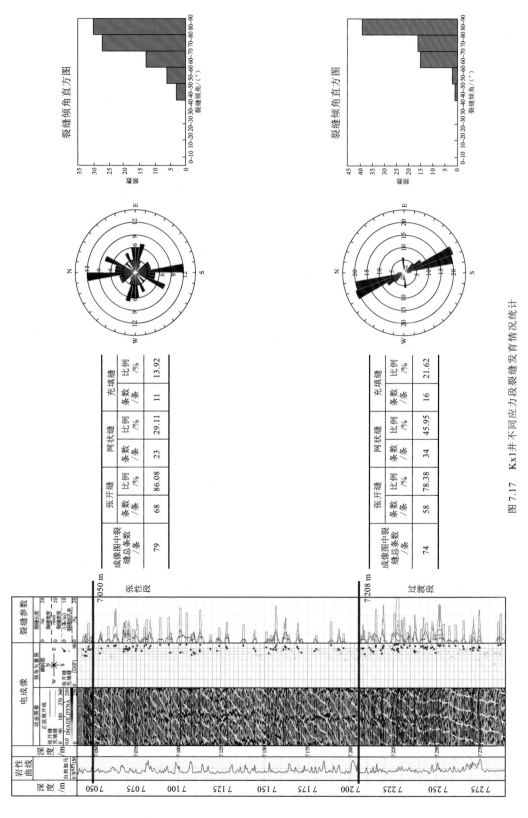

图 7.17 Kx1井不同应力段裂缝发育情况统计

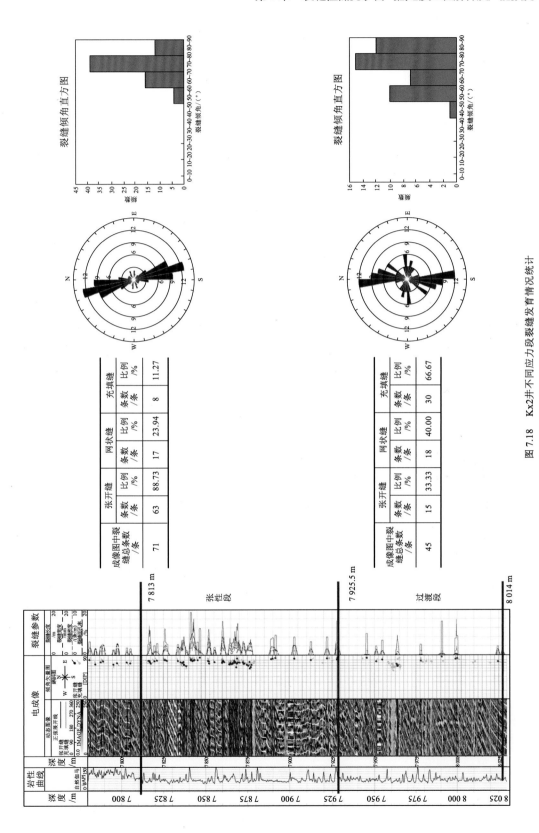

图 7.18　Kx2井不同应力段裂缝发育情况统计

由图可以看出，张性段与其他段的比相对较大，网状缝和充填缝比例较小；过渡段中张开缝所占比例较小，网状缝和充填缝的比例较大；压扭段成像数据较少或缺失；另外，由裂缝倾角直方图可以看出，张性段和过渡段主要发育高角度缝（含部分斜交缝）。由此说明，从张性段到过渡应力段，张开缝比例逐渐减小，网状缝和充填缝比例逐渐增大，但都以高角度缝为主。

7.2 井筒稳定性、出砂分析与压裂高度预测技术

7.2.1 井筒稳定性分析

针对 D 地区和 K 地区地质构造高陡、地应力较强，并且储层为超深、高温高压、低孔低渗的裂缝性砂砾岩地层，地层压力体系复杂，钻井过程中井筒稳定性较差，常出现井壁垮塌、井漏与缩径卡钻等现象，本节重点开展井眼稳定性分析，通过测井资料的精细处理与解释，主要从力学原因出发，研究井漏、井壁坍塌崩落等井壁稳定性问题，对易漏易塌层进行识别，为 D 地区和 K 地区优质高效快速钻井提供决策依据（章成广等，2009）。

1. 井漏类型及原因分析

在钻井过程中，造成泥浆漏失的原因有两个。①天然渗透性地层的漏失，这种漏失程度主要取决于钻井液柱压力与地层压力的差值大小及井壁上是否有泥饼形成，当压差足够大且没有形成泥饼时才发生泥浆漏失。在低压的裂缝-溶洞型储层中很容易发生该漏失。②高密度泥浆的压裂漏失，钻井过程中因钻具振动产生的裂缝其张开度和径向延伸很微小，一般不会引起泥浆漏失；但高密度泥浆液柱压力产生超过岩石破裂压力的张应力而产生裂缝时，可能会有较大的张开度和穿层长度，因此可能造成泥浆的严重漏失，且堵漏措施难以见效。工区主要的井漏类型有 4 种。

1）渗透性漏失

此类漏失主要表现在浅部、中深部孔隙较大和渗透率较高的砂岩、砾岩等地层，该漏失主要是压差作用下的渗漏，漏失量一般较小，漏速较低，一般在 $10~\text{m}^3/\text{h}$ 以内。

例如，Dx3 井表层岩性为砂、砾石，属松散的坡积物，存在较大的孔隙，在 158.3～189.5 m 的钻进过程中，共漏失密度为 $1.06~\text{g/cm}^3$ 的泥浆 544.5 m^3。

Kx2 井钻进至井深 6253.36 m，漏失密度 $2.38~\text{g/cm}^3$ 的泥浆 9.0 m^3，漏速 9.0 m^3/h，循环观察期间漏失钻井液 2.1 m^3。漏失井段为 5601.0～5603.0 m，层位为古近系库姆格列木群膏盐岩段，岩性为杂色小砾岩，漏失原因为砾石层渗漏。

2）裂缝性漏失

在裂缝性地层中，由于裂缝的形态、分布和发育各异，在裂缝闭合时，地层渗漏能力很小，如果存在正压差（即井筒中泥浆作用于井壁地层的动压力 $P_{\text{动}}$ 超过地层的漏失压

力 $P_漏$ 时），井壁上的裂缝会张开，形成新的漏失通道，此时地层的渗漏能力会突然增强，一旦发生该漏失，泥浆通过这些裂缝通道漏失到地层中，将会造成严重的井漏事故。其漏失程度取决于井筒压力与地层孔隙压力的差值、天然裂缝的发育程度和连通状况及漏失通道内流体的流变性等。

对于地层压力系数或地层破裂压力较低的地层，在正压差钻井作用下会诱发裂缝或使闭合裂缝重新开启而产生井漏。以下四种情况易引发诱导裂缝性漏失：①钻高压油气层，或在压井作业时，由于泥浆密度过高压裂低压地层而发生漏失；②起下钻、下套管时，下放速度过快，或是在钻头、扶正器浸泡的情况下，猛提放钻具，造成压力激动，将储层压裂而产生漏失；③工作液切力过高，特别是静切力过高时，加上开泵过猛造成瞬时压力激动，将地层压裂产生漏失；④井筒内工作液动压力促使天然裂缝开启而发生漏失。例如，Dx3 井在巴什基奇克组 5 800～5 905 m 的钻井过程中，共漏失密度为 1.75～1.83 g/cm^3 的泥浆 258.04 m^3，漏失原因为储层裂缝发育，钻进时泥浆柱压力大于地层压力，从而造成天然裂缝性储层漏失。

Dx1 井钻至 5 954.2 m、5 970～5 973.7 m 和 5 976.5～5 981 m 井段时均发生井漏，共漏失泥浆 268 m^3，以上两个漏层实用泥浆密度 1.86 g/cm^3，在安全泥浆密度窗口之内，但 FMI 成像资料显示该段地层裂缝非常发育，属于典型的裂缝性自然漏失。

Kx2 井钻进至井深 6 664.69 m 发生井漏，漏失相对密度 2.15 g/cm^3 的钻井液 151.4 m^3。层位为白垩系巴什基奇克组，岩性为棕褐色粉砂岩。漏失原因为砂岩裂缝性漏失。

激动压力过高引起的裂缝性漏失的情况如下。

Dx3 井钻进至 6 410 m 时，漏失密度为 2.31 g/cm^3 的泥浆 79 m^3，漏失原因为固井过程中泵压过高，引起激动压力增大，泥浆作用在井壁的动压力 $P_动$ 增大，导致漏失压差变大，产生井漏。

Dx4 井钻进至 3 898.82 m 时，漏失密度为 1.5 g/cm^3 的泥浆 316 m^3，漏失原因为地层承压能力（$P_破$）低，泥浆相对密度过高，替泥浆时压漏地层。

Dx5 井钻进至 6 679 m 时，在下钻过程中，共漏失密度为 2.45 g/cm^3 的泥浆 146.87 m^3，漏失原因为当前深度地层存在裂缝。

3）盐膏层漏失

钻遇盐膏层后，泥浆溶解盐膏层可导致漏失。在工区古近系库姆格列木群的盐膏层钻进过程中，为了延缓盐膏岩塑性蠕变速率，在钻井过程中提高泥浆密度，由于该层位裂缝较为发育，同时泥浆会在一定程度上溶解盐岩层，在这两方面的作用下，可导致漏失。并且古近系下部到巴什基奇克组上部是压力敏感性地层，在泥浆密度控制不好的情况下，井漏的可能性较大。

例如，Dx5 井三开套管下深 5 743 m，盐顶 5 840 m。在钻探过程中，该井盐膏层漏失严重，需要进行承压堵漏作业。2010 年 11 月 14 日堵漏工作开展，根据 D5 井实际情况调整堵漏剂配方及泥浆密度后，经过 8 次堵漏施工，最终获得成功。

4）超高压层的窄安全泥浆密度窗口的漏失

漏层为超高压产层，压稳与漏失的矛盾较为突出，泥浆密度可调范围窄，产层承受钻井液柱压力波动的能力较差，要么压不住，要么压漏，是目前较难处理的漏失。

例如，Dx3 井钻至 5 668.99 m 发生井漏，漏失密度为 2.35 g/cm³ 的钻井液 88.25 m³，钻井液密度高于安全泥浆密度窗口上限 2.24 g/cm³，压漏地层。

Dx1 井钻至 5 920.12 m 时，漏失泥浆 214 m³，漏失原因为钻井液密度 2.06 g/cm³ 高于安全泥浆密度窗口上限，压漏地层。表 7.1 为 D 地区和 K 地区部分井的井漏情况统计。

表 7.1　D 地区和 K 地区部分井的井漏情况统计

井号	漏失井段/m	漏失层位	漏失次数/次	漏失量/m³
Dx3	5 940～7 089.96	$E_{1-2}km$	9	543.6
Dx5	835～6 679	N_2k—$E_{1-2}km$	33	1 506.4
Dx6	2 066.71	N_2k	1	3.4
Dx1	5 211～5 790	$E_{1-2}km$—K_1bs	6	195.5
Dx2	5 057.49～5 309.06	$E_{1-2}km$	5	915.95
Dx03	158.30～5 946	Q—K_1bs	25	3 241.58
Dx04	3 898.82～6 051	$N_{1-2}k$—K_1bs	3	349.3
Dx01	248.75～6 039	N_2k—K_1bs	23	2 992.89
Dx02	3 927～6 100	$N_{1-2}k$—K_1s	34	1 200.31
Dx03	4 002～5 835.4	$E_{2-3}s$—$E_{1-2}km^4$	26	1 684.2
Dx04	6 022～6 032	K_1bs	5	66.33
Dy2	6 110～7 461	$E_{1-2}km$—K_1bs	19	659.1
Kx2	4 390.9～6 664.69	N_1j—K_1bs	3	641.0
Kx7	6 977.47～8 023	$E_{1-2}km$—K_1bs	48	1 945.0
Kx1	4 566.35～6 790.17	$E_{1-2}km$—K_1bs	10	253.74
Ky2	5 132～6 809.77	$E_{1-2}km$—K_1bs	12	285.16

2. 井壁崩落类型及原因分析

造成井壁崩落的原因有很多，主要有以下几种。①冲蚀性崩落：常发生在井壁附近的泥页岩等软岩层，这类岩层在泥浆较长时间的浸泡下吸水而使内部结构发生变化，导致井壁坍塌。这种坍塌通常形成椭圆井眼，在双井径曲线上表现为井径不等，且都大于钻头直径。②溶蚀性崩落：常常发生在盐膏岩地层，是盐岩、石膏等岩层被泥浆溶蚀所形成，其崩落形状一般为圆形，双井径曲线均大于钻头直径。③高角度裂缝崩落：与井壁近似平行的部分高角度裂缝一般可以导致井壁附近的岩石强度降低，另外在井眼泥浆的浸泡、冲刷及钻井工具来回碰撞情况下，往往会导致沿裂缝走向崩落，造成椭圆井眼，在双井径测井曲线上的表现为一条井径大于钻头直径，另一条井径接近于钻头直径。④应力型崩落：当水平主应力不平衡时，会引起井壁在最小水平主应力方向上产生剪切掉块或井壁崩落，产生对称的椭圆井眼，椭圆的长轴方向指示最小水平主应力方向，在双井径曲线上表现为一条大于钻头直径，一条近似等于钻头直径。

3. 井壁力学稳定性机理分析

分析 D 地区和 K 地区的井漏和井壁崩落原因，其中泥浆压裂漏失和井壁崩落是影响该区钻井速度的两个重要因素。由于工区的井型属于直井，下面主要研究直井中的泥浆压裂漏失和井壁崩落这两类井眼稳定问题。首先，对直井井壁围岩应力状态做一简单分析。

1）直井井壁应力状态方程建立

井眼未形成之前，地下应力环境处于相对稳定的状态，在井眼形成过程中，井壁附近岩石主要受泥浆液柱压力 P_m、上覆岩层压力 P_o、孔隙流体压力 P_p 及构造应力（水平最大主应力 σ_H 和水平最小主应力 σ_h）的作用，使井壁原地应力平衡状态发生变化，变化后的应力称为次生应力。在柱坐标系 (r,θ,z) 中，井壁次生应力状态可用径向应力 σ_r、切向应力 σ_θ、轴向应力 σ_z 及剪应力 $\tau_{\theta z}$、$\tau_{r\theta}$、τ_{rz} 这 6 个应力分量来表示。

如果岩石受力状态超过了由屈服准则所确定的强度，岩石就会发生剪切或张性破坏。岩石中的应力由原地应力和流体流动所产生的应力组成，原地应力可由线-弹性理论来计算，而流体流动所产生的应力要用孔-弹性方程来求解。

在均质、各向同性的线-弹性地层中，井眼周围的应力分布可由 Fairhurst 方程表示：

$$\begin{cases} \sigma_r = \dfrac{\sigma_H + \sigma_h}{2}\left(1 - \dfrac{R^2}{r^2}\right) + \dfrac{\sigma_H - \sigma_h}{2}\left(1 + \dfrac{3R^4}{r^4} - \dfrac{4R^2}{r^2}\right)\cos 2\theta + \dfrac{R^2}{r^2}P_m \\[3mm] \sigma_\theta = \dfrac{\sigma_H + \sigma_h}{2}\left(1 + \dfrac{R^2}{r^2}\right) - \dfrac{\sigma_H - \sigma_h}{2}\left(1 + \dfrac{3R^4}{r^4}\right)\cos 2\theta - \dfrac{R^2}{r^2}P_m \\[3mm] \tau_{r\theta} = \dfrac{\sigma_H - \sigma_h}{2}\left(1 - \dfrac{3R^4}{r^4} + \dfrac{2R^2}{r^2}\right)\sin 2\theta \\[3mm] \sigma_z = P_o \end{cases} \tag{7.19}$$

式中：σ_r 为距井轴 r 距离，并与 σ_H 按逆时针方向成 θ 角处的径向正应力，MPa；σ_θ 为距井轴 r 距离，并与 σ_H 按逆时针方向成 θ 角处的切向正应力，MPa；$\tau_{r\theta}$ 为距井轴 r 距离，并与 σ_H 按逆时针方向成 θ 角处的剪切力分量，MPa；r 为径向距离，cm；R 为井筒半径，cm；P_m 为井筒中的泥浆液柱压力，MPa；θ 为井壁上某点与 x 轴的夹角，（°）（图 7.19、图 7.20）。

对于井壁上的点，即 $r=R$ 时，井壁应力分布公式为

$$\begin{cases} \sigma_r = P_m \\ \sigma_\theta = \sigma_H + \sigma_h - 2(\sigma_H - \sigma_h)\cos 2\theta - P_m \\ \tau_{r\theta} = \theta \\ \sigma_z = P_o \end{cases} \tag{7.20}$$

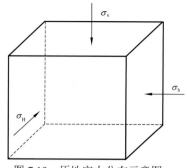

图 7.19　原地应力分布示意图

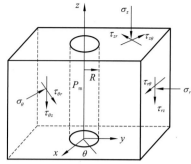

图 7.20　井壁次生应力分量

2）井壁地层压裂漏失机理分析

（1）泥浆压裂力学分析。

在式（7.20）中，当 $\theta = 0°$ 或 $180°$ 时，即在最大水平主应力方向上，有最小切向应力：

$$\sigma_\theta = 3\sigma_h - \sigma_H - P_m \tag{7.21}$$

在多孔连续介质中，地层岩石颗粒间的有效应力 σ_e 和孔隙压力 P_p 一起支撑上覆岩层压力 P_o，即

$$\sigma_e = P_o - \alpha_2 P_p \tag{7.22}$$

式中：α_2 为孔-弹性系数（有效应力系数），$\alpha_2 = 1 - C_{ma}/C_b$，$C_{ma}$ 和 C_b 分别为岩石骨架压缩系数和体积压缩系数，1/MPa。

当有效应力越大时，地层岩石抵抗变形的能力就越大，由此说明，有效应力决定了井壁稳定性。故对于井壁岩石骨架的最小有效切向应力 $\sigma_{\theta eff}$，还需要用最小切向应力 σ_θ 减去孔隙流体压力，即

$$\sigma_{\theta eff} = 3\sigma_h - \sigma_H - P_m - \alpha_2 P_p \tag{7.23}$$

由式（7.23）可知，随着泥浆液柱压力 P_m、孔隙流体压力 P_p 及水平主应力差的增大，有效切向应力将逐渐减小至零，甚至为负值，此时该切向应力就从对井壁的压应力（压缩）变为张应力（拉伸），如果张应力超过岩石的抗张强度 S_T，井壁岩石就会发生张性破裂。由最大拉应力理论可知泥浆压裂形成条件：

$$\sigma_{\theta eff} \geqslant -S_T \tag{7.24}$$

满足式（7.24）的泥浆液柱压力 P_m 为地层破裂压力 P_f。

（2）地层破裂压力计算模型。

有关地层破裂压力的预测模型已有较多报道，这些模型都有其特定的适用条件，主要适用于砂泥岩地层。从形式上看可归纳为两大类。

$$P_f = \alpha_2 P_p + \left(\frac{2\nu}{1-\nu} + \xi \right) \cdot (P_o - \alpha_2 P_p) + S_T \tag{7.25}$$

$$\begin{cases} P_{fu} = \dfrac{\nu}{1-\nu} P_0 + \nu_b \left(\dfrac{1-2\nu}{1-\nu} \right) \cdot \left(1 - \dfrac{C_{ma}}{C_b} \right) P_p \\[3mm] P_{fd} = \dfrac{\nu}{1-\nu} P_0 + \left(\dfrac{1-2\nu}{1-\nu} \right) \cdot \left(1 - \dfrac{C_{ma}}{C_b} \right) P_p \end{cases} \tag{7.26}$$

式中：P_{fu}、P_{fd} 分别为考虑地层水平骨架应力影响程度的破裂压力、压裂压力；ν 为岩石的泊松比，无量纲；ξ 为地质构造应力系数，无量纲；C_{ma} 为岩石骨架压缩系数；C_b 为岩石压缩系数；ν_b 为地层水平骨架应力的平衡因子，无量纲。

基于三向地应力模型建立了适合于工区地层特点的破裂压力计算模型：

$$F_P = P_p + u_b \frac{\nu}{1-\nu}(P_o - \alpha_2 P_p) + C_1 C_2 S_T \tag{7.27}$$

式（7.27）形式上类似于式（7.25），其中：F_P 为破裂压力；u_b 为地层水平骨架应力的非平衡因子，一般取 1.5，无量纲；ν 为泊松比；C_1 为岩石强度系数；C_2 为地应力的影响系数。式（7.27）第一项反映的是地层孔隙压力对破裂压力的贡献，第二项反映的是由上覆地层压力和地层孔隙压力综合作用的垂直骨架应力对破裂压力的影响，第三项反映的是岩石抗张强度对破裂压力的贡献，且 P_p、$P_o - \alpha_2 P_p$、S_T 的系数项分别为它们对破裂压力影响的权重因子。式中：$C_1=1$ 时为非裂缝性地层或孔隙性储层，其他地层 $C_1=0$；$C_2=1$ 时为压裂施工时计算的地层破裂压力，$C_2=0$ 时为用于钻井中防止泥浆密度太大压漏地层而应该忽略地层抗张强度时计算的地层自然破裂压力（或漏失压力）。依据式（7.27）可得到钻井时地层发生张性破裂所对应的理论泥浆密度 F_{PGM}：

$$F_{PGM} = \frac{1000}{9.80665} \times \frac{F_P}{H} \tag{7.28}$$

式中：F_{PGM} 为地层破裂压力对应的等效泥浆密度，g/cm^3；H 为地层埋藏深度，m。

3）井壁地层崩落坍塌机理分析

（1）井壁崩落力学分析。

在式（7.20）中，当 $\theta = 90°$ 或 $270°$ 时，即在最小水平主应力方向上，有最大切向应力：

$$\sigma_\theta = 3\sigma_H - \sigma_h - P_m \tag{7.29}$$

井壁岩石的最大有效切向应力为

$$\sigma_{\theta eff} = 3\sigma_H - \sigma_h - P_m - \alpha_2 P_p \tag{7.30}$$

当最大有效切向应力 $\sigma_{\theta eff}$ 大于岩石固有剪切强度 τ_0 时，井壁会在最小水平主应力方向上发生剪切破坏，形成圆形崩落井眼。

圆形崩落井眼形成条件：

$$(\sigma_\theta - \sigma_r)/2 = \tau_0 \cdot \cos\varphi + [(\sigma_\theta + \sigma_r)/2]\sin\varphi \tag{7.31}$$

式中：φ 为岩石内摩擦角，（°）。

井壁发生崩落形成椭圆井眼以后，井壁附近的应力会重新分布，在新应力场作用下，井壁可能处于平衡状态，也可能继续崩落，这就取决于井眼的形状大小、井壁附近岩石的力学性质及新应力场的状态等因素。判定其是否继续崩落的判别式为

$$(\sqrt{1+\mu_2^2} - \mu_2)[\sigma_H(1+2a_3/b_3) - \sigma_h + 2(P_1 - q)a_3/b_3] - 2\mu_2 q \geqslant 2\tau_0 \tag{7.32}$$

式中：a_3 为椭圆井眼长半轴，m；b_3 为椭圆井眼短半轴，m；μ_2 为岩石内摩擦系数，无量纲；q 为流体压差，MPa；P_1 为流体自重，N。

（2）地层坍塌压力计算模型。

在钻井过程中，当井内的泥浆液柱压力 P_m 低于地层坍塌压力 B_P 时，井壁岩石将产

生剪切破坏。塑性较软的岩石条件下，井内产生塑性变形而导致缩径；硬脆性岩石会引起坍塌掉块而造成扩径和卡钻等井下复杂情况，为此，将地层坍塌压力作为确定合理钻井液密度下限值的依据之一。

根据莫尔-库仑强度准则：

$$\sigma_{\max} - \alpha_2 \cdot P_p = (\sigma_{\min} - \alpha_2 \cdot P_p)\frac{1+\sin\varphi}{1-\sin\varphi} + 2\tau_o\frac{\cos\varphi}{1-\sin\varphi} \tag{7.33}$$

或：

$$\sigma_{\max} - \alpha_2 \cdot P_p = (\sigma_{\min} - \alpha_2 \cdot P_p)\cot^2\left(45° - \frac{\varphi}{2}\right) + 2\tau_o\cot\left(45° - \frac{\varphi}{2}\right) \tag{7.34}$$

式中：$\sigma_{\max}$ 为井壁最大主应力分量，MPa；$\sigma_{\min}$ 为井壁最小主应力分量，MPa；P_p 为孔隙流体压力，MPa；τ_o 为岩石内聚力（岩石固有剪切强度），MPa；φ 为岩石内摩擦角，一般 φ 取 30°。

由式（7.34）可知，地层岩石的剪切破坏取决于井壁最大和最小主应力分量，当最大与最小主应力分量差异越大，井壁出现坍塌的可能性越大。在直井中，根据井壁的应力状态分析能够得到地层岩石最大和最小水平主应力分量分别为切向应力 σ_θ 和径向应力 σ_r，因此，$\sigma_\theta - \sigma_r$ 的数值越大，井壁出现坍塌的风险越大。

分析可知，在 $\theta = 90°$ 或 270° 时，即在最小水平主应力方向上，σ_θ 值最大，在此位置井壁最容易发生坍塌。

将式（7.20）、式（7.29）中的径向应力 σ_r 和切向应力 σ_θ 代入式（7.34）中，并令 $\cot\left(45° - \dfrac{\varphi}{2}\right) = k_o$，可得直井井壁发生坍塌时的泥浆液柱压力为

$$P_{mf} = \frac{\eta(3\sigma_H - \sigma_h) + \alpha_2 P_p(K_o^2 - 1) - 2\tau_o K_o}{1 + K_o^2} \tag{7.35}$$

式中：η 为应力非线性修正系数，无量纲；τ_o 为岩石内聚力，MPa。

此时的泥浆液柱压力为井壁地层发生坍塌时的坍塌压力 B_P。

根据计算出的地层坍塌压力 B_P，则可计算出坍塌压力当量泥浆密度 B_{PGM}：

$$B_{PGM} = \frac{1\,000}{9.806\,65} \times \frac{B_P}{H} \tag{7.36}$$

式中：B_{PGM} 为地层坍塌压力的当量泥浆密度，g/cm³；H 为地层埋藏深度，m。

7.2.2 井筒出砂指数分析

1. 碎屑岩出砂机理及出砂影响因素分析

1）碎屑岩地层出砂机理

油气井出砂通常是因为井底附近地层岩层结构遭到明显破坏。对于弱固结或中等胶结砂岩油气藏更容易出现出砂现象。由于这类岩石胶结不牢固，强度较低，如果生产压

差较大时，很容易造成井壁破坏而出现出砂情况。油气井出砂与许多因素有关系，主要因素有油藏深度、压力、流速、地层胶结情况、压缩率和自然渗透率、流体种类及相态（油、气、水的情况）、地层性质等。地层砂可以分骨架砂和填隙物。油气藏没有开采时，地层内部应力系统是稳定平衡的；开采油气后，地层流体会流向井中，此时地层砂就可能被挟带进入井底，出现出砂现象。

　　图 7.21 为射孔造成的炮眼周围地层被破坏情形的示意图。射孔使炮孔周围往外的岩石依次可以分为颗粒压碎区、岩石重塑区、塑性损害区及地层受损较少区。A 区为离炮眼较远的弹性区，这部分区域岩石受损小，$B_1 \sim B_2$ 区为离炮眼距离中等的一个弹塑性区，包括塑性硬化和软化，这部分地层岩石受到不同程度的损伤，C 区为离炮眼较近的一个完全破坏区，这部分地层岩石经过了重新塑化，几乎产生完全塑性状态的应变。临近炮孔周围的储层岩石由于剧烈震动被压碎，一部分水泥环也被破坏，变得松动（周福建，2006；王治中 等，2006）。

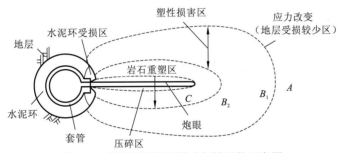

图 7.21　炮眼周围地层被破坏情形的示意图

　　在砂岩油气藏中，大量的自由微粒位于储层岩石之中，这类地层出砂的原因之一为微粒的移动。当这些微粒在被地层孔喉阻挡时，会导致流体渗流阻力局部变大，进而增加了流体对岩石颗粒的拖拽力，那些没有被阻挡的颗粒更小的微粒会跟随流体移动到井筒中，形成出砂现象。

　　在研究产层出砂时，另外一个非常重要的现象就是当地层岩石遭到破坏后砂拱的形成（图 7.22）。在井眼周围有两个地方容易形成砂拱，一个地方就是射孔孔道周围，尤其是在射孔孔眼的端部，因为在这里洞穴的半径已经达到最小；另一处就是套管上的射孔孔眼，如果砂拱稳定的话，它将能够阻止砂粒进入油管。随着流体产量的增加，砂拱的稳定性也会在一定程度上提高。当孔隙度超过某一临界点时，砂拱将会遭到破坏并随流体一起流入井筒。除

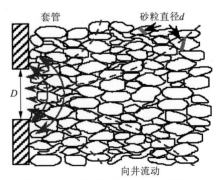

图 7.22　射孔井眼周围形成的砂拱

了流速外，还有其他因素影响砂拱的稳定性，如应力状态及分布、颗粒的大小和形状、流体饱和度、完井方式及其引起的地层破坏、砂拱大小及射孔孔径大小等。当压力梯度

及应力状态不能再维持砂拱稳定的时候，将会出现大量出砂，这种"坍塌—形成砂拱—坍塌"周期与在实验室和油田都观察到的突发性大量出砂现象非常吻合。

从力学角度分析气层出砂，根据岩石受力变形及破坏形式的不同，可将出砂机理分为以下五类，即剪切破坏机理、拉伸破坏机理、黏结破坏机理、化学破坏机理和微粒运移出砂机理（黄辉才，2011；刘波，2007；于萍，2006）。对射孔完井的气井来说，剪切破坏是因为炮眼周围应力作用的结果，与过大的生产压差有关；拉伸破坏则是开采过程中流体作用于炮眼周围地层颗粒上的拖拽力所致，与开采流速和液体黏度的高低有关。这两个机理相互作用，相互影响。另外还有一个出砂的机理就是在一定的应力状态下，孔隙将会发生坍塌。剪切破坏和拉伸破坏只适合于脆性地层，而不能用来描述孔隙坍塌。因此，如果要得到完井的破坏包络线，需要做三轴压缩试验及流体静力学实验才能实现。微粒运移出砂机理，包括地层中黏土颗粒的运移，因为这会导致井底周围地层渗透率降低，从而增大流体的拖拽力，并诱发固相颗粒的产出。

除了上述提到的物理力学破坏机理，还有化学破坏。化学破坏是溶解地层的矿物成分、胶结物或使某些成分结晶、沉淀，导致岩土的孔隙率、黏土颗粒的排列方式等微观结构发生变化，岩石天然的强度、变形特性发生变化。本书主要研究剪切破坏，因为它对出砂的影响最大，其他破坏机理研究较少。下面简要介绍剪切破坏、拉伸破坏、黏结破坏、化学破坏和微粒运移（何叶，2011；沈琛 等，2001）。

a. 剪切破坏

造成剪切破坏的力学机理是近井地层岩石所受的剪应力超过了岩石固有的抗剪切强度。形成剪切破坏的主要因素是气藏压力的衰减或生产压差过大，如果气藏能量得不到及时补充或者生产压差超过岩石的强度，都会造成地层的应力平衡失稳，形成剪切破坏。

井筒及射孔孔眼附近岩石所受周向应力及径向应力差过大，造成岩石剪切破坏，离井筒或射孔孔眼的距离不同，产生破坏的程度也不同，从炮眼向外岩石依次可分为颗粒压碎区、岩石重塑区、塑性损害区及地层受损较少区。若岩石的抗剪切强度低，抵抗不住孔周围的周向、径向应力差引起的剪切破坏，井壁附近岩石将产生塑性破坏，引起出砂。

炮孔及井眼周围的岩石所受的应力超过了岩石本身的抗剪强度，使地层产生剪切破坏，从而产生了破裂面；破裂面降低了岩石的承载能力，使岩石进一步破碎和向外扩张，液体流动所产生的拖拽力将破裂面上的砂子挟带出来，造成大量突发性出砂，严重时砂埋井眼，造成气井报废。剪切破坏的机理和严重程度，与生产压差的高低密切相关。判断剪切破坏需要评价内聚力强度和摩擦力。扰动带的塑性变形会引起剪切破坏，岩石将产生弹性变形（硬地层）或塑性变形（软地层），在地层扰动带将形成塑性区。一旦剪切破坏发生，固体颗粒将纷纷被剥离。剪切破坏可由莫尔-库仑强度准则预测，方程为

$$|\tau_6| = c + \sigma_5 \tan\varphi \qquad (7.37)$$

式中：τ_6 为剪切面上的剪切应力，MPa；σ_5 为剪切面上的正应力，MPa；c 为内聚力，MPa；φ 为内摩擦角，（°）。

b. 拉伸破坏

拉伸破坏是地层出砂的另一机理（图 7.23）。在开采过程中，流体由气藏渗流至井筒，

沿程会与地层颗粒产生摩擦，流速越大，摩擦力越大，施加在岩石颗粒表面的拖拽力就越大，当拖拽力超过岩石抗拉强度时，岩石发生拉伸剥离破坏。流体的流动使作用于炮孔周围地层颗粒上的水动力拖拽力过大，炮孔壁岩石所受径向应力超过其本身的抗拉强度，部分颗粒脱离母体而导致出砂。拉伸破坏的机理和严重程度，与开采流速和液体黏度的高低有关，并具有自稳定效应。流体对岩石的拉伸破坏在炮眼周围是非常明显的，由于过流面积减小，流体在炮眼周围形成汇聚流，流速远大于地层内部，对岩石颗粒的拖拽力也会增加。

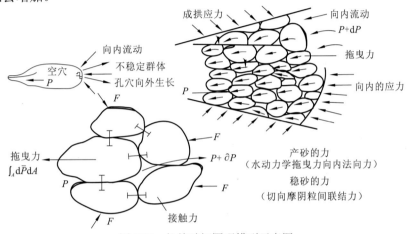

图 7.23　拉伸破坏围观模型示意图

地层剪切破坏引发地层的"突发性大量出砂"，有时候数以吨计；而拉伸破坏引起地层"细砂长流"，对气井的影响不是很严重。出砂使射孔孔眼增大，或者形成高渗透率的渗流通道（蚯蚓洞），而它们的形成又使流速下降，流速梯度降低，从而使出砂程度缓和，并出现"趋停"的趋势。因此，拉伸破坏有"自稳性"效应。对于射孔完井的油气井，因为地层的射孔参数变化大，所以井底压降与开采速度的关系具有不确定性。在一定的开采速度下，增加孔数将减小每个孔的流量，即降低每个孔内的流体拖拽力。

实际上，剪切和拉伸两种机理将同时起作用且会相互影响，受剪切破坏的地层会对流体的拖拽力更加敏感。在剪切破坏是主要机理的情况下，流体流动会挟带颗粒进入井筒里也是很重要的。拉伸破坏一般发生在穿透塑性地层的孔眼末端口和射孔井壁上。

c. 黏结破坏

这一机理在弱胶结地层中显得十分重要。黏结强度是任何裸露的地层表面被侵蚀的一个控制因素。这样的位置可能是射孔通道、裸眼完井的井筒表面、水力压裂的裂缝表面、剪切面或其他边界表面。黏结强度包括微粒间的接触力和摩擦力、颗粒与胶结物间的内聚力。内聚力与胶结物和毛管力有关。当液体流动产生的拖拽力大于地层黏结强度时，地层就会出砂。在射孔通道壁上的剪切应力由下式给出：

$$\frac{\mathrm{d}p}{\mathrm{d}l} = \frac{C}{r_{\mathrm{p}}} \qquad (7.38)$$

式中：r_{p} 为孔道半径，m；c 为内聚力，MPa。

如果砂岩地层的黏结强度是 200 psi（磅/平方英寸），射孔通道直径是 0.7 cm，则引起黏结破坏的压降是 571 psi。显然，这个压降是很大的，所以黏结破坏通常发生在低黏结强度的地层。在未胶结的砂岩地层，黏结强度接近 0，因此在这些地层里黏结破坏是出砂的主要原因。

d. 化学破坏

岩石强度由两部分组成：微粒之间的接触力和颗粒与胶结物之间的内聚力。地层流体可能含有水、碱或酸，化学反应将溶蚀掉胶结物，从而破坏岩石强度。由化学作用引起的砂岩破坏必须通过对砂岩胶结物的检测来估计。

e. 微粒运移

微粒运移同样对出砂有着一定程度的影响。气藏中的非固结砂、黏土颗粒及破坏后的散砂，在流体流动拖拽力的作用下产生移动而进入井眼，造成出砂。这种出砂现象的机理和严重程度与流体的流速密切相关。

2）碎屑岩地层出砂影响因素

地层出砂在生产过程中是非常严重的问题，颗粒所受应力超过地层强度就有可能出砂。地层强度决定于胶结物的胶结力、流体的黏着力、地层颗粒间的摩擦力及地层颗粒本身的重力。颗粒所受应力包括地层构造应力、流体流动时对地层颗粒施加的拖拽力，还有地层孔隙压力和生产压差形成的作用力，因此地层出砂是由多种因素决定的。

a. 地应力的影响

地应力是决定岩石原始应力状态及变形破坏的内在因素。通常，在钻井之前，岩石在垂向和侧向地应力作用下处于应力平衡状态，垂向地应力大小取决于岩层埋藏的深度和岩石平均相对密度比重。侧向地应力除与气藏埋藏深度有关外，还与岩石的力学性质，如弹性、塑性及岩石中的液体、气体的压力等有关。在钻井过程中靠近井壁的岩石其原有应力平衡状态首先被破坏，在整个采气过程中岩石都将保持最大的应力值。所以，井壁岩石在一定条件下将首先发生变形破坏。在开采过程中，不恰当的井底压力使井壁或孔壁及其附近地层岩石所受的应力超过岩石强度时，井壁及其周围地层将破坏，导致储层在开发过程中产出骨架砂；随着地层压力的下降，孔隙流体压力降低，导致储层有效应力增大，引起井壁处的应力集中和射孔孔眼的破坏包络线的平移。地层压力的下降可以减轻张力破坏对出砂的影响，但剪切破坏的影响却变得更加严重。因此，气藏的原地应力状态及孔隙压力状态是制约出砂的重要客观因素。

b. 生产压差的影响

对于砂岩气藏，气井生产一般会伴随出砂。在稳定生产条件下，出砂以后在孔道处形成砂拱，砂拱对砂粒之间的胶结强度很小或者没有胶结强度的地层起到稳定作用。当气井稳定生产（或关井停产以后），地层中的应力逐渐达到平衡状态。而快速地开井生产，可以引起井底流压的突然减小，在井底形成很大的瞬间流，进而在地层中间形成较大的压力波动，导致砂拱失效，气井出砂更加严重。采气量增大，产出流体对井壁砂粒的拖拽力、冲蚀力增大。有些气井采气速度偏高，就会出砂，如果限制这类气井的产量则可以免于出砂。

c. 地层岩石强度的影响

颗粒胶结程度是影响出砂的主要因素，胶结性能与地层埋深、胶结物种类和数量、胶结方式和颗粒尺寸大小相关。表示胶结程度的物理量主要是地层岩石强度。一般来说，地层埋藏越深，压实作用越强，地层岩石强度越高。从岩石力学的角度分析，地层的胶结性质直接影响了岩石颗粒固有的剪切强度；低的地层岩石强度是造成地层出砂的主要内在因素。高岭石在地层的结构中多以自由状态存在，易于运移，是地层中自由颗粒的主要组成成分。因此，地层岩石强度应在认识出砂规律和防砂中高度重视。

d. 岩石物性的影响

岩石的力学性质与岩石本身物性密切相关，而影响岩石力学性质的主要因素是岩石的胶结程度。通常砂岩的胶结物主要为黏土、碳酸盐和硅质三种，以硅质胶结的强度为最大，碳酸盐胶结次之，黏土胶结最差。岩石的胶结类型主要有基底胶结、孔隙胶结和接触胶结，在这三种胶结类型中，基底胶结强度最大，不容易出砂；孔隙胶结强度较弱，在生产中将发生少量出砂；接触胶结强度最弱，极容易出砂。根据矿场资料分析，在断层多、裂缝发育和地层倾角大的地区，由于砂岩结构受到破坏，岩石强度降低，岩石原始应力状态被复杂化，地层容易出砂。

渗透率的高低是气层岩石颗粒的组成、孔隙结构和孔隙度等岩石物理属性的综合反映。当其他条件相同时，气层的渗透率越高，其胶结强度越低，气层越容易出砂。

e. 气井工作制度的影响

在气井生产过程中，流体渗流而产生的对气层岩石的冲刷力和对颗粒的拖拽力是气层出砂的重要原因。当其他条件相同时，生产压差越大的井底附近流体的渗流速度越高，对岩石的冲刷力就越大。另外生产压差、抽汲参数等气井工作制度的突然变化使岩石的受力状况发生变化，也容易引起或加剧气井出砂。

3）碎屑岩地层出砂的岩石破坏准则

岩石的强度准则表征岩石在极限状态下应力与强度之间的关系，一般可以表示为极限应力状态下的主应力间的关系方程。强度准则可以分为"理论强度准则"和"经验强度准则"两大类。前者以力学为基础，用严谨的数学方法建立，而后者则是以试验为主要研究手段得出的。在这些强度准则理论中最大正应力理论、最大正应变理论、最大剪应力理论及剪应变强度理论等属于经典强度理论。其中，莫尔-库仑强度准则、Drucker-Prager 准则和 Hoek-Brown 准则在石油工程领域应用比较广泛（黄小城，2014；汪斌，2011；王彦利 等，2009；刘洪涛，2006）。

a. 莫尔-库仑强度准则

库仑为了克服莫尔强度包络线中的不足，研究形成了用直线公式表示强度包络线。莫尔-库仑强度准则认为，岩石的破坏主要是剪切破坏，岩石的强度等于岩石本身抗剪切的内聚力和剪切面上法向力产生的摩擦力。

$$|\tau_6| = c + \sigma \tan \varphi \tag{7.39}$$

主应力的表示形式为

$$f(\sigma_1, \sigma_2, \sigma_3) = \frac{1}{2}(\sigma_1 - \sigma_3) - \frac{1}{2}(\sigma_1 + \sigma_3)\sin\varphi - c\cos\varphi = 0 \tag{7.40}$$

式中：τ_6 为剪切面上的剪切应力，MPa；σ 为剪切面上的正应力，MPa；c 为内聚力，MPa；φ 为内摩擦角，（°）；σ_1、σ_2、σ_3 为主应力，MPa。

莫尔-库仑强度准则能够采用莫尔极限应力圆清楚地图解展示。如图 7.24 所示，莫尔-库仑强度准则由强度直线表示，其斜率为 $f = \tan\varphi$，且在 τ_6 轴上的截距为 c。当受力坐标落在直线包络线以下时，结构稳定，而在包络线以上时，结构被破坏；落在包络线上时，材料处于极限状态。

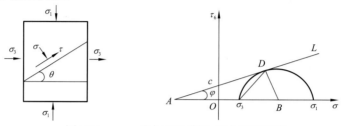

图 7.24　σ-τ_6 坐标下的莫尔-库仑强度准则

b. Drucker-Prager 准则

Drucker-Prager 准则是 Von-Mises 准则的推广。Von-Mises 准则认为，八面体剪应力或 π 平面上的剪应力分量达到某一极限值时，材料才开始屈服。在主应力空间，Von-Mises 准则是正圆柱面，但岩石具有内摩擦性，因此，Drucker-Prager 准则主应力空间是圆锥面，具体形式如下：

$$J_2 = H_1 + H_2 J_1 \tag{7.41}$$

其中：

$$J_1 = \frac{\sigma_1 + \sigma_2 + \sigma_3}{3}$$

$$J_2 = \frac{(\sigma_1 - \sigma_2)^2 + (\sigma_2 - \sigma_3)^2 + (\sigma_3 - \sigma_1)^2}{6}$$

式中：J_1、J_2 分别为应力第一不变张量和应力第二不变张量，无量纲；H_1、H_2 分别为材料参数，一般通过与 Mohr-Coulomb 准则的六棱锥拟合得到。

Drucker-Prager 准则引入了中间应力的作用，并考虑了静水压力对屈服过程的影响，能够反映剪切引起的膨胀（扩容）性质，在模拟岩石材料的弹塑性特征时，得到了广泛的应用。

c. Hoek-Brown 准则

Hoek-Brown 研究了大量岩石的破坏包络线，得出了岩石破坏的经验判据：

$$\sigma_1 = \sigma_3 + \sqrt{m_1 \sigma_c \sigma_3 + s_1 \sigma_c^2} \tag{7.42}$$

式中：σ_1 为破坏时最大有效主应力，MPa；σ_3 为破坏时最小有效主应力，MPa；σ_c 为完整岩石的单轴抗压强度，MPa；m_1、s_1 为经验系数，无量纲。

m 值从 0.001（高度破碎岩体）到 25（坚硬完整岩石）。s 值从 0（节理化岩体）到 1（完整岩石）。

2. 基于物性和强度参数的地层出砂预测方法

1）地层孔隙度

孔隙度是反映地层致密程度的一个参数，利用测井和岩心室内实验可求得地层孔隙度在井段纵向上的分布。实践证明，当孔隙度大于 30%时，地层胶结程度差，出砂严重；当孔隙度在 20%～30%时，地层出砂减缓；当地层孔隙度小于 20%时，地层出砂轻微。

2）声波时差

声波时差也是反映地层致密程度的参数。在单一岩性地层中，声波时差大表示地层疏松，孔隙发育程度高；声波时差小表示地层致密，孔隙发育程度低。国外常常采用声波时差最低临界值来进行出砂预测，若超过这一临界值，生产过程中就会出砂，应采取防砂措施。一般情况下，当 $\Delta t > 295\ \mu s/m$（$89.5\ \mu s/ft$）时就应采取防砂措施。

3）出砂指数

出砂指数是用声波时差和密度测井等测井曲线求得不同部位的岩石强度参数，计算出油（气）井不同部位的出砂指数：

$$B_K = 92\,336\,609\rho/\Delta t^2 \tag{7.43}$$

式中：ρ 为密度测井值，g/cm^3；Δt 为声波测井值，$\mu s/ft$；B_K 为出砂指数，MPa。

经验表明：当 $B_K \geqslant 2\times10^4$ MPa 时，正常生产方式下采油不出砂，否则就会出砂。

4）斯伦贝尔比

斯伦贝尔比（S_R）主要考察的是岩石剪切模量与体积模量的乘积，S_R 值越大，岩石强度越大，地层稳定性越好，越不容易出砂。

$$S_R = K \times G \tag{7.44}$$

式中：K 为岩石体积弹性模量，MPa；G 为岩石切变弹性模量，MPa。

当地层 $S_R \geqslant 5.9\times10^7$ MPa^2 时，正常生产方式下采油不出砂，否则就会出砂。

3. 基于临界生产压差的地层出砂预测方法

1）裸眼完井临界生产压差计算模型的建立

假设地层是均匀各向同性、线弹性多孔材料，且井眼周围的岩石处于平面应变状态。在无限大平面上，一圆孔受到均匀的内压，同时在这个平面的无限远处受到两个水平地应力作用（图 7.25），其垂直方向受到上覆岩层压力作用。对于裸眼井井壁周围的总应力状态，可先分析各个分应力对井周围的应力贡献，然后用叠加的方法来求得。裸眼井井壁受应力状态可在圆柱坐标系中用径向应力 σ_r、周向应力 σ_θ、垂向应力 σ_z 来表示。

井壁围岩应力分布为

$$\begin{cases} \sigma_r = P_w \\ \sigma_\theta = -P_w + 3\sigma_H(1-2\cos2\theta) + \sigma_h(1+2\cos2\theta) - \delta(P_p - P_w) \\ \sigma_z = \sigma_v - 2\mu_2\cos2\theta(\sigma_H - \sigma_h) - \delta(P_p - P_w) \\ \delta = \alpha\dfrac{(1-2\nu)}{(1-\nu)} \end{cases} \tag{7.45}$$

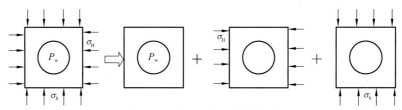

图 7.25　井壁受力的力学模型

式中：σ_r 为地层中某点的径向应力，MPa；σ_θ 为地层中某点的周向应力，MPa；σ_z 为地层中某点的垂向应力，MPa；P_p 为地层孔隙压力，MPa；P_w 为井眼压力，MPa；ν 为泊松比，MPa；δ 为中间过渡变量，无量纲；α 为 Biot 系数，无量纲。

式（7.45）中，当 $\cos\theta = 1$，即 $\theta = \pm\pi/2$ 时，径向、周向和轴向应力达到最大为

$$
\begin{cases}
\sigma_r = P_w \\
\sigma_\theta = -P_w + 3\sigma_H - \sigma_h - \delta(P_p - P_w) \\
\sigma_z = \sigma_v + 2\mu_2(\sigma_H - \sigma_h) - \delta(P_p - P_w)
\end{cases}
\tag{7.46}
$$

因生产压差 $\Delta P = P_p - P_w$，公式（7.46）可改写为

$$
\begin{cases}
\sigma_1 = \sigma_r = P_p - \Delta P \\
\sigma_2 = \sigma_\theta = (1-\delta)\Delta P + 3\sigma_H - \sigma_h - P_p \\
\sigma_3 = \sigma_z = -\delta\Delta P + \sigma_v + 2\mu_2(\sigma_H - \sigma_h)
\end{cases}
\tag{7.47}
$$

根据 Drucker-Prager 准则：

$$
\begin{cases}
\sqrt{J_2} \geqslant C_0 + C_1 J_1 \\
J_1 = \dfrac{1}{3}(\sigma_1 + \sigma_2 + \sigma_3) \\
J_2 = \dfrac{1}{6}\left[(\sigma_1 - \sigma_2)^2 + (\sigma_2 - \sigma_3)^2 + (\sigma_1 - \sigma_3)^2\right]
\end{cases}
\tag{7.48}
$$

其中：

$$
C_0 = 3\tau_s / \sqrt{9 + 12\tan^2\varphi}
\tag{7.49}
$$

$$
C_1 = 3\tan\varphi / \sqrt{9 + 12\tan^2\varphi}
\tag{7.50}
$$

$$
\tau_s = \frac{1}{2}S_c\left[\sqrt{f^2 + 1} - f\right]
\tag{7.51}
$$

式中：C_0、C_1 为岩石强度系数，MPa；τ_s 为岩石内聚力，N；φ 为内摩擦角，（°）；f 为内摩擦系数，无量纲；S_c 为岩石的抗压强度，MPa。

由式（7.47）和式（7.48）可以得到 ΔP 的一元二次方程：

$$
A\Delta P^2 + B\Delta P + C = 0
\tag{7.52}
$$

解式（7.52），便可得临界生产压差 ΔP 的值：

$$
\Delta P = \frac{-B + \sqrt{B^2 - 4AC}}{2A}
\tag{7.53}
$$

其中：

$$\begin{cases} A = 6(6 - 8C_1^2)\delta^2 - 18\delta + 18 \\ B = 6(\delta - 2)(2P_p - 3\sigma_H - \sigma_h) + 6(\delta - 1)[P_p - \sigma_v - 2\mu(\sigma_H - \sigma_h)] \\ \quad + 6[3\sigma_H - \sigma_h - P_p - \sigma_v - 2\mu(\sigma_H - \sigma_h)] \\ \quad + 8C_1\delta\{3C_0 + C_1[3\sigma_H - \sigma_h + \sigma_v + 2\mu(\sigma_H - \sigma_h)] \\ C = 3(2P_p - 3\sigma_H + \sigma_h)^2 + 8[P_p - \sigma_v - 2\mu(\sigma_H - \sigma_h)]^2 \\ \quad + 3[3\sigma_H - \sigma_h - \sigma_v - 2\mu(\sigma_H - \sigma_h) - P_p]^2 - 18C_0^2 \\ \quad - 2C_1^2[3\sigma_H - \sigma_h + \sigma_v + 2\mu(\sigma_H - \sigma_h)] \end{cases} \quad (7.54)$$

2）射孔完井临界生产压差计算模型的建立

目前，多数井采用射孔完井法，因此研究其出砂机理具有重要意义。通常，对油井出砂机理的研究常采用莫尔-库仑强度准则和 Drucker-Prager 准则，也有的用井壁岩石的拉伸破坏准则。这里主要采用岩石力学的理论和方法，通过分析射孔孔眼周围岩石应力场对孔道稳定性的影响，将反映储层岩石胶结强弱的抗压强度和岩石破坏的 Drucker-Prager 准则进行比较，从而建立射孔完井临界出砂预测模型，判断岩石是否屈服，预测油井是否出砂，并计算其临界出砂参数（杨建平，2007；李兆敏 等，2003）。

对于具有一定胶结程度的地层，一般采用射孔完井，只有射孔孔道发生破坏时，才可能出现出砂现象。在油井投产初期，射孔孔道呈细长形，可以将射孔孔道看成是长轴和短轴之比非常大的不规则椭球体。在小直径射孔的情况下，假设两种特殊方向的射孔沿最大水平主应力 σ_H 和最小水平主应力 σ_h 方向，如图 7.26 所示。

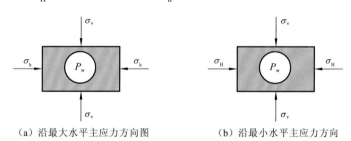

（a）沿最大水平主应力方向图　　　　（b）沿最小水平主应力方向

图 7.26　沿两种特殊方向的射孔示意图

a. 沿最大水平主应力方向射孔时的应力分析

由图 7.26（a）可知，射孔孔道壁处岩石的应力分布为

$$\begin{cases} \sigma_r = P_w \\ \sigma_\theta = -P_w + \sigma_v(1 - 2\cos 2\theta_3) + \sigma_h(1 + 2\cos 2\theta_3) - \delta(P_p - P_w) \\ \sigma_z = \sigma_H - 2u\cos 2\theta_3(\sigma_v - \sigma_h) - \delta(P_p - P_w) \\ \delta = \alpha\dfrac{(1 - 2\mu)}{(1 - \mu)} \end{cases} \quad (7.55)$$

因生产压差 $\Delta P = P_p - P_w$，当 $\theta_3 = \pm\pi/2$ 时，由式（7.55）可以得到射孔孔道壁处岩石的三个主应力为

$$\begin{cases} \sigma_1 = \sigma_r = P_p - \Delta P \\ \sigma_2 = \sigma_\theta = (1-\delta)\Delta P + 3\sigma_v - \sigma_h - P_p \\ \sigma_3 = \sigma_z = -\delta\Delta P + \sigma_H + 2\mu(\sigma_v - \sigma_h) \end{cases} \tag{7.56}$$

根据 Drucker-Prager 准则，便可得临界生产压差 ΔP 的值：

$$\Delta P = \frac{-B + \sqrt{B^2 - 4AC}}{2A} \tag{7.57}$$

其中：

$$\begin{cases} A = 6(6 - 8C_1^2)\delta^2 - 18\delta + 18 \\ B = 6(\delta - 2)(2P_p - 3\sigma_v - \sigma_h) + 6(\delta - 1)[P_p - \sigma_H - 2\mu(\sigma_v - \sigma_h)] \\ \quad + 6[3\sigma_v - \sigma_h - P_p - \sigma_H - 2\mu(\sigma_v - \sigma_h)] \\ \quad + 8C_1\delta\{3C_0 + C_1[3\sigma_v - \sigma_h + \sigma_H + 2\mu(\sigma_v - \sigma_h)] \\ C = 3(2P_p - 3\sigma_v + \sigma_h)^2 + 8[P_p - \sigma_H - 2\mu(\sigma_v - \sigma_h)]^2 \\ \quad + 3[3\sigma_v - \sigma_h - \sigma_H - 2\mu(\sigma_v - \sigma_h) - P_p]^2 - 18C_0^2 \\ \quad - 2C_1^2[3\sigma_v - \sigma_h + \sigma_H + 2\mu(\sigma_v - \sigma_h)] \end{cases} \tag{7.58}$$

b. 沿最小水平主应力方向射孔时的应力分析

由图 7.26（b）可知，可以得到射孔孔道壁处岩石的三个主应力分别为

$$\begin{cases} \sigma_1 = \sigma_r = P_p - \Delta P \\ \sigma_2 = \sigma_\theta = (1-\delta)\Delta P + 3\sigma_v - \sigma_H - P_p \\ \sigma_3 = \sigma_z = -\delta\Delta P + \sigma_h + 2\mu(\sigma_v - \sigma_H) \end{cases} \tag{7.59}$$

根据 Drucker-Prager 准则，便可得临界生产压差 ΔP 的值：

$$\Delta P = \frac{-B + \sqrt{B^2 - 4AC}}{2A} \tag{7.60}$$

其中：

$$\begin{cases} A = 6(6 - 8C_1^2)\delta^2 - 18\delta + 18 \\ B = 6(\delta - 2)(2P_p - 3\sigma_v - \sigma_H) + 6(\delta - 1)[P_p - \sigma_h - 2\mu(\sigma_v - \sigma_H)] \\ \quad + 6[3\sigma_v - \sigma_H - P_p - \sigma_h - 2\mu(\sigma_v - \sigma_H)] \\ \quad + 8C_1\delta\{3C_0 + C_1[3\sigma_v - \sigma_H + \sigma_h + 2\mu(\sigma_v - \sigma_H)] \\ C = 3(2P_p - 3\sigma_v + \sigma_H)^2 + 8[P_p - \sigma_h - 2\mu(\sigma_v - \sigma_H)]^2 \\ \quad + 3[3\sigma_v - \sigma_H - \sigma_h - 2\mu(\sigma_v - \sigma_H) - P_p]^2 - 18C_0^2 \\ \quad - 2C_1^2[3\sigma_v - \sigma_H + \sigma_h + 2\mu(\sigma_v - \sigma_H)] \end{cases} \tag{7.61}$$

3）基于单轴抗压强度的产层出砂判别

本书中对于直井和任意角度的定向斜井，其防砂判据为

$$\mathrm{UCS} \geqslant 2\Delta P + \frac{3 - 4\nu}{1 - \nu}(P_o - \alpha P_p)\sin\theta_2 + \frac{2\nu}{1 - \nu}(P_o - \alpha P_p)\cos\theta_2 \tag{7.62}$$

式中：UCS 为单轴抗压强度，MPa；ΔP 为生产压差（P_p-P_w），MPa；P_o 为上覆岩层压力，MPa；P_p 为地层孔隙压力，MPa；v 为泊松比，无量纲；α 为 Biot 系数，无量纲；θ_2 为井斜角度，(°)。

若式（7.62）成立，则在此生产压差下，不会引起岩石结构的破坏，也就不会出现骨架砂，可以选择不防砂的完井方法；反之，地层胶结强度低，井壁岩石的最大切向应力超过其抗压强度引起岩石结构的破坏，地层会出现骨架砂，需要采取防砂完井方法。此公式简单实用，判别效果较好。

4）生产压差和岩石强度参数对地层出砂的影响

在出砂预测模型中采用了 Drucker-Prager 准则判断岩石是否出砂，根据该准则，引入地层稳定性指数 S 的概念。令

$$S = C_1 J_1 + C_0 - \sqrt{J_2} \tag{7.63}$$

当 $S>0$ 时，地层稳定，不会出砂；当 $S=0$ 时，地层处于临界状态；当 $S<0$ 时，地层发生破坏而出砂。

D 地区的白垩系—古近系地层地应力大小顺序为 $S_H > P_o \geqslant S_h$。下面以沿最大水平主应力方向射孔完井的临界生产压差公式为例，研究各岩石强度参数对地层稳定性的影响。

a. 地层孔隙压力对地层出砂的影响

假设原始地应力状态为：$H=5\,000$ m，$v=0.25$，$\alpha=0.5$，$P_o=135$ MPa，$\sigma_H=145$ MPa，$\sigma_h=110$ MPa，$C_1=0.17$，$C_0=28$ MPa，$\Delta P=16$ MPa。图 7.27 为地层孔隙压力对地层稳定性的影响。从图 7.27 可以看出，随着开采过程中地层孔隙压力的衰减，地层稳定性指数变差，越容易屈服出砂。

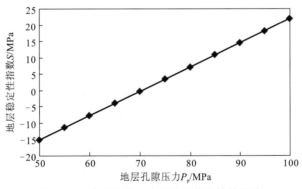

图 7.27　地层孔隙压力对地层稳定性的影响

b. 实际生产压差对地层出砂的影响

假设原始地应力状态为：$H=5\,000$ m，$v=0.25$，$\alpha=0.5$，$P_o=135$ MPa，$\sigma_H=145$ MPa，$\sigma_h=110$ MPa，$C_1=0.17$，$C_0=28$ MPa，$P_p=80$ MPa。图 7.28 为实际生产压差对地层稳定性的影响。从图 7.28 可以看出，随着生产压差的增大，地层稳定性降低，越容易屈服出砂。

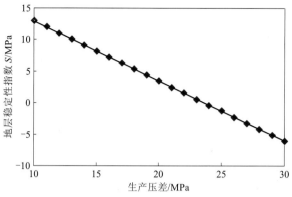

图 7.28　实际生产压差对地层稳定性的影响

c. 最大水平主应力对地层出砂的影响

假设原始地应力状态为：$H=5\,000$ m，$\nu=0.25$，$\alpha=0.5$，$P_o=135$ MPa，$\sigma_h=110$ MPa，$C_1=0.17$，$C_0=28$ MPa，$P_p=80$ MPa，$\Delta P=16$ MPa。图 7.29 为最大水平主应力对地层稳定性的影响。从图 7.29 可以看出，随着最大水平主应力的减小，地层稳定性降低，越容易屈服出砂。

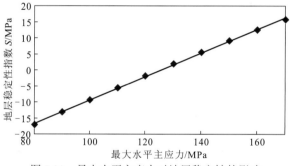

图 7.29　最大水平主应力对地层稳定性的影响

d. 最小水平主应力对地层出砂的影响

假设原始地应力状态为：$H=5\,000$ m，$\nu=0.25$，$\alpha=0.5$，$P_o=135$ MPa，$\sigma_H=145$ MPa，$C_1=0.17$，$C_0=28$ MPa，$P_p=80$ MPa，$\Delta P=16$ MPa。图 7.30 为最小水平主应力对地层稳定性的影响。从图 7.30 可以看出，随着最小水平主应力的增大，地层稳定性增大，越不易出砂。

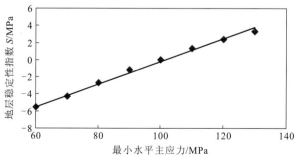

图 7.30　最小水平主应力对地层稳定性的影响

e. Biot 系数 α 对地层出砂的影响

假设原始地应力状态为：$H=5\,000$ m，$\nu=0.25$，$P_0=135$ MPa，$\sigma_h=110$ MPa，$\sigma_H=110$ MPa，$C_1=0.17$，$C_0=28$ MPa，$P_p=80$ MPa，$\Delta P=16$ MPa。图 7.31 为 Biot 系数 α 对地层稳定性的影响。从图 7.31 可以看出，随着 Biot 系数 α 的增大，地层稳定性降低，地层越容易屈服出砂。

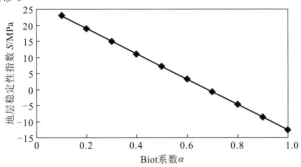

图 7.31　Biot 系数 α 对地层稳定性的影响

4. 基于灰色关联分析法的地层出砂程度判别

灰色关联分析法可用来判别出砂程度级别（不出砂、微量出砂、中等出砂和大量出砂等）。把有产层射孔的井段看作一个包含已知因素（ϕ、Δt、B_K、S_R、ΔP 等参数）和未知因素（出砂与否）的灰色过程，采用灰色系统中的每一个灰数的统计值（统计确定出每个评价参数的标准），建立多参数出砂预测的综合评价数学模型，然后用模型通过求取待预测样品与已知属性样品间的灰色关联度而进行样品的类别或属性预测（出砂程度的预测）（杨美锦 等，2010）。

1）灰色关联法的基本步骤

（1）数据标准化。由于各类出砂评价参数的物理意义不同和量纲不同，需对原始数据进行预处理，使之产生无量纲和归一化的数据列。数据变换采用极差标准化方法：

$$X_0(j)=\frac{(n+1)\times X_0'(j)}{\sum\limits_{i=1}^{n}X_i'(j)+X_0'(j)} \tag{7.64}$$

$$X_i(j)=\frac{(n+1)\times X_i'(j)}{\sum\limits_{i=1}^{n}X_i'(j)+X_0'(j)} \tag{7.65}$$

式中：$X_0'(j)$，$X_i'(j)$ 为评价数列和被比较数列；$X_0(j)$，$X_i(j)$ 为标准化后评价数列和被比较数列；$i=1,2,3,\cdots,n$（n 个已知的出砂子模式）；$j=1,2,3,\cdots,m$（m 个变量）。

（2）计算灰色多元加权系数 $P_i(j)$。采用层点标准指标绝对值的极值加权组合放大技术，求灰色多元加权系数 $P_i(j)$：

$$P_i(j)=\frac{\min\limits_{i}\min\limits_{j}\Delta i(j)+A_3\max\limits_{i}\max\limits_{j}\Delta i(j)}{\Delta i(j)+A_3\max\limits_{i}\max\limits_{j}\Delta i(j)}\times Y(j) \tag{7.66}$$

$$\Delta i(j) = X_0(j) - X_1(j)$$

式中：$P_i(j)$ 为数据 X_0 与 X_i 在第 j 个参数的灰色多元加权系数；$\Delta i(j)$ 为数据 X_0 与 X_i 在第 j 个参数的标准指标绝对差；$\min\limits_i \min\limits_j \Delta i(j)$、$\max\limits_i \max\limits_j \Delta i(j)$ 为标准指标两极最小差和最大差；A_3 为灰色分辨系数（常取为 0.5）；$Y(j)$ 为第 j 个参数的权值。

（3）计算预测模式（被比较数列 X_i）与标准模式（参考数列 X_0）的灰色关联度 C_{gi}。采用综合归一化技术，将各灰色多元加权系数集中为一个值，由此形成灰色加权归一系数的矩阵行向量（1 行 m 列）：

$$C_{gi} = \sum_{j=1}^{M} P_i(j) \Big/ \sum_{j=1}^{M} Y(j) \tag{7.67}$$

（4）未知井段出砂预测。采用最大隶属原则 $P_{max} = \max\{C_{gi}\}$，选择灰色多元加权归一向量中的最大值，与此最大值所对应的标准模式样品类别属性（即实际出砂情况）就可作为待判井段的分类结果，即出砂预测结果。同时可根据行矩阵的数值大小确定判别分类的可信度和准确性。

2）建立出砂预测样本模式

建立出砂预测样本模式就是建立关键井实际出砂情况与各出砂评价参数的对应关系。通过对工区 13 个产层的实际生产情况进行统计，确定以下 5 个评价指标建立出砂预测样本模式（表 7.2）。表 7.3 为 D 地区和 K 地区新井出砂预测结果，从表中不难看出灰色关联度大于 0.85，结果合理可信。

表 7.2　D 地区和 K 地区白垩系—古近系深部气层出砂预测样本模式

编号	$\phi/\%$	$\Delta t/(\mu s/ft)$	$S_R/(10^7 MPa^2)$	B_K/GPa	$(\Delta P_i - \Delta P_c)/MPa$	出砂类别
1	8.4	66.5	32.0	41.6	-1.55	不出砂
2	5.8	57.7	54.0	56.2	-4.69	不出砂
3	5.7	56.8	64.0	60.2	-1.96	不出砂
4	6.3	60.1	48.0	51.9	-2.76	不出砂
5	6.0	57.7	53.0	55.2	-1.97	不出砂
6	6.5	62.4	24.0	29.7	6.62	大量出砂
7	6.6	63.2	24.0	30.5	3.45	微量出砂
8	7.5	60.5	56.0	55.5	-1.64	不出砂
9	8.0	67.5	65.0	61.6	-5.07	不出砂
10	7.1	64.2	59.0	56.1	-3.57	不出砂
11	6.6	60.2	24.0	35.2	5.71	大量出砂
12	6.3	61.6	23.0	32.2	6.56	大量出砂
13	6.1	59.9	54.0	53.7	-2.84	不出砂
14	8.1	63.2	34.0	35.5	3.15	微量出砂
15	5.4	60.4	23.0	30.8	5.21	大量出砂
16	6.6	65.4	23.0	32.8	7.44	大量出砂

表 7.3　D-K 工区部分新井出砂预测结果

井名	井段/m	ϕ/%	Δt/（μs/ft）	S_R/（10^7 MPa^2）	B_K/GPa	ΔP_i-ΔP_c/MPa	关联度	预测结果
Kx1	6 735～6 755	2.8	58.5	54.8	54.6	2.5	0.90	微量出砂
Kx2	6 713～6 736	7.3	61.8	39.9	46.6	1.6	0.88	微量出砂
Kx7	7 957～7 994	3.7	55.7	68.7	60.8	-10.8	0.86	不出砂
K-x2	6 573～6 697	6.7	61.7	29.1	41.0	4.6	0.97	大量出砂
DNx16	4 860～4 890	5.3	69.7	24.4	36.6	4.3	0.95	大量出砂
	5 025～-5 045	8.4	71.6	21.1	33.9	1.8	0.89	微量出砂
Dx6	6 873～6 915	4.0	61.4	41.9	49.5	-4.1	0.86	不出砂
Dx5	6 979～7 026	4.3	59.8	55.5	53.9	-7.1	0.88	不出砂
Dx3	6 347～6 552	6.2	58.4	53.8	53.7	-5.4	0.91	不出砂
Dx4	6 027～6 046	7.4	66.3	20.7	33.6	1.8	0.86	微量出砂
Dx2	7 209～7 271	5.9	57.5	60.9	57.4	-6.7	0.94	不出砂

7.2.3　井筒酸化压裂高度预测

在塔中和库车地区的油气田开采过程中，酸化压裂和水力压裂是低孔、低渗碳酸盐岩和碎屑岩储层获得工业油流、提高产能的重要措施。在试油和酸化压裂过程中都需要对层位的泵入压力进行预测，如果泵入压力太小，会导致储层不能被压裂以至于达不到压裂的目的，如果泵入压力过大，则可能将周边水层压透，造成油水互窜。除此以外，有些储层的岩石力学特性差异较大，必须进行单压以保证压裂的顺利进行。所以，深入研究裂缝垂向延伸机理，准确判断压裂缝高度并控制压裂缝高度，对指导压裂施工作业有十分重要的意义。提前对水力压力的裂缝高度进行预测分析，对下一工序储层酸化压裂的泵入压力进行预测，同时预测出水力压裂的裂缝高度。

在水力压裂过程中，当井中的压力大于地层的破裂压力时，地层开始破裂。地层初始压裂后，连续泵入的压裂液将导致裂缝沿着平行于最大主应力和垂直于最小主应力的方向平面延伸。这种连续性压裂的压力将低于起始压裂的压力，而大于最小水平主应力（闭合压力）。因此，一旦裂缝已经压开，为了保持裂缝开口所需的压力，在垂直裂缝的情况下，至少将等于最小水平主应力，这一应力就是通常所说的闭合应力 P_s，如图 7.32所示。在一般的情况下，岩石破裂的闭合压力与地层的闭合应力相等，即等于地层最小水平应力。在构造的缓冲区，最小主应力方向通常是水平的，因此裂缝将沿着垂直面出现（张乐 等，2009）。

水力压裂设计取决于两组变量，生产层及围岩层的最小水平主应力的分布和大小及压裂液的流动特性，这些变量确定如下参数：

（1）产生的裂缝方向和几何形状（高度、长度和宽度）；

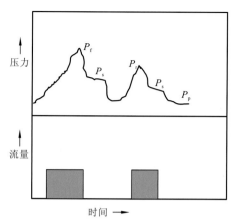

图 7.32　注水压裂试验压力、流量-时间曲线

（2）一次压裂多层，还是一次压裂一层，或者是分组压裂及同时压裂；

（3）水力压裂参数，如功率、泵压及支撑剂输送能力等；

（4）压裂液的流动特性和效率。

在压裂过程中，压裂液产生张力。在纵向压裂的情况下，它的压力与地层的水平应力相抵消。如果地层的顶部或底部的应力强度因子 K 超过岩石的断裂韧度，则预测裂缝沿纵向延伸。因此，预测裂缝是否沿纵向延伸取决于在裂缝纵向终止处的应力强度因子的大小。

断裂发生时在裂纹端点要释放出多余的能量，因此，裂端区的应力场和应变场必然与此裂端的能量释放率有关。应力强度因子可以用来表示裂纹端点区应力应变场强度的参量，若裂端应力应变场的强度足够大，断裂即可发生，反之则不发生。

1. 储层压裂的破裂压力计算方法研究

1）基于测井资料计算破裂压力

地层破裂压力的大小对压裂结果起着决定性的作用，其大小与地应力、岩石强度和裂缝的发育程度密切相关。

利用常规测井资料结合偶极横波测井资料求取地层破裂压力是行之有效的办法。地层破裂压力与其体积密度、声波时差、声阻抗均有较好相关性，破裂压力随体积密度增大、声波时差减小、声阻抗增大而增大。人工压裂时地层破裂压力 P_f 和地层再压裂时破裂压力 P_s 的计算方法如下。

（1）对于稳定的井壁或硬地层，井壁岩石无裂缝，岩石具有抗张能力，则

$$P_f = 3\sigma_h - \sigma_H - \alpha P_p + S_T \tag{7.68}$$

式中：S_T 为抗张强度，MPa；α 为 Biot 系数（孔隙压力贡献系数）。

（2）井壁岩石有裂缝或再压裂时，抗张强度 S_T 为零，则地层再破裂压力 P_s 为

$$P_s = 3\sigma_h - \sigma_H - \alpha P_p \tag{7.69}$$

也可以根据地层自然破裂压力得到人工压裂时的破裂压力，其计算公式为

$$P_f = \sigma_h + S_T \tag{7.70}$$

地层初始压裂后，连续泵入压裂液将导致裂缝沿着平行于最大主应力和垂直于最小主应力的方向平面延伸。这种连续性压裂的压力将低于再压裂的压力，但是应大于最小水平主应力。

在岩性相同的情况下，裂缝越发育，地层破裂压力越低。在对裂缝性储层进行压裂施工时，要特别注意控制缝高，以免引起底水上窜。

2）基于水力压裂施工曲线计算破裂压力

图 7.33 为典型压裂施工曲线特征图，从该图上可直接获得压裂时记录的地层破裂压力。若此图记录的是井底压力施工曲线，则图中的破裂压力为地层真实的破裂压力；若记录的是井口压力施工曲线，则需要将记录的破裂压力加上压裂液液柱压力，并减去压裂时油管摩阻，可得到较真实的地层破裂压力，其计算式为

$$P_{\mathrm{f}} = P_{\mathrm{fl}} + P_{\mathrm{mf}} - P_{\mathrm{ff}} \tag{7.71}$$

式中：P_{fl} 为压裂施工曲线上读取的破裂压力值，MPa；P_{mf} 为压裂液等井内液柱压力，MPa；P_{ff} 为摩擦阻力，MPa。其中，液柱压力 P_{mf} 计算式为

$$P_{\mathrm{mf}} = g \cdot \int_0^h \sigma_{\mathrm{b}}(z)\mathrm{d}z \tag{7.72}$$

式中：$\sigma_{\mathrm{b}}(z)$ 为人工压裂时压裂液密度，g/cm³；h 为井内压裂液高度，m。

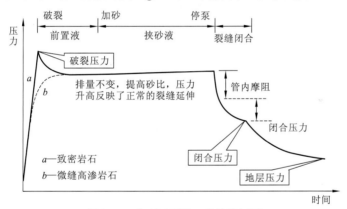

图 7.33　典型压裂施工曲线特征图

2. 储层压裂缝延伸方向及高度预测方法研究

本书利用 DSI、XMAC 及常规测井资料，结合岩石应力强度因子和断裂韧度的关系预测压裂缝的延伸方向与高度，为库车和塔中地区优化压裂设计与施工提供参考依据。

1）压裂缝形态及方位的确定

在水力压裂中，了解裂缝形成条件、裂缝的形态和方位等，对有效发挥压裂在增产、增注中的作用都是很重要的。储层裂缝的形态和方位可利用地层垂向应力、最大和最小水平主应力的大小关系确定。根据三个主应力的大小关系定性分析裂缝的延伸方向，通过计算岩石应力强度因子与断裂韧度定量分析压裂缝高度。

（1）压裂缝类型。压裂缝分为三种类型（图 7.34）：I 型（张开型）、II（剪切型）和 III 型（撕开型）。

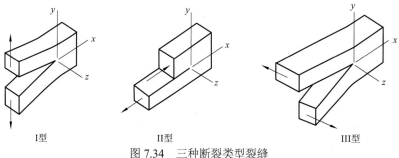

图 7.34　三种断裂类型裂缝

（2）压裂缝形态及方位确定。岩石单元体所受的地应力主要分为垂向应力 σ_v、最大水平主应力 σ_H 和最小水平主应力 σ_h。地应力方向及大小分布直接控制着油气层压裂改造时裂缝的延伸方向。由断裂力学理论可知，人工压裂缝总是平行于最大水平主应力方向，垂直于最小水平主应力方向。对直井来说，水力裂缝的延伸方向与地应力方向及大小存在如下关系：当 $\sigma_v > \sigma_H > \sigma_h$ 或 $\sigma_H > \sigma_v > \sigma_h$ 时，压裂易形成垂直裂缝，裂缝面垂直于 σ_h 而平行于 σ_H 的方向；当 $\sigma_H > \sigma_h > \sigma_v$ 时，压裂易形成水平裂缝，如图 7.35 所示。

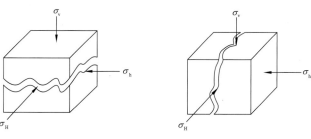

（a）水平裂缝（$\sigma_H > \sigma_h > \sigma_v$）　　　（b）垂直裂缝（$\sigma_v > \sigma_H > \sigma_h$ 或 $\sigma_H > \sigma_v > \sigma_h$）

图 7.35　水力裂缝产状与地应力关系示意图

根据破裂压力梯度 P_{fg} 也可以大致判断压裂缝的形态。破裂压力梯度定义为某点破裂压力与该点深度的比值。一般认为，当 $P_{fg} < 1.5\ \mathrm{MPa/100\ m}$ 时，形成垂直裂缝；当 $P_{fg} > 2.3\ \mathrm{MPa/100\ m}$ 时，形成水平裂缝。

2）最小水平主应力与压裂缝高度关系分析

油层和隔层段处的应力状态主要有 4 种类型：①油层在较高应力段；②油层在低应力段；③油层在高应力段；④油层在高低应力段的交界处（张乐 等，2009；杨雷 等，2002）。

（1）油层在较高应力段，此时裂缝将穿过低应力段，裂缝上、下端停止于低应力和高应力界面处，如图 7.36 所示的两种情况。

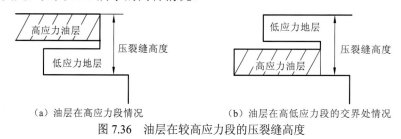

（a）油层在高应力段情况　　　　　　　（b）油层在高低应力段的交界处情况

图 7.36　油层在较高应力段的压裂缝高度

（2）油层在低应力段，隔层在高应力段，裂缝在高应力段隔层的阻挡下，易向低应力段内延伸。如图 7.37（a）～（d）所示，分别为油层在低应力段的下部、中部、上部和整个应力段情况的压裂缝高度。

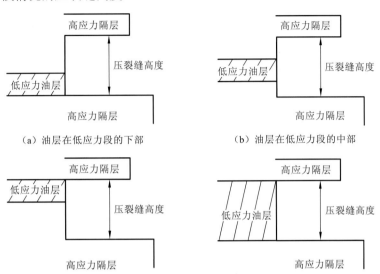

（a）油层在低应力段的下部　　　　（b）油层在低应力段的中部

（c）油层在低应力段的上部　　　　（d）油层在整个应力段

图 7.37　油层在低应力段的下部、中部、上部和整个应力段的压裂缝高度

（3）当油层处于高应力段时，如果进行压裂施工，油层部分将很难压开。有时可能会压穿所有的低应力段，缝高很难控制，如图 7.38 所示的两种情况。

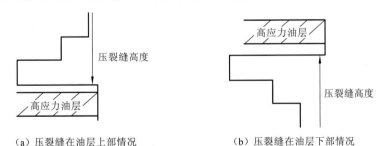

（a）压裂缝在油层上部情况　　　　（b）压裂缝在油层下部情况

图 7.38　油层在高应力段的压裂缝高度

（4）当油层处在高低应力段交界处时，若高低应力差较大，油层在低应力段易压开，而高应力段不易压开，裂缝在低应力段内形成，如图 7.39 所示。

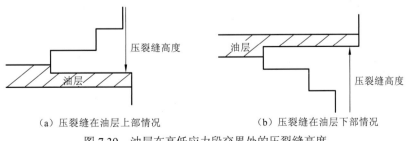

（a）压裂缝在油层上部情况　　　　（b）压裂缝在油层下部情况

图 7.39　油层在高低应力段交界处的压裂缝高度

根据上述油层与隔层的关系，可优化压裂措施。当油层与下部水层之间有隔层（高破裂压力层），严防压开隔层；油、水层之间无隔层，采取下控高压裂，避免压开水层；油、水层之间有直劈缝贯通，应远离油水界面，紧靠油层顶部压裂。

3）压裂缝高度的计算模型研究

a. Simonson 模型

采用线弹性断裂力学的断裂准则作为裂缝扩展的判据，即扩展点处的应力强度因子 K_I 近似等于临界应力强度因子 K_{IC}（也称为岩石的断裂韧度）。

（1）岩石应力强度因子 K_I 计算。

Rice 证明（张乐 等，2009），在 X 轴上，从 $-a_4$ 到 $+a_4$ 延伸的一条裂缝，其 I 型应力强度因子由式（7.73）表示：

$$K_I = \frac{1}{\sqrt{\pi a}} \int_{-a_4}^{+a_4} p(y) \sqrt{\frac{a_4 + y}{a_4 - y}} \mathrm{d}y \tag{7.73}$$

如 y 方向应力场 σ_4 是均匀的（相当于在裂缝中作用一常压力），则式（7.73）简化为

$$K_I = \sigma_4 \sqrt{\pi a_4} \tag{7.74}$$

断裂发生时，$K_I = K_{IC}$，式（7.74）成为

$$\sigma_4 = \frac{K_{IC}}{\sqrt{\pi a_4}} \tag{7.75}$$

Irwin 证明与 Griffith（1924）理论是一致的：

$$K_{IC} = \sqrt{\frac{2E\gamma_{eff}}{1 - \nu^2}} \tag{7.76}$$

式中：E 为杨氏模量，GPa；ν 为泊松比；γ_{eff} 为除包括表面能 γ 外，还加上其他塑性流动或形成微裂缝做的功。

如果忽略物质性质变化，且假定在水力裂缝中垂直方向的压力分布是常数，在应力分层的介质中，Simoson 模型是在裂缝内部压力给定的情况下计算水力压裂缝的平衡高度。在裂缝的顶部和底部计算应力强度因子，让它等于材料的断裂韧性，从而根据应力场确定裂缝的高度和裂缝的位置。

图 7.40 中的产层主应力 σ_{h1} 最小，两相邻层主应力 σ_{h2}、σ_{h3} 均大于 σ_{h1}，射孔段厚度为 h，当参考点（射孔中心位置）的压力增加时，裂缝向上和向下的延伸高度增大。

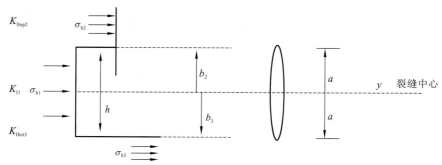

图 7.40 应力分层介质中的裂缝（三层介质模型）

如图 7.40 所示的几何形状，裂缝顶端和底端的应力强度因子分别由式（7.77）、式（7.78）确定：

$$K_{\text{Itop2}} = \frac{1}{\sqrt{\pi a}} \int_{-a}^{+a} p(y) \sqrt{\frac{a+y}{a-y}} \, \mathrm{d}y \tag{7.77}$$

$$K_{\text{Ibot3}} = \frac{1}{\sqrt{\pi a}} \int_{-a}^{+a} p(y) \sqrt{\frac{a-y}{a+y}} \, \mathrm{d}y \tag{7.78}$$

式中：a 为裂缝半高度；$p(y)$ 为张开裂缝内部净压力分布：

$$\begin{cases} p(y) = P - \sigma_{h3}, & -a \leqslant y \leqslant -b_3 \\ p(y) = P - \sigma_{h1}, & -b_3 \leqslant y \leqslant b_2 \\ p(y) = P - \sigma_{h2}, & b_2 \leqslant y \leqslant a \end{cases} \tag{7.79}$$

式中：σ_{h1}、σ_{h2}、σ_{h3} 分别为产层和上、下相邻层的最小水平主应力；P 为井底施工压力（即产层段施工压力）。在此计算中，主要的变量是裂缝高度、裂缝中的流体压力及最小水平主应力的大小，而最小水平主应力的大小随深度 Z 的变化而变化。

式（7.77）、式（7.78）积分后，将两方程相加、减，分别得

$$\frac{\sqrt{\pi}(K_{\text{Itop2}} + K_{\text{Ibot3}})}{2\sqrt{a}} = (\sigma_{h2} - \sigma_{h1}) \times \sin^{-1}\left(\frac{b_2}{a}\right) + (\sigma_{h3} - \sigma_{h1}) \times \sin^{-1}\left(\frac{b_3}{a}\right)$$
$$+ (2p - \sigma_{h2} - \sigma_{h3}) \times \frac{\pi}{2} \tag{7.80}$$

$$\frac{\sqrt{\pi}(K_{\text{Ibot3}} - K_{\text{Itop2}})}{2} = (\sigma_{h2} - \sigma_{h1}) \times \sqrt{a^2 - b_2^2} - (\sigma_{h3} - \sigma_{h1}) \times \sqrt{a^2 - b_3^2} \tag{7.81}$$

约束条件为：$b_3 = h - b_2$，$h =$ 压裂层起始深度$-$压裂层结束深度。

上述问题采用逆计算方式求解。在给定压裂层起始深度、结束深度时，假设裂缝半高度为 a，结合约束条件，用不同的 a 试算几次，最后得到正确的压力 P 和该问题的解。

（2）岩石断裂韧度 K_{IC} 计算。

I 型裂缝岩石断裂韧度计算公式为

$$\sigma_h' = P_{w1}(1 - \alpha) \tag{7.82}$$

$$T_{\text{ao}} = \frac{0.026}{C_b \times 10^6}[0.008EV_{\text{sh}} + 0.004\,5E(1 - V_{\text{sh}})] \tag{7.83}$$

$$K_{\text{IC}} = (\sigma_h' + T_{\text{ao}})^2 / E \times \sqrt{\pi h} \tag{7.84}$$

式中：P_{w1} 为裂缝内流体压力，MPa；T_{ao} 为初始剪切强度，MPa；V_{sh} 为泥质含量（小数），无量纲。

岩石断裂韧度也可以根据实验测量，如砂岩在 $1.357 \sim 1.743$ MPa·m$^{1/2}$，页岩在 $0.585 \sim 1.434$ MPa·m$^{1/2}$，石灰岩和花岗岩分别在 0.932 MPa·m$^{1/2}$ 和 2.610 MPa·m$^{1/2}$ 左右。表 7.4 为实验室中测量的几种岩石的断裂韧度数据（张乐 等，2009）。

表 7.4 岩石的断裂韧度数据

岩石种类	K_{IC}/（MPa·m$^{1/2}$）
Bension 砂岩	$1.58 \sim 1.73$
Bension 页岩	0.58

岩石种类	$K_{IC}/$（MPa·m$^{1/2}$）
Green River 油页岩	0.50～1.09
Indiana 石灰岩	0.93
Westerly 花岗岩	2.60
印第安石灰岩	0.99
亚蓬斯大理岩	0.74～1.33
细晶大理岩	0.81～1.17
Barklee 花岗石	1.10～1.99
内华达凝灰岩	0.36～0.45
细砂岩（干试件）	0.73
细砂岩（饱和水试件）	0.44

根据裂缝延伸准则，当裂缝末端的应力强度因子 K_I 达到其临界断裂韧度 K_{IC} 时，裂缝开始延伸。式（7.77）和式（7.78）忽略了裂缝中的摩擦损失，并假定裂缝内流体压力等于井眼流体压力 P_w，裂缝的每次延伸都必须重新计算应力强度因子。

b. Iverson 模型（作为本书的参考模型）

用破裂点最小水平主应力与加压值之和与预测点最小水平主应力相比较的方法来估算射孔层段之外的裂缝纵向延伸高度。

射孔层段上部压力差 D_{pu} 为

$$\begin{cases} D_{P1u} = \dfrac{\sigma_h - P_{min}}{\pi/2} \times \cos^{-1}(H_{rat}) \\ D_{P2u} = H_4 \times W_{mud}/19.27 \\ D_{Pu} = D_{P2u} - D_{P1u} \end{cases} \tag{7.85}$$

式中：D_{P1u} 为射孔层段上部裂缝变化而发生的压力改变，Psi；σ_h 为最小水平主应力，Psi；P_{min} 为射孔段的最小闭合压力，Psi；H_{rat} 为射孔层段厚度和与该层段有关的裂缝总长比值，无量纲；D_{P2u} 为射孔层段上部压裂液柱压力，Psi；H_4 为压裂液高度，ft；W_{mud} 为压裂液相对密度比重，b/gal（磅/加仑）。

用同样方法可以得到射孔层段下部压力差 D_{Pd}，从而得到压差曲线：$D_P = \min(D_{Pu}, D_{Pd})$。如果 $D_P > n \times \nabla p$，则不产生裂缝纵向延伸；$D_P < n \times \nabla p$，则产生裂缝纵向延伸（D_P 为压力差，∇p 为给定的压力增量，n 为给定的步长数）。

对 KSx2 井进行了破裂压力与压裂缝高度预测。根据其地应力孔隙和井壁稳定性分析测井解释成果图（图 7.41），选取了三段地层进行压裂缝高度预测。

压裂井段在 6573～6609 m 时，预测该层段地层平均破裂压力为 144.427 MPa，在此基础上，假定泵压以 50 Psi 增量加压 8 次，受上下泥岩层控制，压裂缝最终向上延伸到 6570 m，向下延伸到 6612 m，如图 7.42 所示。

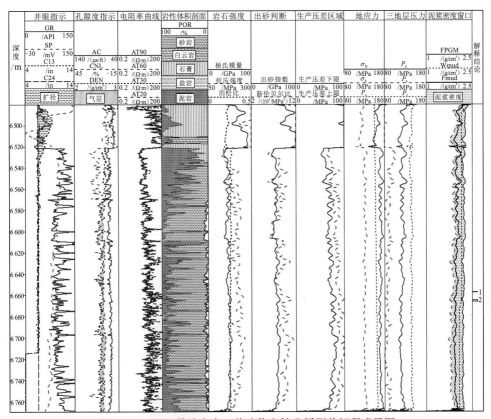

图 7.41　KSx2 井地应力、井壁稳定性分析测井解释成果图

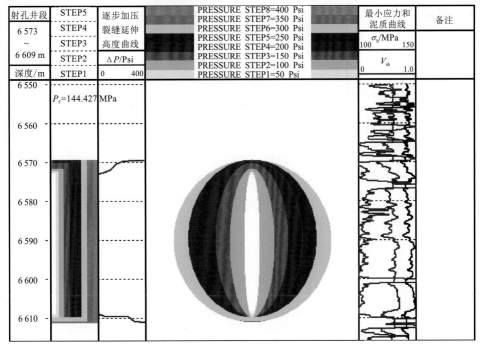

图 7.42　KSx2 井 6 573~6 609 m 井段预测压裂缝延伸方向和高度成果图

　　压裂井段在 6 640～6 697 m 时，预测该层段地层平均破裂压力为 143.467 MPa，在此基础上，假定泵压以 50 Psi 增量加压 8 次，压裂缝最终向上延伸到 6 633 m，向下延伸到 6 709 m，如图 7.43 所示。

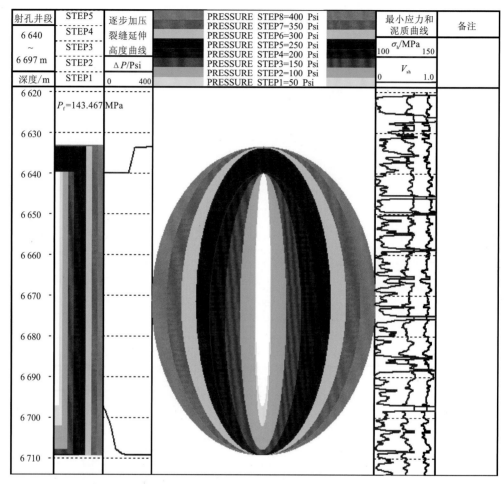

图 7.43　KSx2 井 6 640～6 697 m 井段预测压裂缝延伸方向和高度成果图

　　压裂井段在 6 705～6 715 m 时，预测该层段地层平均破裂压力为 142.448 MPa，在此基础上，假定泵压以 50 Psi 增量加压 8 次，受上部泥岩层控制，压裂缝向上延伸到 6 703 m；向下延伸了 11 m，到达 6 726 m，有可能串通下部的含气水层或水层，建议 6 699～6 738 m 井段不要进行压裂，如图 7.44 所示。

3. 储层压裂效果评价技术

1）储层压裂效果评价的传统方法

　　储层实施增产改造后，需要采用一定的方法对压裂井段和效果进行检测和评价。传统的方法是根据当井壁存在压裂缝时与井壁不存在压裂缝时在测井资料上的不同测井响应，通过压前压后的井温测井、放射性同位素示踪测井和双侧向电阻率测井来判别压裂效果。

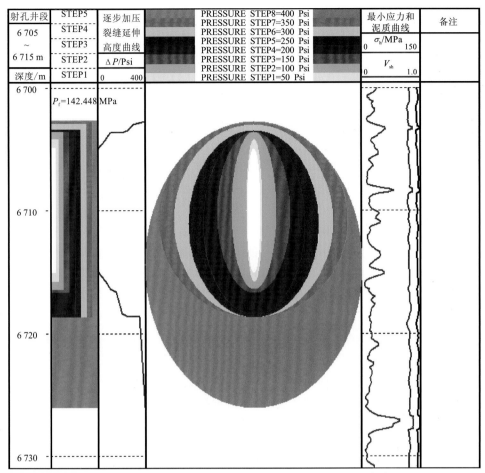

射孔井段	STEP5	逐步加压裂缝延伸高度曲线 $\Delta P/\mathrm{Psi}$	PRESSURE STEP8=400 Psi PRESSURE STEP7=350 Psi PRESSURE STEP6=300 Psi PRESSURE STEP5=250 Psi PRESSURE STEP4=200 Psi PRESSURE STEP3=150 Psi PRESSURE STEP2=100 Psi PRESSURE STEP1=50 Psi	最小应力和泥质曲线	备注
6 705 ~ 6 715 m	STEP4			σ_h/MPa 0　　　150	
	STEP3				
	STEP2			V_{sh} 0　　　1.0	
深度/m	STEP1	0　　　400			

图 7.44　KSx2 井 6 705～6 715 m 井段预测压裂缝延伸方向和高度成果图

a. 井温测井

对储层进行压裂作业时，会有一定数量的压裂液挤入被压开的地层（许建国 等，2008）。如果压裂液的温度与地层温度不同，则压裂后恢复期间测量井温，温度曲线将出现负异常显示，根据曲线异常变化，便可确定被压裂开的层位及裂缝延伸高度。压裂施工作业前一般要测一条基础井温曲线，作业后再测量沿井筒剖面的温度变化特征。压裂施工作业后，多次重复测量井温，并进行重叠对比，可以较为准确地确定出施工井段及裂缝延伸高度。

b. 放射性同位素示踪测井

放射性同位素示踪测井是目前应用最广泛的一种压裂缝高度判别方法（罗宁 等，2009）。它是利用放射性同位素来研究井的地质剖面和井筒内技术情况的测井方法，利用放射性同位素来人为提高井内被研究对象的伽马射线强度。其基本原理是：压裂施工时，将吸附着放射性同位素的活化砂混入压裂砂中作指示剂，压入地层压裂时形成的缝隙中。压裂作业后，活化砂将留在被压开的裂缝中，由于活化砂吸附了大量的放射性同位素物质，造成裂缝自然伽马值升高，而未被压裂的井段由于基本没有吸附放射性同位素物质，其测量的自然伽马值基本不变。评价方法是根据井内注入被放射性同位素活化的物质前、后分别进行自然伽马测井，将注入同位素后所测的自然伽马曲线与注入前所测的自然伽马曲线（基线）对比，有差异的部分即地层被压开的部分，该部分的高度即压裂缝高度。

该方法判断压裂缝具有操作简单、快速、准确等优点，但不足之处在于放射性对井筒有一定的污染，可能造成对储层的污染，造成采出流体的处理难题，且受时间限制。

c. 注硼中子寿命测井

注硼中子寿命测井主要利用硼的宏观俘获截面比较大的特性，在酸化或压裂施工中，将硼元素作为示踪剂。由于硼元素被压开的裂缝段大量吸附，该段俘获截面 Σ 值增大，而未被压裂的井段由于基本没有吸附硼元素，其测量的俘获截面 Σ 值基本不变。

注硼中子寿命测井的基本过程与同位素示踪测井相似：首先测一条中子寿命基线，注完硼酸后再测一条中子寿命曲线，利用两条曲线的幅度差来判断产层或射孔段注入硼酸的状况，有差异的部分即地层被压开部分，该部分的高度即压裂缝高度。

注硼中子寿命测井判断裂缝压裂高度的主要缺点是评价效果受地层孔隙度影响，如果储层孔隙较小，则效果较差。因此，在低孔储层应用此技术受到严格限制，只能在高孔储层应用，这影响到了它的使用范围。

d. 双侧向电阻率测井

通过比较压裂前后测得的双侧向电阻率曲线差异程度来识别裂缝。深电阻率曲线主要反映原状地层电阻率，浅电阻率曲线主要反映侵入带电阻率，两条曲线一般以相同纵横向比例重叠绘制。在裂缝发育或地层被压开处，两条曲线具有明显的幅度差，可据此定性和定量地分析与判别压裂缝的延伸和产状。该方法简单快速，效果较好，应用非常广泛。

2）利用交叉偶极横波测井评价压裂缝高度

横波在各向异性地层会发生正交分解，分裂为快横波和慢横波（详见本书第 2 章）。横波分裂现象反映了裂缝性地层和地应力不均衡地层的各向异性。在裂缝性地层，快横波会沿着裂缝面传播，其方位近似地指示了地层裂缝的走向；在非裂缝地层（裂缝不发育地层），快横波方位基本上指示了地层最大水平主应力方向，而各向异性方位与快横波的方位基本一致。横波速度的各向异性反映了地层的地应力不均衡性，时差各向异性系数（Anis）的大小反映了最大与最小水平主应力差的相对大小，计算式如下：

$$\text{Anis} = \frac{2(D_{\text{TSs}} - D_{\text{TSf}})}{D_{\text{TSs}} + D_{\text{TSf}}} \times 100\% \qquad (7.86)$$

式中：D_{TSf} 为快横波时差，μs/ft；D_{TSs} 为慢横波时差，μs/ft。

通常所计算的 Anis 值大于 5% 才认为地层存在各向异性。

根据裸眼井的评价可知，裂缝是造成各向异性增大的主要原因，当地层存在裂缝时，横波的各向异性将明显增大；不存在裂缝时，则各向异性系数小于 5%。

因此，可将压裂前后的快慢横波时差曲线进行对比，来判断压裂效果好坏。当井壁不存在裂缝时，横波快慢时差基本相同，各向异性不明显；而当井壁被压裂，形成垂直裂缝时，各向异性值将明显增大，各向异性变化明显段就是裂缝被压开的高度。

该方法不受地层孔隙影响，同时对地层无任何污染，测井时间不受限制，判别简单、直观、快速，值得推广使用。

3）成像测井分析与评价压裂效果

在裂缝的识别与评价中，成像测井由于其直观、形象的特点而备受青睐。

当井壁地层存在裂缝或溶洞时，由于其中充满了导电的泥浆，电阻率降低，在成像图上表现出暗色色调。不同产状、不同类型的裂缝、溶洞在成像图上有不同的表现形式：与井眼斜交的开启缝在成像图上表现为黑色正弦波形状；高角度甚至平行于井轴的开启缝在成像图上显示为与井轴夹角很小甚至平行的黑色线条；局部切割井眼的开启缝数量较少，在成像图上显示为近似椭圆形的黑色特征；网状缝是几种倾向不同的开启缝交织在一起相互交错形成的裂缝；溶洞以其大小显示为星点状和斑状。

与天然裂缝不同，压裂缝是由压裂液在施工井段引起憋压，达到地层破裂压力后撑开地层形成的。当垂向应力为原地最大或中间主应力时，压裂缝一般以高角度张性缝为主，且张开度和延伸都可能很大，在成像图上显示为与井轴夹角很小甚至平行的黑色线条。

成像测井主要包括声成像与电成像两大类，都有各自的优缺点。电成像测井的不足之处有：①覆盖率低，即使是目前最先进的全井眼地层微电阻率扫描成像测井仪（FMI），对 8 in 井眼井壁的覆盖率最多能达到 80%；②图像中的条纹带并不一定是岩石裂缝，会给裂缝特征识别带来困难；③在油基泥浆环境中不能很好地反映井壁特征。

声成像测井的优点是：①不论何种尺寸的井眼，覆盖率都能达到 100%；②在获得回波信号幅度的同时，还可以得到信号往返的时间记录，从而可以反映井壁的形状特征，如垮塌及井眼的椭圆形结构；③在油基泥浆环境中也能获得清晰的井壁图像。声成像也存在一些不足：①对断层及层理识别不敏感；②由于仪器运行状态产生偏差及井眼不圆等原因，信号幅度衰减，井壁图像出现遮掩显著特征的垂直条纹。

7.3　裂缝性低孔砂岩气藏产能预测方法

7.3.1　产能计算公式

产能是反映一口井产油气能力大小的参数，由储层质量、有效厚度、生产压差、生产时间等因素决定，一般以单位时间、单位厚度、单位压差等条件下的产量来表示。若生产层附近的油呈现平面径向流，则井中的产能 Q（m^3/d）计算公式可表示为

$$Q = \frac{c_1 \kappa H_5 (P_e - P_{wf})}{\mu_0 B_0 [\ln(r_e / r_w) - 0.75 + s]} = A \kappa H_5 (P_e - P_{wf}) \tag{7.87}$$

式中：c_1 为单位转换系数；B_0、μ_0 为原油体积系数和黏度；κ 为地层渗透率；H_5 为地层厚度；P_e 为地层供给压力，可用静压力代替；P_{wf} 为井底流压；r_e、r_w 分别为地层供给半径和油井半径；s 为表皮效应系数；A 为系数。

测井评价中常采用米采油指数，其公式为

$$J_0 = \frac{Q}{\Delta P H_5} = A \kappa \tag{7.88}$$

可以看出在油井稳态条件下，米采油指数与地层渗透率有密切关系，但油、气、水

是可压缩的，仅会产生拟稳态。

气与油压缩性有较大差异，不能直接套用油的产能公式。采用压力平方近似公式：

$$Q_g = \frac{c_1 \kappa H_5 (P_e^2 - P_{wf}^2)}{T(\mu_g z)_{avg}[\ln(r_e / r_w) - 0.75 + s]} = J(P_e^2 - P_{wf}^2) \qquad (7.89)$$

式中：J 为米采气指数。在储层产能预测中也常采用无阻流量，它是通过不同压力下的流量得到的。例如，油田中采用二次式方程：

$$P_e^2 - P_{wf}^2 = BQ_g^2 + CQ_g + D \qquad (7.90)$$

式中：Q_g 为井底流压为 P_{wf} 时的流量。根据式（7.90），若井底流压为 0，得到流量为绝对敞喷流量，即无阻流量 AOF。

根据 K 地区 65 口试油资料，无阻流量与米采气指数的关系如图 7.45 所示，由图可以看出无阻流量与米采气指数有较好的相关性。

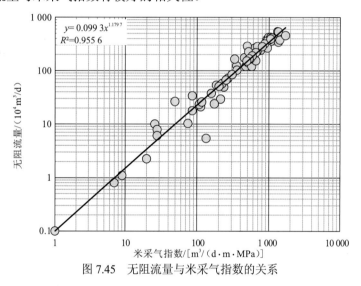

图 7.45　无阻流量与米采气指数的关系

7.3.2　产能与物性参数及裂缝参数的关系

从产能公式［式（7.89）］可以看出产能与储层渗透率等因素有密切关系，而裂缝的发育程度及物性对地层渗透率有直接影响。根据 K 井区 29 口井的无阻流量、孔隙度平均值、横波渗透率平均值、裂缝视孔隙度平均值和裂缝宽度数据建立了无阻流量与储层孔渗参数和裂缝参数之间的关系曲线如图 7.46 所示。由图 7.46 可以看出，无阻流量与储层孔渗参数和裂缝参数之间具有较好的相关性，且随这些参数的增大而增大。根据不同井无阻流量及裂缝参数的分布规律可将图 7.46 中产能及裂缝参数分布划分为三个区：低产区（无阻流量小于 10×10^4 m³/d、孔隙度小于 4%、横波渗透率小于 0.35 mD、裂缝视孔隙度小于 0.03%、裂缝宽度小于 90 μm）、中产区（无阻流量位于 $10 \times 10^4 \sim 50 \times 10^4$ m³/d、孔隙度位于 4%～5.5%、横波渗透率位于 0.35～0.6 mD、裂缝视孔隙度位于 0.03%～0.05%、裂缝宽度位于 90～150 μm）、高产区（无阻流量大于 50×10^4 m³/d、孔隙度大于

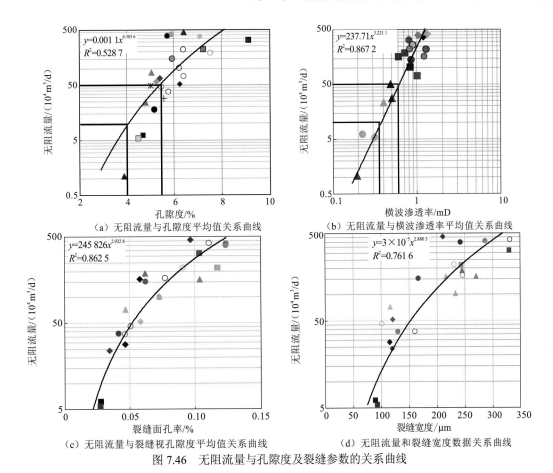

（a）无阻流量与孔隙度平均值关系曲线

（b）无阻流量与横波渗透率平均值关系曲线

（c）无阻流量与裂缝视孔隙度平均值关系曲线

（d）无阻流量和裂缝宽度数据关系曲线

图 7.46　无阻流量与孔隙度及裂缝参数的关系曲线

5.5%、横波渗透率大于 0.6 mD、裂缝视孔隙度大于 0.05%、裂缝宽度大于 150 μm）。

　　采用多元回归分析手段分析无阻流量与储层孔渗参数和裂缝参数之间的关系得到无阻流量关于孔渗参数和裂缝参数的回归公式如式（7.91）所示，利用该公式可根据储层孔渗参数和裂缝参数估算产能指示参数。根据估算的产能指示参数结合孔渗参数和裂缝参数可进一步预测储层产能等级。

$$\begin{cases} Q = 3.883\,6\Phi^{6.303\,6}+76.145\,2K_\mathrm{s}^{3.2211}+65\,881.256\,0\Phi_\mathrm{f}^{2.922\,8}+8.055\,8W_\mathrm{f}^{2.880\,3} \\ R^2 = 0.790\,1 \end{cases} \tag{7.91}$$

式中：Q 为产能指示参数；Φ 为基质孔隙度；K_s 为横波渗透率；Φ_f 为裂缝面孔率；W_f 为裂缝宽度。

7.4　现场应用效果分析

　　利用上述方法对现场实际测井资料进行了综合处理分析。图 7.47 为 Kx6 井裂缝综合评价成果图，其中等效缝宽道为利用横波衰减信息计算得到的等效裂缝宽度曲线，渗透率道的横波渗透率为利用裂缝渗透率计算公式和等效裂缝宽度反演得到的渗透率，成像处理结果道为成像测井资料处理得到的裂缝密度、长度、宽度和面孔率参数曲线，成像解释成果图道为裂缝形态、类型和倾角处理结果，裂缝走向道为统计的试油段裂缝走向和倾角分布结果，裂缝等级道为根据裂缝参数及上述裂缝等级划分标准划分的裂缝等级（下同）。由图 7.47 可以看出，5 605～5 682 m 深度段裂缝均比较发育，根据裂缝参数和裂缝等级划分标准划分的裂缝等级主要为 I 级，横波裂缝宽度和渗透率结果与成像测井处理结果显示的裂缝发育情况吻合较好，说明该深度段大部分裂缝为有效缝，较大改善了储层的渗透性，与试油产能吻合较好。

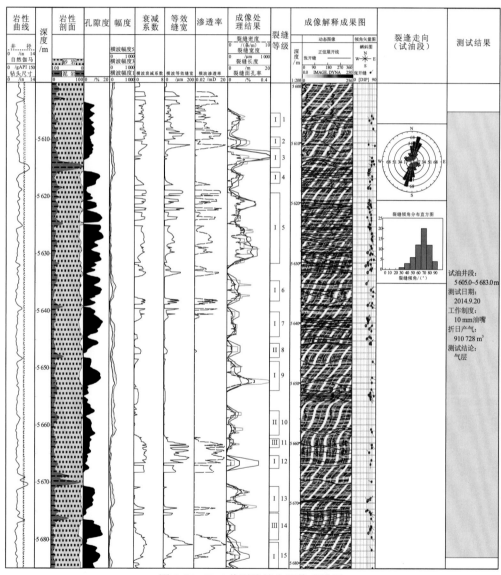

图 7.47　Kx6 井裂缝综合评价成果图

图 7.48 为 Kx7 井裂缝综合评价成果图，由图可以看出，试油段（特别是中上部）裂缝比较发育，根据裂缝参数和裂缝等级划分标准划分的裂缝等级主要为 I 级，横波裂缝

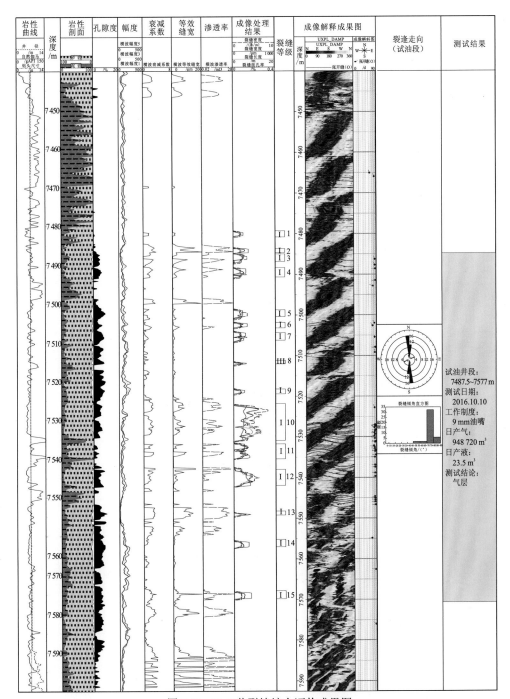

图 7.48　Kx7 井裂缝综合评价成果图

宽度和渗透率结果与成像测井处理结果显示的裂缝发育情况吻合较好，说明该深度段大部分裂缝为有效缝，较大改善了储层的渗透性，与试油产能吻合较好。

图 7.49 为 Kx1 井综合评价成果图，由图中饱和度道可以看出，储层段含水饱和度普遍大于 50%且与束缚水饱和度差异较大，说明存在较多的可动水，且时差比道、气水指

数道、含气指示道的气指示均不明显，说明该段储层流体主要为水；由等效缝宽道、裂缝渗透率道、成像处理结果道、裂缝等级道可以看出 6620～6650 m 深度段裂缝比较发育，裂缝等级主要为 I 级和 II 级，且多为有效裂缝，上部裂缝不发育，主要为 III 级裂缝；由孔隙度道、渗透率道和储层等级道可以看出，该深度段物性较差，主要为 III 级储层；根据储层有效性综合评价标准划分的产能等级结果显示该深度段产能主要为 III 级；上述综合评价结果与试油结论吻合较好。

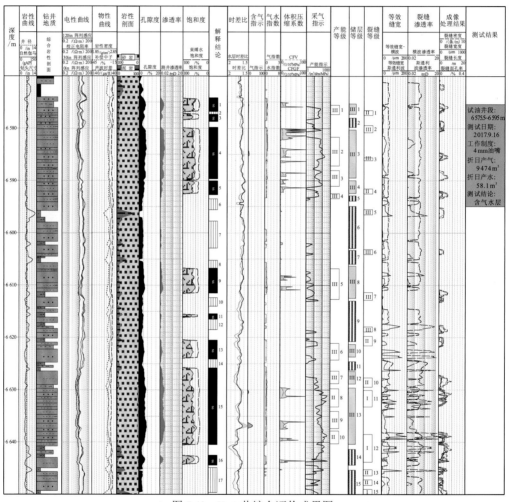

图 7.49　Kx1 井综合评价成果图

　　图 7.50 为 Kx2 井综合评价成果图，由图中饱和度道可以看出，储层段含水饱和度普遍小于 50%且与束缚水饱和度吻合较好，说明无明显可动水，且气水指数道、体积压缩系数道的气指示均比较明显，说明该段储层流体为天然气；由等效缝宽道、裂缝渗透率道、成像处理结果道、裂缝等级道可以看出该深度段裂缝发育，裂缝等级主要为 I 级，且主要为有效缝；由孔隙度道、渗透率道和储层等级道可以看出，该深度段物性中等，主要为 II 级和 III 级储层；根据储层有效性综合评价标准划分的产能等级结果显示该深度段产能主要为 I 级和 II 级；上述综合评价结果与试油结论吻合较好。

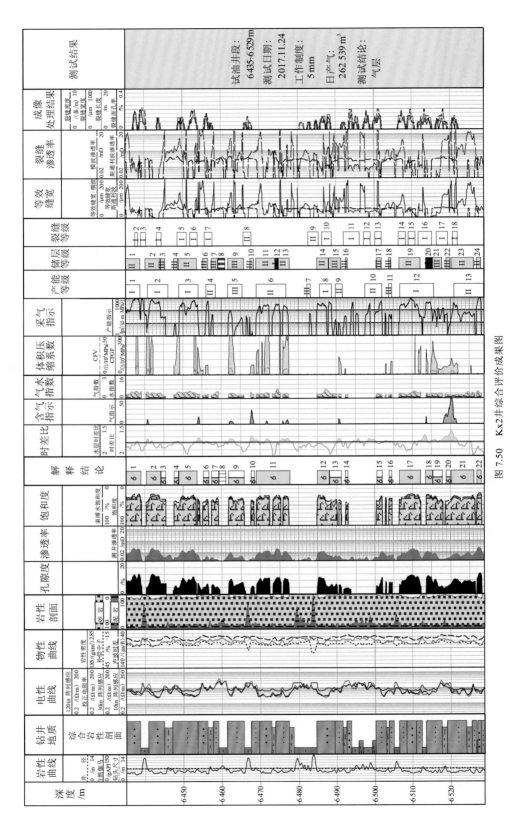

图 7.50　Kx2井综合评价成果图

陈颙, 黄庭芳, 刘恩儒, 2009. 岩石物理学[M]. 北京: 中国科学技术出版社.

蔡明, 2016. 方位反射声波成像测井信号处理方法研究[D]. 北京: 中国石油大学(北京).

蔡明, 车小花, 柴细元, 等, 2015. 基于相控接收指向性的反射界面方位定量判定方法及装置: 201510412055.8[P]. 2015-11-11.

蔡明, 章成广, 姜龙, 等, 2018. 致密砂岩储层油基泥浆井声成像裂缝评价方法研究进展及应用[C]// 2018 年度全国检测声学会议论文集. 北京: 中国声学学会.

蔡明, 章成广, 陈义群, 等, 2019a. 偶极横波反射声波成像测井资料处理软件: 2019SR0860528[P]. 2019-8-19.

蔡明, 章成广, 韩闯, 等, 2019b. 倾斜微裂缝对横波传播影响的实验研究[C]// 2019 年度全国检测声学暨 第十届全国储层声学与深部钻测技术前沿联合会议论文集. 北京: 中国声学学会.

蔡明, 章成广, 唐军, 等, 2020a. 参数估计法声波远探测反射波提取效果影响因素研究[J]. 西安石油大 学学报(自然科学版), 35(1): 42-48.

蔡明, 章成广, 韩闯, 等, 2020b. 微裂缝对横波衰减影响的实验研究及其在致密砂岩裂缝评价中的应 用[J]. 中国石油大学学报(自然科学版), 44(1): 45-52.

蔡明, 章成广, 信毅, 等, 2020c. 基于超声成像的油基泥浆井裂缝定量参数智能计算方法: 201910375453.5[P]. 2020-10-2.

范文同, 蔡德洋, 刘冬妮, 等, 2018. 库车超深气井油基泥浆条件下电成像测井对比研究[J]. 石油管材与 仪器, 4(4): 44-47, 51.

范翔宇, 康海涛, 龚明, 等, 2012. 川东北山前高陡构造地应力精细计算方法[J]. 西南石油大学学报(自 然科学版), 34(3): 41-46.

付建伟, 肖立志, 张元中, 2004. 井下声电成像测井仪的现状与发展趋势[J]. 地球物理学进展(4): 730-738.

葛洪魁, 林英松, 1998. 油田地应力的分布规律[J]. 断块油气田(5): 1-5.

龚丹, 章成广, 2013. 裂缝性致密砂岩储层声波测井数值模拟响应特性研究[J]. 石油天然气学报(江汉石 油学院学报), 35(7): 82-86.

管英柱, 李军, 张超谟, 等, 2007. 致密砂岩裂缝测井评价方法及其在迪那 2 气田的应用[J]. 石油天然气 学报(2): 70-74, 149.

郭琼, 宋庆彬, 2014. 气测录井解释评价的一种新方法: 烃比折角法[J]. 录井工程, 25(1): 40-43, 91-92.

何叶, 2011. 周期性饱水对岩石力学性能的影响研究及工程应用[D]. 重庆: 重庆交通大学.

黄辉才, 2011. 疏松砂岩油藏排砂采油工艺研究[D]. 青岛: 中国石油大学(华东).

黄荣樽, 1984. 地层破裂压力预测模式的探讨[J]. 华东石油学院学报(4): 335-347.

黄小城, 2014. 大跨度扁平隧道围岩松动圈影响因素及理论计算研究[D]. 长沙: 湖南科技大学.

胡学红, 李长文, 李新, 等, 2004. 低孔隙度低渗透率砂岩的声波特性实验研究[J]. 测井技术(4): 273-276, 366.

刘波, 2007. 疏松砂岩出砂机理定量研究[D]. 东营: 中国石油大学(华东).

刘登科, 孙卫, 任大中, 等, 2016.致密砂岩气藏孔喉结构与可动流体赋存规律[J]. 天然气地球科学, 27(12): 2136-2146.

刘洪涛, 2006. 软土深基坑工程变形分析与过程控制[D]. 南京: 东南大学.

刘文岭, 牛彦良, 李刚, 等, 2002. 多信息储层预测地震属性提取与有效性分析方法[J]. 石油物探(1): 100-106.

刘智颖, 2017. 裂缝性致密砂岩心电阻率响应特性与饱和度模型研究[D]. 武汉: 长江大学.

李兆敏, 林日亿, 王渊, 等, 2003. 高含水期射孔井出砂预测模型的建立及应用[J]. 石油大学学报(自然科学版) (4): 58-61, 65.

李清松, 潘和平, 张荣, 2005. 电阻率成像测井进展[J]. 工程地球物理学报(4): 304-310.

柳杰, 殷小敏, 张彦伟, 等, 2015. 新型油基泥浆测井电成像方法研究[J]. 地球物理学进展, 30(2): 790-796.

楼一珊, 1998. 地层倾角对地应力的影响研究[J]. 钻采工艺(6): 5, 22-23.

罗宁, 丁邦春, 侯俊乾, 等, 2009. 压裂裂缝高度的测井评价方法[J]. 钻采工艺, 32(1): 43-45, 114.

齐宝权, 1996. 方位电阻率成象在测井精细解释中的应用[J]. 测井技术(3): 226-230.

乔文孝, 阎树汶, 1997. 用声波测井资料识别油气水层[J]. 测井技术, 21(3): 215-220.

乔文孝, 鞠晓东, 车小花, 2007. 方位反射声波测井方法: 200610144243.8[P]. 2007-09-05.

荣志道, 谢志杰, 周嘉瑞, 等, 1982. 陕甘宁盆地某油田延安组储集层孔隙结构特征研究[J]. 石油勘探与开发, 4: 76-82.

时宇, 杨正明, 黄延章, 2009. 低渗透储层非线性渗流模型研究[J]. 石油学报, 30(5): 731-734.

时宇, 杨正明, 杨雯昱, 2011. 低渗储层非线性相渗规律研究[J]. 西南石油大学学报(自然科学版), 33(1): 13-14, 78-82.

沈琛, 邓金根, 王金凤, 2001. 胜利油田弱胶结稠油藏岩石破坏准则及出砂预测[J]. 断块油气田(2): 19-22, 66-67.

孙渊, 李津, 1998. 地震多参数储层及油气预测应用研究[J]. 西安工程学院学报(1): 3-5.

谭辉煌, 2011. TH区块碳酸盐岩地层压力预测研究[D]. 成都: 成都理工大学.

唐军, 高楚桥, 金云智, 等, 2009. FMI测井资料处理在塔中62-83井区储层定量评价中的应用[J]. 石油天然气学报, 31(1): 57-60, 391.

唐军, 章成广, 张碧星, 等, 2016a. 基于声波–变密度测井的固井质量评价方法[J]. 石油勘探与开发, 43(3): 469-475.

唐军, 章成广, 郑恭明, 2016b. 井下地层孔隙度确定方法: 201510930725.5[P]. 2016-3-2.

唐军, 章成广, 信毅, 2017. 油基钻井液条件下裂缝声波测井评价方法: 以塔里木盆地库车坳陷克深地区致密砂岩储集层为例[J]. 石油勘探与开发, 44(3): 389-397.

唐晓明, 郑传汉, 赵晓敏, 2004. 定量测井声学[M]. 北京: 石油工业出版社.

王当奇, 1985. 对川北西部地区千佛崖组非常规储集层综合分级的探讨[J]. 石油实验地质, 7(4):303-312.

王珺, 杨长春, 许大华, 等, 2005. 微电阻率扫描成像测井方法应用及发展前景[J]. 地球物理学进展(2): 357-364.

王晓梅, 赵靖舟, 刘新设, 2012. 苏里格地区致密砂岩地层水赋存状态和产出机理探讨[J]. 石油实验地质, 34(4): 400-405.

王亚青, 林承焰, 邢焕清, 2008. 电成像测井技术地质应用研究进展[J]. 测井技术(2): 138-142.

王彦利, 陈小凡, 邓生辉, 等, 2009. 疏松砂岩临界出砂压差的计算方法研究及应用[J]. 西南石油大学学报(自然科学版), 31(1): 78-80, 190-191.

王治中, 田红, 邓金根, 等, 2006. 利用出砂管理技术提高油井产能[J]. 石油钻采工艺(3): 59-63, 85.

汪斌, 2011. 深部大理岩的加卸载力学特性及多场耦合研究[D]. 武汉: 武汉理工大学.

汪瑞雪, 2006. 气测录井资料解释及其油气层评价方法研究[D]. 东营: 中国石油大学(华东).

汪瑞宏, 李兴丽, 崔云江, 等, 2013. 气测录井技术在渤海疑难层流体识别中的应用[J]. 石油地质与工程, 27(1): 72-75, 140.

肖承文, 李进福, 陈伟中, 等, 2008. 塔里木盆地高压低渗储层测井评价方法与应用 [M]. 北京: 石油工业出版社.

肖承文, 陈伟中, 信毅, 等, 2017a. 前陆冲断带超深裂缝性砂岩气藏测井评价技[M]. 北京: 石油工业出版社.

肖承文, 章成广, 唐军, 等, 2017b. 岩层电阻率校正方法及装置:201611236577.8[P]. 2017-6-6.

谢润成, 2009. 川西坳陷须家河组探井地应力解释与井壁稳定性评价[D]. 成都: 成都理工大学.

许风光, 2007. 火成岩储层岩性识别及裂缝评价研究[D]. 东营: 中国石油大学(华东).

许建国, 董华, 叶勤友, 2008. 压裂水平井连续油管井温法裂缝诊断技术与现场应用[J]. 油气井测试(1): 37-39, 77.

阎守国, 章成广, 张碧星, 等, 2015. 含有倾斜薄裂缝孔隙地层中的井孔声场[J]. 地球物理学报, 56(1): 307-317.

杨建平, 2007. 辽河油田稠油防砂实验研究与防砂工艺决策[D]. 东营: 中国石油大学(华东).

杨美锦, 刘红岐, 何小兵, 等, 2010. 基于灰色关联分析法的苏丹 Melut 地区钻头类型的优选[J]. 内蒙古石油化工, 36(2): 42-44.

杨雷, 张金功, 焦大庆, 2002. 渤海湾盆地泥质岩油气藏分布特征及勘探[J]. 河南石油(1): 4, 10-13.

袁政文, 1993. 东濮凹陷低渗透致密砂岩成因与深层气勘探[J]. 石油与天然气地质, 14(1): 14-22.

袁仕俊, 刘国良, 周阳, 等, 2014.大北地区高陡构造异常高压地层地应力测井计算方法[J].测井技术, 38(4): 469-473.

原海涵, 1992.毛管内荷电粒子的移动规律与流体电阻率[J]. 西安石油大学学报(自然科学版)(4): 89-96.

原海涵, 1995. 毛管理论在测井解释中应用[M]. 北京: 石油工业出版社.

于萍, 2006. 青龙台油田防砂技术研究与应用[D]. 东营: 中国石油大学(华东).

余明发, 边环玲, 庄维, 等, 2013.气测录井皮克斯勒图板解释方法适用性解析[J]. 录井工程, 24(1): 14-19, 85-86.

翟金海, 2012. 油基泥浆微电阻率扫描成像方法研究[D]. 成都: 电子科技大学.

章成广, 李先鹏, 2000. 高温高压下岩石声波速度研究[C]//2000年中国地球物理学会年刊: 中国地球物理学会第十六届年会论文集. 北京: 中国地球物理学会: 330.

章成广, 江万哲, 肖承文, 等, 2004.声波全波资料识别气层方法研究[J]. 测井技术, 28(5): 397-401.

章成广, 肖承文, 李维彦, 2009. 声波全波列测井响应特征及应用解释研究[M]. 武汉: 湖北科学技术出版社.

章成广, 韩闯, 蔡明, 等, 2019. 库车深层白垩系裂缝性砂岩储层裂缝定量分析与饱和度精细评价[R]. 库尔勒:中国石油天然气股份有限公司塔里木油田分公司.

张庚骥, 2003. 电法测井[M]. 东营: 石油大学出版社.

张晋言, 刘海河, 刘伟, 2012. 核磁共振测井在深层砂砾岩孔隙结构及有效性评价中的应用[J]. 测井技术, 36(3): 256-260.

张乐, 王雪峰, 李旭, 2009. 水力压裂施工中压裂缝高度预测方法研究[J]. 西部探矿工程, 21(1): 60-62.

张银海, 李长文, 1995. 纵波特性与岩石含水饱和度关系的实验研究[J]. 测井技术, 19(1): 6-10.

张美玲, 董传雷, 蔺建华, 2017. 地应力分层技术在压裂设计优化中的应用[J]. 地质力学学报, 23(3): 467-474.

张敏, 2008. 基于声波测井信息的地应力分析与裂缝预测研究[D]. 东营: 中国石油大学(华东).

赵冬梅, 胡国山, 郑玉玲, 2005. 测井资料在塔河油田储层有效性分析中的应用[J]. 新疆地质(2): 183-186.

赵辉, 石新, 司马立强, 2012. 裂缝性储层孔隙指数、饱和度及裂缝孔隙度计算研究[J]. 地球物理学进展, 27(6): 2639-2645.

赵靖舟, 2012. 非常规油气有关概念、分类及资源潜力[J]. 天然气地球科学, 23(3): 393-406.

郑儒, 蒋健美, 李春旭, 等, 2012. 微电阻率电成像测井技术及应用[J]. 国外测井技术, 33(2): 70-74.

郑琦怡, 陈科贵, 谌海运, 等, 2008. 利用测井资料确定山前构造带地应力方法研究[J]. 国外测井技术(5): 3, 20-22.

周继宏, 黄文新, 章成广, 等, 1999. 碳酸盐岩地层中全波列声波测井实验研究[J]. 石油地球物理勘探, 34(4): 415-419, 490.

周福建, 2006. 纤维复合防砂理论与技术研究[D]. 东营: 中国石油大学(华东).

祝总祺, 邸世祥, 罗铸金, 等, 1991. 中国碎屑储集层孔隙结构[M]. 西安: 西北大学出版社.

邹才能, 陶士振, 侯连华, 等, 2011. 非常规油气地质[M]. 北京: 地质出版社.

邹才能, 朱如凯, 吴松涛, 等, 2012. 常规与非常规油气聚集类型、特征、机理及展望: 以中国致密油和致密气为例[J]. 石油学报, 33(2): 173-187.

BRIE A, HSU K, ECPERSIEY C, 1990. 利用斯通利波归一化差分能量评价裂缝型储集层[J]. 肖万春, 译. 石油物探译丛, 3(2): 72-80.

KUKAL G C, 1985. 低渗透率含气砂层剖面测井分析:对非冲洗的可变含气饱和度的校正[J]. 谭廷栋, 译. 国外油气勘探(3): 51-57.

KUKAL G C, 1987. 妨碍致密含气砂岩储层测井解释精度的关键问题[J]. 刘临珠, 译. 国外油气勘探(3): 54-62.

NUR A, 等, 1986. 双相介质中波的传播[M]. 许云, 译. 北京: 石油工业出版社.

VAN GOLF-RACHT T D, 1989. 裂缝油藏工程基础[M]. 陈钟祥, 译. 北京: 石油工业出版社.

AGUILERA M S, AGUILERA R, 2003. Improved models for petrophysical analysis of dual porosity reservoirs[J]. Petrophysics, 44(1): 21-35.

AGUILERA R F, AGUILERA R, 2005. Re: "A triple porosity model for petrophysical analysis of naturally fractured reservoirs" by Roberto F. Aguilera and Roberto Aguilera, Response[J]. Petrophysics, 46(1): 10-11.

BERRYMAN J G, THIGPEN L, 1985. Linear dynamic poroelasticity with microstructure for partially saturated porous solids[J]. Journal of applied mechanics, 52(2): 345-350.

BOLEMENKAMP R, ZHANG T H, COMPARON L, et al., 2014. Design and field testing of a new high-definition micror resistivity imaging tool engineered for oil-based mud[C]// SPWLA 55th Annual Logging Symposium, 18-22 May, Abu Dhabi, United Arab Emirates. Abu Dhabi: Society of Petrophysicists and Well-Log Analysts.

CAI M, QIAO W, JU X, et al., 2013. Lossless compression method for acoustic waveform data based on wavelet transform and bit-recombination mark coding[J]. Geophysics, 78(5): 219-228.

ECONOMIDES M J, NOLTE K G, 2002. Reservoir Stimulation[M]. Upper Saddle River: Prentice Hall Inc.

FLAVIO S A, GREGOR P E, 1999. The Velocity-Deviation Log: A Tool to Predict Pore Type and Permeability Trends in Carbonate Drill Holes from Sonic and Porosity or Density Logs[J]. AAPG bulletin, 83(3): 450-466.

GFIFFITH A A, 1924. The theory of rupture[C]// BIERENO C B, BURGERS J M. Proceedings of the first international congress of applied mechanics. Delft: Technische Bockhandel en Drukkerij. J. Waltman Jr.:54-63.

HOLDITCH S A, PERRY K, LEE J, 2007. Unconventional Gas Reservoirs: Tight Gas, Coal Seams, and Shales[R]. Document of the NPC Global Oil & Gas Study, Topic Paper #29, Uncontional Gas, 2007: 52.

ITSKOVICH G, CORLEY B, FORGANG S, et al., 2014. An improved resistivity imager for oil-based mud: basic physics and applications[C]// SPWLA 55th Annual Logging Symposium, May: 18-22.

JOEL D, 1982. Walls gas tight sands-permeability, pore structure, and clay[J]. Journal of petroleum technology, 34(11): 2708-2714.

KUNZ K S, MORAN J H, 1958 Some effects of formation anisotropy on resistivity measurements in boreholes[J]. Geophysics, 23(1): 770-794.

LAW B E, CURTIS J B, 2002. Introduction to unconventional petroleum systems[J]. AAPG bulletin, 86(11): 1851-1852.

LIU O Y, 1984. Stoneley wave-derived T shear log[C]// SPWLA. Twenty fifth annual logging symposium. New Orleans: SPWLA.

LIU Z, ZHANG C, ZHENG G, et al., 2018. Study on the mechanism of geostress difference effect on tight sandstone resistivity and its correction method[J]. Petrophysics, 59(1): 82-98.

LUCIA F J, 1983. Petrophysical parameters estimated from visual descriptions of carbonate rocks: a field classification of carbonate pore space[J]. Journal of petroleum technology, 23: 629-637.

MARIA S A, ROBERTO A, 2003. Improved models for petrophysical analysis of dual porosity reservoirs[J].

Petrophysics, 44(1): 21-35.

MASTERS J A, 1979. Deep basin gas trap, western Canada[J]. AAPG bulletin, 63(2): 152-181.

MORROW N R, WARD J S, BROWER K R, 1986. Rock matrix and fracture analysis of flow in western tight gas sands[R].1985 Annual Report to the U.S. Department of Energy, DE-AC21-84MC2179.

MURPHY W, REISCHER A, HSU K, 1993. Modulus decomposition of compressional and shear velocities in sand bodies[J]. Geophysics, 58(2): 227-239.

NEGI J G, SARAF P D, 1989. Anisotropy in geoelectromagnetism[M]. Singapore: Elsevier Science Publishers: 55-61.

SERRA J, 1982. Image analysis and mathematical morphology[M]. New York：Academic Press: 95-117.

SIMANDOUX P, 1963. Measures die techniques an milieu application a measure des saturation en eau, etude du comportement de massifs agrileux[J]. Review du'Institute Francais du Patrole, 18(Supplementary Issue):193.

SPENCER C W, 1985. Geologic aspects of tight gas reservoirs in the Rocky Mountain region[J]. Journal of petroleum technology, 37(8): 1308-1314.

SPENCER C W, 1989. Review of characteristics of low-permeability gas reservoirs in western United States[J]. AAPG bulletin, 73(5): 613-629.

TANG X M, 2004. Imaging near-borehole structure using directional acoustic-wave measurement[J]. Geophysics, 69(6): 1378-1386.

TANG X M, CHENG C H, TOKSÖZ M N, 1991, Dynamic permeability and borehole Stoneley wave: A simplified Biot-Rosenbaum model[J]. Journal of the acoustical society of America, 90: 1632-1646.

THOMAS R D, WARD D C, 1972. Effect of overburden pressure and water saturation on gas permeability of tight sandstone core[J]. Journal of petroleum technology, 24(2): 120-124.

WALSH J B, 1965. The effect of cracks in rocks on Poisson's ratio[J]. Journal of geophysical research, 70(20): 5249-5257.

WILLIAMS D M, 1990. The acoustic log hydrocarbon indicator[C]//SPWLA 31st Annual Logging Symposium. Oklahoma: Society of Petrophysicists and Well-Log Analysts: 1-22.

WINKLER K W, LIU H L, JOHNSON D L, 1989. Permeability and borehole Stoneley waves：comparison between ex-periment and theory[J]. Geophysics, 54(1): 66-77.